구조 역학

방은영

도서출판 동화기술

머리말

오늘날에는 유한요소법에 기초한 구조해석 소프트웨어를 사용하여 구조설계를 하지만, 컴퓨터를 활용하기 이전에는 고전적인 구조해석 기법을 사용하였다. 고전적인 구조해석은 범용구조해석 프로그램의 결과를 이해하고 판단할 수 있는 이론적 바탕이 된다. 그러나 상당수의 학생들이 이론적 접근을 중요시한 교재로 학습하는 것을 어려워하는 것이 현실이다. 이러한 학생들은 구조역학에 대한 흥미를 잃기도 한다. 본 교재는 그러한 학생들이 구조역학을 좀 더 쉽게 이해하기를 바라는 마음에서 준비하였다.

구조역학은 각종 토목직 공무원 시험과 토목 관련 공사시험 및 토목기사 시험에서 응용역학이라는 과목으로 출제된다. 또한 토목 관련 학과를 졸업하고 취업하고자 할 때 토목 전공에 관련한 응시과목에서 가장 큰 비중을 차지하는 과목이다. 따라서 다른 전공과목보다 내용에 관한 깊은 이해와, 나아가 시험 출제 방향을 파악하여 대비해야 하는 중요 과목이다. 공학에 적성이 있는 학생은 구조역학 내용을 이해하는데 큰 어려움이 없지만, 요즈음처럼 고교과정의 많은 과학과 수학 과목이 선택과목으로 되어 있는 상황에서는 수학적 접근보다는 공학적 접근으로 구조역학 내용을 체득할 수 있는 교재가 필요하다고 생각하였다.

따라서 본 교재는 어려운 내용보다는 꼭 필요한 기초 내용 및 시험에 자주 출제되는 내용을 중심으로 설명을 전개하였다. 특히 다양한 예제를 통해 전반적인 내용을 이해하는 것이 각종 시험대비에 좋다고 판단하여, 예제를 상세하게 풀이하면서도 한 눈에 알아보기 쉽게 전개하고자 하였다.

우리나라의 공학도가 현실에서 직면하는 상황 중에는 단위환산이 필요한 경우가 많다. 국제단위계만 사용된다면 큰 어려움이 없지만, 영미단위계와 공학단위계가 혼재되어 있는 현 상황에서는 단위변환을 할 수 있어야 한다.

1장은 구조역학에 필요한 몇 가지 개념과 단위환산을 다루었다.

2장과 3장은 기본 구조에 대한 반력과 단면력을 기술하였다. 구조역학의 기본 개념 중에 '자유물체도'는 그 비중이 아주 크다. 생각에 따라서는 아주 간단하고 쉬운 개념이지만 확실하게 이해해야할 필요가 있다. 이 개념을 정확히 이해하고 다양한 상황에 적용할 수 있으면 구조역학의 많은 내용을 쉽게 파악할 수 있다. 따라서 좀 반복되더라도 자유물체도를 적용하는 과정을 자세히 설명하였다.

4장은 트러스를 해석하는 2가지 방법을 소개하였다.

영향선을 이론적으로 이해하고 문제마다 원칙대로 풀이하기에는 좀 어려운 면이 있다. 따라서 영향선을 그리는 개략적인 방법을 중심으로 **5장**에 전개하였다.

구조물의 처짐은 단면력을 구한 후에 이차적으로 구하는 값이므로 풀이과정도 복잡하고 시간도 많이 걸리며 해석 방법도 다양하다. **6장에서 9장**까지 정정구조물의 처짐을 구하는 모멘트면적법, 공액보법, 단위하중법, 직접적분법을 차례로 설명하였다. 특히, 시험에 대비하는 과정에서는 공액보법과 같은 비교적 적용이 쉬운 방법을 숙달할 필요가 있다. 나머지 방법들은 그 장·단점을 정확히 파악하고 중심이 되는 기초 정리를 이해해야 한다. 또한 기본 구조의 처짐은 암기하고 있어야 하므로 부록에 별도로 정리하였다.

오늘날까지 실제 구조물을 해석하고 설계하기 위해 많은 고전적인 부정정 구조해석 방법이 연구되었다. 그 중에 학부과정에서 배워야할 방법들을 소개하였다. 먼저 부정정 구조해석의 기본이 되는 변위일치법을 **10장**에 기술하였다.

또한 변위법으로서 중요한 비중을 차지하는 처짐각법을 **11장**에 설명하였다.

12장에 소개된 모멘트분배법은 각종 시험에서 빈번히 출제되는 방법이다. 따라서 다양한 예제에 대해서 끝까지 답을 내는 습관이 필요하다. 처짐에서 공액보법이 중요하듯이 부정정해석에서는 모멘트분배법이 가장 중요한 방법이다.

마지막으로 **13장**에 연속보에 적용이 용이한 3연모멘트법을 설명함으로써 본 교재를 마무리 하였다.

본 교재는 시험에 직면한 학생들을 염두하고 준비되었으므로 수학적으로 깊이 있고 폭넓은 전개를 원하는 학생에게는 전체적인 내용구성에서 다소 부족한 점이 있다. 그러나 중심이 되는 개념과 시험에서 중요시하는 내용을 학습하고자 하는 학생들에게는 불필요한 내용을 최소화했으므로 효율적으로 학습할 수 있는 교재가 되기를 바란다.

끝으로 본 교재가 완성되기까지 애써주신 도서출판 동화기술의 모든 분들께 머리 숙여 감사의 말씀을 전한다.

저 자

차례

제 1 장

힘과 단면

1.1 구조역학

구조역학은 교량, 건물, 항공기, 선박 등 다양한 구조물에 외력이 작용할 때, 구조물이 어떻게 반응하고, 변형되고, 거동하는지를 역학의 일반원리를 사용하여 연구하는 응용역학의 한 분야이다. 여러 외력에 의해서 구조물의 지점에 생기는 반력, 구조물의 내면에 생기는 단면력(내력) 및 구조물의 변형 및 변위 등을 계산하는 것을 구조해석이라 한다. 더불어 구조물의 요구 조건을 만족시키고, 또한 합리적이며 경제적으로 만들기 위해서 그 계획을 종합해서 구조형식 · 형상 · 치수 · 설비 및 사용재료를 결정하고, 설계도를 작성하여 구체적으로 내용을 명시하는 일을 구조설계라고 한다. 구조역학은 구조해석과 설계의 공학적 근거가 되는 과목이다. 이와는 별도로 재료 고유의 역학적인 성질을 다루는 과목을 재료역학이라 한다. 구조역학은 하중을 지탱하거나 전달하기 위해서 각종 부재를 조립해서 만든 구조물이 그 하중에 대해 충분히 안정적인지 동시에 그 기능을 유지하는지 등을 연구하는 과목이다. 따라서 구조역학은 토목공학 · 건축공학 · 기계공학 · 조선공학 · 항공공학 등 공학 각 분야의 기초학문이 된다.

본 교재에서는 이론 전개의 편의를 위해 보 · 골조 · 트러스 · 아치 등 기본 구조물을 중심으로 해석 방법을 소개한다. 구조역학의 기본 원리는 힘의 평형조건, 변형의 적합조건 및 최소에너지 원리 등이다. 우선 힘의 평형조건과 힌지조건만 사용하여도 반력이나 내력을 구할 수 있는 정정구조를 먼저 취급한다. 그리고 평형조건과 힌지조건 이외에 변형의 적합조건을 고려하여 반력이나 내력을 결정할 수 있는 부정정 구조의 해석을 취급한다. 기본 원리를 다양한 예제품이 과정을 통해 전달할 수 있도록 각종 기본 구조에 대한 예제를 선정하였다.

1.2 힘의 효과와 정의

일상생활에서는 막연히 여러 능력을 힘이라고 표현하지만, 힘의 물리학적 정의는 "정지하고 있는 물체를 움직이고, 움직이고 있는 물체의 속도나 운동방향을 바꾸거나 물체의 형태를 변형시키는 작용을 하는 물리량"이다. 물리학에서는 힘의 작용이 일어나는 원인이나 나타나는 방식에 따라 전기력·중력·핵력 등으로 나눈다. 전력, 동력, 마력 등과 같이 일률을 의미하는 것, 원자력 등의 에너지를 가리키는 것 등 힘으로부터 정의된 다른 물리량이나 용어에도 힘(力)이라는 말을 사용하는 예가 있으므로 구별할 필요가 있다.

힘의 효과를 몇 가지 상태로 나누어 생각해 볼 수 있다. 구속되지 않은 상태로 정지해 있는 물체에 힘이 작용하면 그 물체는 이동하거나 회전하게 된다. 반면, 구속되어 있는 물체에 힘이 작용하면 그 물체는 변형된다. 한편 움직이는 물체에 힘이 작용하면 물체의 속도가 변하게 된다. 뉴턴의 제2법칙은 이러한 힘의 효과를 가장 잘 표현하고 있다.

$$\vec{F} = m\vec{a}$$

여기서, $\vec{F}$: 물체에 작용하는 힘

m : 물체의 질량

$\vec{a}$: 물체의 가속도

"물체에 힘이 작용하면 힘의 방향으로 가속도가 발생하며, 가속도는 힘의 크기에 비례하고 물체의 질량에 반비례 한다"

구조역학은 자유도가 구속된 물체에 힘이 작용하면 지점에는 반력이 생기고 구조물에는 변형이 생기지만, 하중, 반력 및 내력 사이에 평형이 이루어진 상태를 다루게 된다. 즉, 어떤 물체에 작용하는 모든 힘의 합(알짜힘)이 0이 되면 결과적으로 그 물체의 가속도가 0이 되어 정지해있던 물체는 움직이지 않고, 움직이던 물체는 등속운동을 하게 된다. 특히, 물체가 정지해 있고 힘들이 평형상태에 있는 경우를 주로 다루게 된다.

뉴턴의 제3법칙은 간과하기 쉬운 힘의 성질을 잘 표현하고 있다. 원래 힘은 물체 사이의 상호작용으로서, 물체 A가 물체 B에 힘을 미치면 A도 B로부터 크기가 같은 반대 방향의 힘을 받는다. 지면에 공을 떨어뜨리는 것을 예로 들면, 지면으로부터 공이 받는 힘과 공이 지면에 가하는 힘의 크기는 같다. 공은 받은 힘에 의해서 가속도를 얻고 운동 방향을 바꾸어 튀어 오른다. 하지만 지구의 경우는 질량이 매우 크기 때문에 같은 크기의 힘을 받더라도 생기는 가속도가 상대적으로 작아서 그 영향을 무시할 수 있다. 이러한 관계, 즉 반작용의 크기는 같고 방향은 반대로 되는 것을 작용－반작용의 법칙 또는 뉴턴의 운동의 제3법칙이라고 한다. 이 법칙은 후에 반력을 이해하는데 도움이 된다.

1.3 힘과 단위

SI단위계에서는 질량의 단위는 킬로그램(kg), 길이의 단위는 미터(m), 시간의 단위는 초(s)를 기본단위로 사용한다. 뉴턴의 제2법칙에 의해 힘은 질량과 가속도의 곱으로 표현되는데, 1 kg의 질량이 1 m/s^2의 가속도가 생기게 하는 힘을 1 N이라 한다.

$$1N = (1kg) \cdot (1m/s^2) = 1kg \cdot m/s^2$$

공학에서는 중력에 의한 무게를 쉽게 이해하고 느낄 수 있으므로 무게를 힘의 단위로 쓰기도 한다.

$$W = mg$$

여기서, W : 무게

g : 중력가속도($g = 9.80665m/s^2$)

1 kg 질량의 무게를 1 kgf 또는 1 kg중이라 한다. 즉, 1 kgf은 약 9.8N이 된다. 중력가속도(g)를 9.8 m/s^2로 사용하면 다음과 같다.

$$1kgf = (1kg) \cdot (9.8m/s^2) = 9.8N$$

큰 하중은 tf (=tonf) 단위를 사용한다.

$$1tf = 1000kgf = 9.8kN$$

영미단위계에서는 힘의 단위는 파운드(lbf)이고, 거리의 단위는 피트(ft)를 사용한다. 파운드(lb)는 질량단위 및 무게단위로 모두 사용되므로 질량단위로는 파운드 질량(lbm), 무게단위로는 파운드 힘(lbf)으로 구별하여 사용하면 좋다. 파운드 질량과 킬로그램은 다음과 같은 관계가 있다.

$$1\,\text{lbm} = 0.45359243.....\,\text{kg}$$

본 교재에서는 1 lbm=0.4536kg를 사용한다.

동시에 '파운드 힘(lbf)'과 '킬로그램 힘(kgf)'은 다음과 같은 관계가 있다.

$$1\,\text{lbf} = 0.4536\,\text{kgf} = 4.4482\,\text{N}$$

한편

$$1\,\text{kgf} = 9.8\,\text{N} = 2.205\,\text{lbf}$$

역으로

$$1\,\text{N} = \frac{1}{9.8}\,\text{kgf} = 0.102\,\text{kgf} = 0.2248\,\text{lbf}$$

참고

1파운드 힘은 1파운드 질량에 중력가속도 크기($g=32.2\text{ft/s}^2$)의 가속도를 발생시키는 힘이다.

$$1\,\text{lbf} = (1\,\text{lbm}) \times (32.2\,\text{ft/s}^2) = 32.2\,\text{lbm} \cdot \text{ft/s}^2$$

여기서, $g=32.2\text{ft/s}^2$는 SI단위계에서는 $g=9.8\text{m/s}^2$로 환산된다.

일반적으로 파운드(lb)는 '파운드 힘(lbf)' 단위를 주로 사용하여 왔으므로 '파운드 질량(lbm)' 대신에 사용할 slug라는 새로운 질량단위를 도입하여 혼란을 막고자 하였다.

1 slug는 1 lbf의 힘이 작용하면 1 ft/s²의 가속도가 생기는 질량이다.

$$1\,\text{slug} = \frac{1\,\text{lbf}}{1\,\text{ft/s}^2} \Leftrightarrow 1\,\text{lbf} = (1\,\text{slug}) \times (1\,\text{ft/s}^2)$$

이렇게 slug 질량을 도입하면 SI단위계의 $1\,\text{N} = (1\,\text{kg}) \cdot (1\,\text{m/s}^2) = 1\,\text{kg} \cdot \text{m/s}^2$ 형태와 유사한 관계식이 성립된다. slug, lbm, kg의 관계는 다음과 같다.

$$1\,\text{slug} = 32.2\,\text{lbm} = 14.593\,\text{kg}$$

파운드 질량을 slug로 바꾸는 방법은 다음 예와 같다.

$$120\,\text{lbm} = 120 \times \frac{1}{32.2}\,\text{slug} = 3.73\,\text{slug}$$

접두어

tera	T	10^{12}	deci	d	10^{-1}
giga	G	10^{9}	centi	c	10^{-2}
mega	M	10^{6}	milli	m	10^{-3}
kilo	k	10^{3}	micro	μ	10^{-6}
hecto	h	10^{2}	nano	n	10^{-9}
decka	da	10^{1}	pico	p	10^{-12}

단위환산을 위한 관계식

길이	1 in = 2.540 cm 1 cm = 0.3937 in 1 ft = 0.3048 m 1 m = 3.281 ft	힘	1 N = 0.10197 kgf = 0.2248 lbf 1 kgf = 9.80665 N = 2.205 lbf 1 lbf = 4.4482 N = 0.4536 kgf
질량	1 lbm = 0.45395 kg 1 kg = 2.20462 lbm	응력	1 kgf/cm^2 = 98066.5 Pa = 14.22 psi 1 Pa = 1.0197×10^{-5} kgf/cm^2 = 1.450×10^{-4}psi 1 psi = 0.07031 kgf/cm^2 = 6.895×10^{3}Pa 여기서, Pa = N/m^2, psi = 1 lbf/in^2

1.4 단위환산

SI단위계 이외에 공학단위계 및 영미단위계가 혼용되어 사용되고 있기 때문에 필요에 따라 단위환산을 할 수 있어야 한다. 변경 전 기본단위와 변경 후 기본단위와의 관계를 구하고, 변경 전 단위에 삽입하여 필요한 연산을 수행하면 된다. 이때 분모, 분자를 잘 구별해야 하고, 지수가 있으면 괄호를 사용하여 착오가 없도록 한다.

예제 1.1 좌측의 단위를 우측의 단위로 환산하시오.

(1) $30\text{kgf/cm}^2 \Rightarrow \text{Pa}$

$\text{Pa} = \text{N/m}^2$이므로 kgf → N, cm → m로 변환하여야 한다.

그 관계식은 다음과 같다.

$1\,\text{kgf} = 9.80665\text{N}$

$1\,\text{cm} = 10^{-2}\text{m}$

위 관계를 변경 전 단위에 대입한다.

$$30\frac{\text{kgf}}{\text{cm}^2} = 30 \times \frac{9.80665\text{N}}{(10^{-2}\text{m})^2} = 30 \times \frac{9.80665}{(10^{-2})^2}\frac{\text{N}}{\text{m}^2} = 2.942 \times 10^6\text{Pa} = 2.942\text{MPa}$$

(2) $50\text{psi} \Rightarrow \text{kgf/cm}^2$

$\text{psi} = \text{lbf/in}^2$이므로 lbf → kgf, in → cm로 변환되어야 한다.

$1\,\text{lbf} = 0.4536\text{kgf}$

$1\,\text{in} = 2.540\text{cm}$

위 관계를 대입한다.

$$50\text{lbf/in}^2 = 50 \times \frac{0.4536\,\text{kgf}}{(2.54\text{cm})^2} = 50 \times \frac{0.4536}{2.54^2}\text{kgf/cm}^2 = 3.515\text{kgf/cm}^2$$

1.5 힘의 모멘트

힘은 물체를 이동시키는 효과 이외에 회전시키는 효과가 있다. 이렇게 "힘이 물체에 작용하여 한 축을 기준으로 물체를 회전시키려는 경향"을 '힘의 모멘트'라 한다. 그 크기(M)는 힘의 크기(F)와 힘까지의 수직거리(d)를 곱하여 구한다. 시계방향의 모멘트를 양(+)으로, 반시계방향을 음(−)으로 한다. 물론 역으로 방향을 정하기도 한다.

$$M = F \cdot d$$

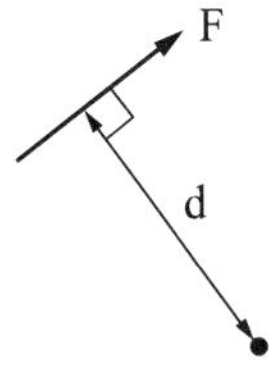

그림 1.1 힘의 모멘트

1.6 우력

크기가 같고 방향이 반대이며 작용선이 일치하지 않는 평행한 두 힘에 의해 생기는 모멘트를 우력모멘트 또는 우력(Couple)이라 한다.

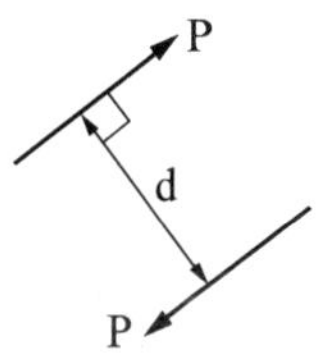

그림 1.2 우력

그 크기는 M = Pd가 되고, 방향은 시계 및 반시계 방향이 된다. 우력의 모멘트를 계산하기 위해 기준점(축)을 임의로 정해도 그 크기는 변하지 않는다.

1.7 단면의 성질

외력에 의해 구조 내부에 발생하는 응력의 분포를 알기 위해서는 구성재료에 관한 성질 외에 부재 단면의 형태와 크기에 관계되는 기하학적인 계수가 필요하다. 즉, 단면의 모양과 크기 따라 달라지는 기하학적인 계수와 재료 고유의 물성치를 알아야 단면의 응력과 변형을 표현할 수 있다.

1.7.1 단면 1차모멘트

그림 1.3과 같이 2차원 평면상의 단면을 고려해보자. 단면 내의 미소면적 dA와 x축에서의 거리 y의 곱을 미소단면의 모멘트라 한다. 이러한 모멘트를 전면적에 대하여 합한 값, 즉 적분한 값을 단면 1차모멘트라 한다. 힘의 모멘트는 힘과 거리의 곱이라 한 것과 유사하다. 즉, 면적과 어느 축에서의 거리를 곱한 값을 그 축에 대한 단면 1차모멘트라 한다.

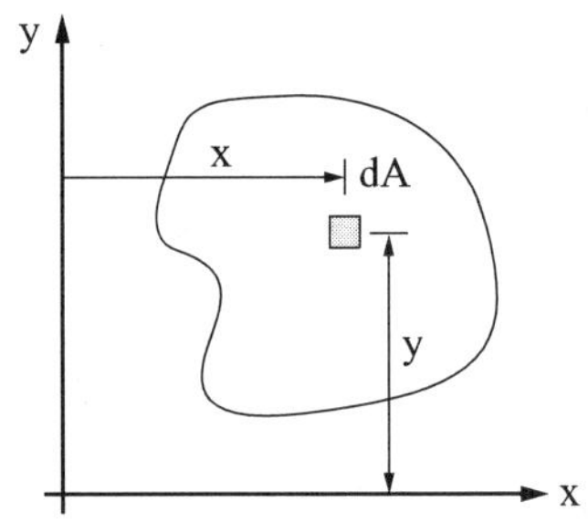

그림 1.3 미소면적과 거리

x축에 대한 단면 1차모멘트 : $G_x = \int y\,dA$

y축에 대한 단면 1차모멘트 : $G_y = \int x\,dA$

단면 1차모멘트는 면적이 축으로부터 멀리 떨어져 있으면 거리가 멀어지므로 그 값이 커진다. 축의 위치에 따라 거리를 양와 음으로 구분하기 때문에 음(−)의 값이 될 수도 있다.

1.7.2 도심

단면의 중심을 도심이라 한다. 도심의 좌표는 다음과 같이 구한다.

$$\bar{x} = \frac{G_y}{A} = \frac{\int x\,dA}{A}$$

$$\bar{y} = \frac{G_x}{A} = \frac{\int y\,dA}{A}$$

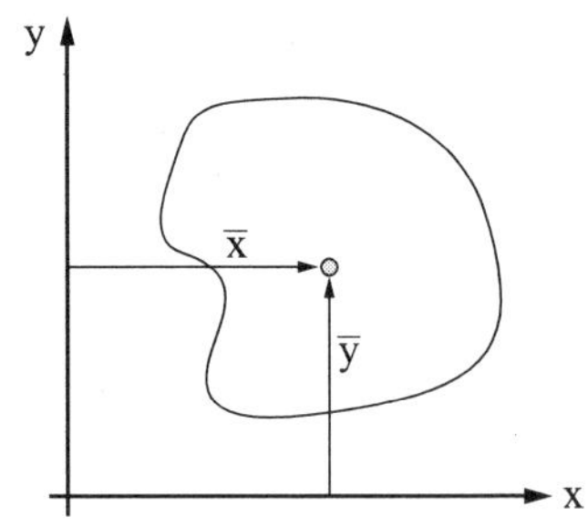

그림 1.4 도심

도심을 지나는 축에 대한 단면 1차 모멘트는 0이다. 단면의 도심을 정확히 알고 있는 사각형, 삼각형, 원 등으로 분할할 수 있다면 적분하지 않고 산술적인 합산만으로 단면 1차모멘트를 계산할 수 있고, 도심도 계산할 수 있다.

예제 1.2 다음 그림의 도심을 구하시오(길이단위 : cm).

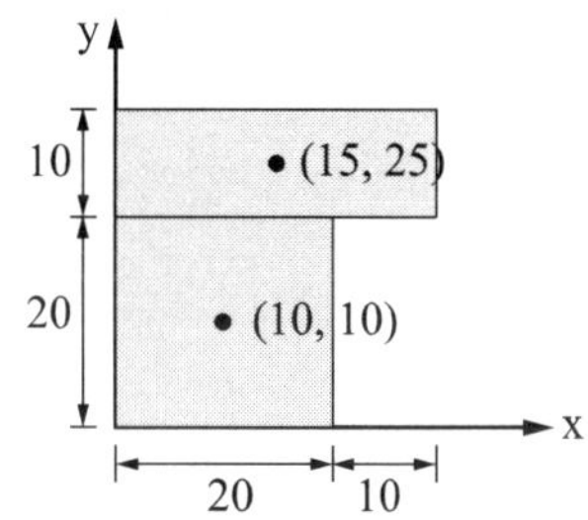

위의 단면적은 2개의 사각형으로 분할할 수 있다. 사각형은 도심을 이미 알고 있는 도형이므로 그림과 같이 도심의 좌표를 구할 수 있고, 전체 단면의 단면 1차모멘트를 분할된 사각형의 단면 1차모멘트의 합으로 구할 수 있다.

• 분할 단면적 계산

$$A_1 = 30 \times 10 = 300\text{cm}^2$$

$$A_2 = 20 \times 20 = 400\text{cm}^2$$

$$A = \sum A_i = 300 + 400 = 700\text{cm}^2$$

• 단면 1차모멘트 계산

$$G_y = \sum x_i A_i = 15(300) + 10(400) = 8500\,\text{cm}^3$$

$$G_x = \sum y_i A_i = 25(300) + 10(400) = 11500\,\text{cm}^3$$

• 도심

$$\bar{x} = \frac{G_y}{A} = \frac{\sum x_i A_i}{\sum A_i} = \frac{8500}{700} = 12.14\text{cm}$$

$$\bar{y} = \frac{G_x}{A} = \frac{\sum y_i A_i}{\sum A_i} = \frac{11500}{700} = 16.43\text{cm}$$

1.7.3 단면 2차모멘트

단면 1차모멘트 정의에서 '거리'를 '거리의 제곱'으로 바꾸면 단면 2차모멘트라 한다.

x축에 대한 단면 2차모멘트 : $I_x = \int y^2 dA$

y축에 대한 단면 2차모멘트 : $I_y = \int x^2 dA$

단면 2차모멘트의 단위는 cm^4, m^4, ft^4와 같이 길이의 4제곱이 된다. 정의에 따라 단면 2차모멘트는 항상 양의 값을 갖는다. 단면 2차모멘트에서 dA를 미소질량을 나타내는 dm으로 대체한 것을 '질량의 관성모멘트 moment of inertia'라고 한다. 이 값은 강체의 각운동을 표현할 때 관성에 관련한 물리량으로 사용된다.

1) 평행축 정리

그림 1.5와 같이 평행인 두 축이 있다. 그 중에서 X축은 도심을 지나는 축이고, x축은 임의의 축이다. 여기서, x축에 대한 단면 2차모멘트는 도심을 지나는 X축에 대한 단면 2차모멘트와 다음과 같은 관계가 성립한다.

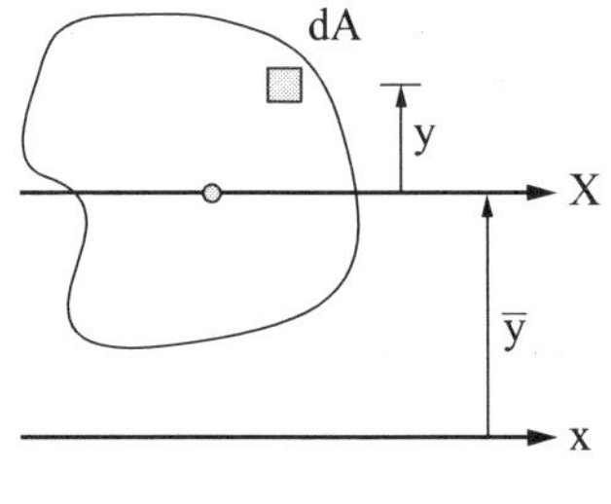

그림 1.5 평행축 정리

$$I_x = \int (y+\overline{y})^2 dA = \int y^2 dA + 2\overline{y}\int y dA + \overline{y}^2 \int dA$$

여기서, $\int y^2 dA = I_X$ (도심 축에 대한 단면 2차모멘트)

$\int y\, dA = 0$ (도심 축에 대한 단면 1차모멘트=0)

$\int y\, dA = A$

$$I_x = I_X + A\overline{y}^2$$

이 관계식을 평행축 정리라 한다. 도심을 지나는 축에 대한 단면 2차모멘트(I_X)와 면적(A), 도심과 거리 $\bar{y}$이고, 도심을 지나는 축과 평행인 임의의 축에서의 단면 2차모멘트(I_x) 사이의 관계를 나타낸다. 즉, 단면 2차모멘트는 도심을 지나는 축에서 최소값이 되고 도심에서 멀어질수록 증가한다. 또한 도심 축에 대한 단면 2차모멘트(I_X)를 알면 이 축과 평행인 임의 축에서의 단면 2차모멘트(I_x)는 평행축 정리로 간단히 구할 수 있다. 이때 주의할 것은 평행인 두 축 중에 한 축은 반드시 도심 축이어야 한다는 것이다.

구조물의 단면으로 자주 사용되는 기본도형에 대해서는 단면 2차모멘트를 암기하고 있으면 편리하다.

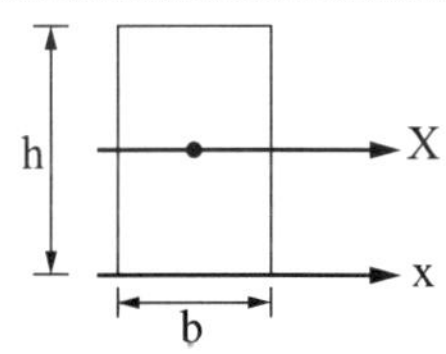	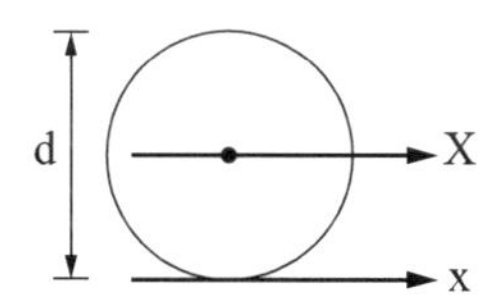	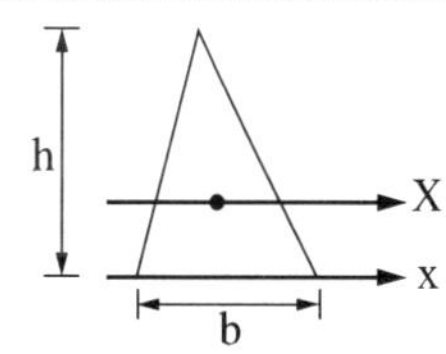
도심 축 $I_X = \frac{bh^3}{12}$	$I_X = \frac{\pi d^4}{64} = \frac{\pi r^4}{4}$	$I_X = \frac{bh^3}{36}$
밑변 축 $I_x = \frac{bh^3}{3}$	$I_x = \frac{5\pi d^4}{64} = \frac{5\pi r^4}{4}$	$I_x = \frac{bh^3}{12}$

예제 1.3 다음 그림의 x축과 도심을 지나는 X축에 대한 단면 2차모멘트를 구하시오. (길이단위 : cm)

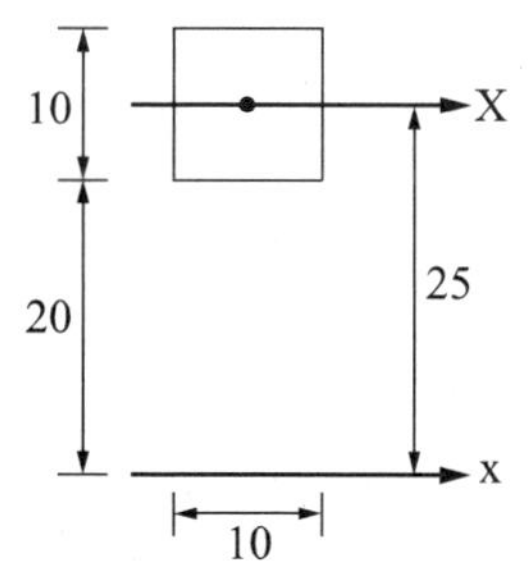

도심을 지나는 축(X축)에 대한 단면 2차모멘트

$$I_X = \frac{bh^3}{12} = \frac{10 \times 10^3}{12} = 833.33\,\text{cm}^4$$

평행축 정리에 의해

$$I_x = I_X + A\bar{y}^2 = 833.33 + 100 \times 25^2 = 63{,}333\,\text{cm}^4$$

예제 1.4 다음 그림의 x축과 도심을 지나는 X축에 대한 단면 2차모멘트를 구하시오. (길이단위 : cm)

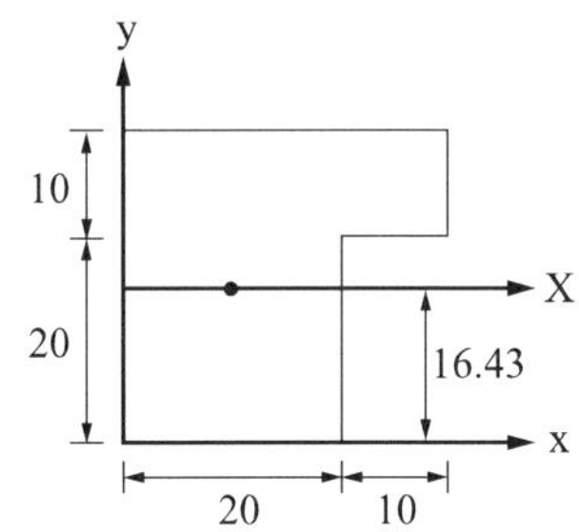

도심은 앞선 예제에서 구함.

- 도면의 밑변 축(x)에 대한 단면 2차모멘트(I_x)

단면 2차모멘트의 정의로부터 도형을 여러 조각으로 나눈 후, 같은 축에 대하여 단면 2차모멘트를 구해 그 값을 합하면 원래의 도형에 대한 단면 2차모멘트를 구할 수 있다. 또한 원 도형의 면적이 다른 도형들의 뺄셈으로 표현된다면, 다른 도형들의 단면 2차모멘트를 뺄셈하여 원 도형의 단면 2차모멘트를 구할 수 있다.

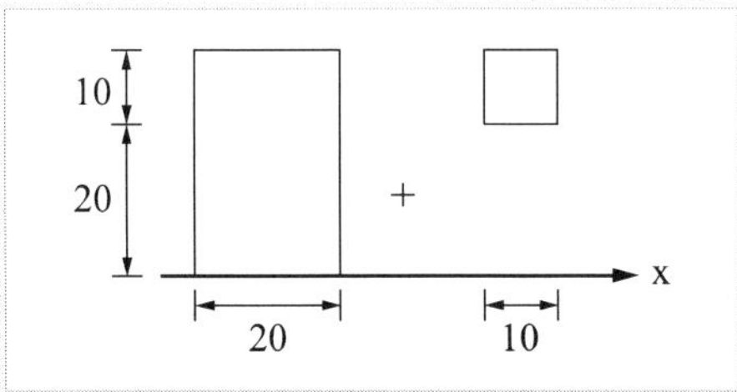

위의 그림과 같이 두 사각형으로 나누어 각 조각에 대하여 I_x를 구하여 합하면 된다. 물론 2번째 조각은 평행축 원리를 이용한다.

$$I_x = \frac{20 \times 30^3}{3} + \left[\frac{10 \times 10^3}{12} + 100 \times 25^2\right]$$

$$= 180{,}000 + 63{,}333 = 243{,}333\,\text{cm}^4$$

➡ 별해 : 빼셈을 이용하는 경우

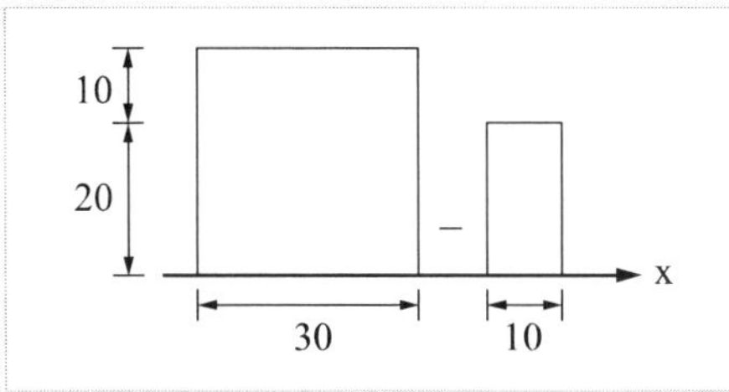

$$I_x = \frac{30 \times 30^3}{3} - \frac{10 \times 20^3}{3} = 270{,}000 - 26{,}666 = 243{,}333\,\text{cm}^4$$

▌연습문제 ▌

1. 다음 단위를 SI단위로 환산하시오.

(1) 30 klf (2) 20 tf · m² (3) 10 ksi (4) 50 kips · ft

2. 다음 도형의 도심과 도심축에 대한 단면 2차모멘트(I_x)를 구하시오. 길이단위는 cm이다.

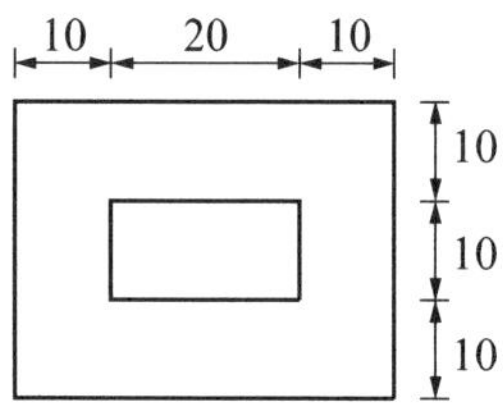

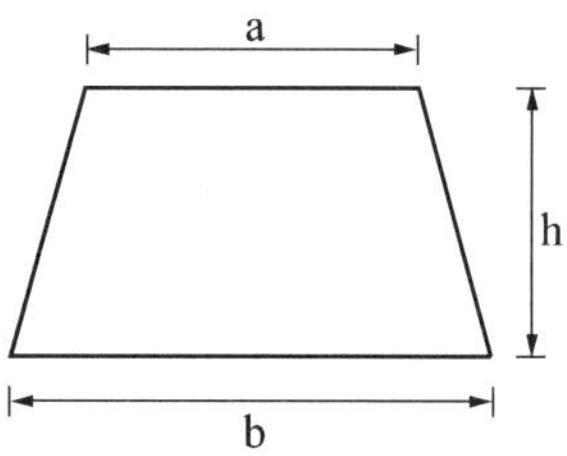

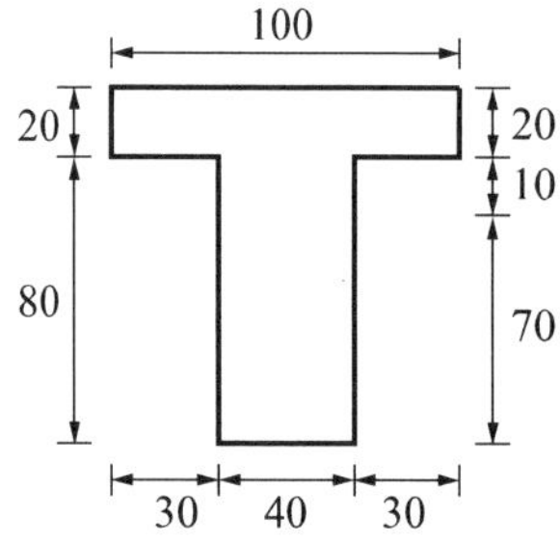

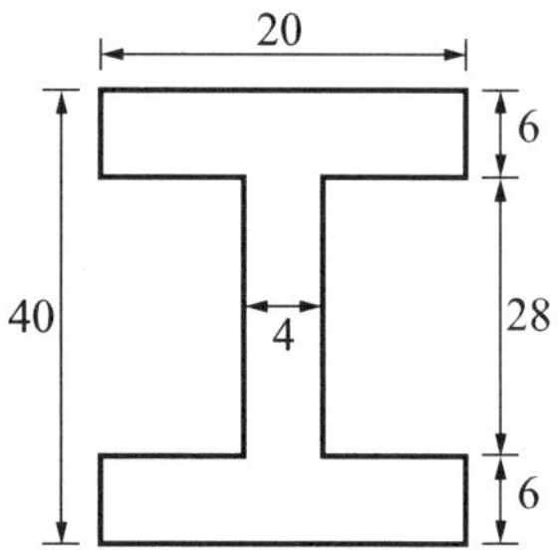

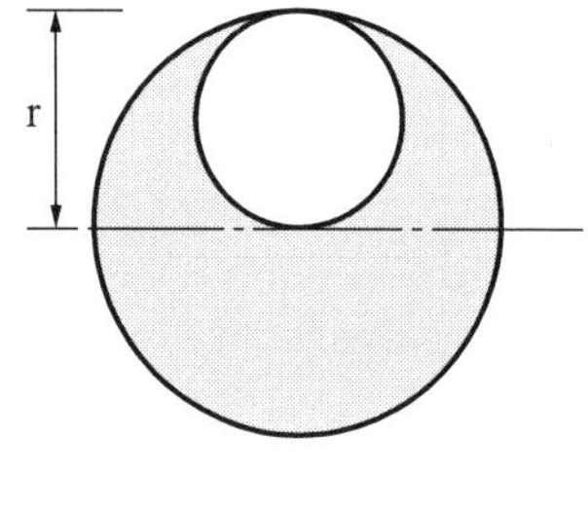

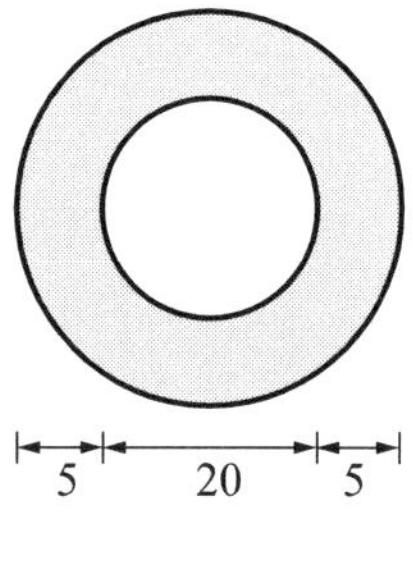

제 2 장

반 력

토목 건축 구조 중에서 구조역학을 이해하기 위해 좋은 예제가 되는 단순보, 캔틸레버보, 내민보, 겔버보의 반력과 단면력 계산에 대한 전반적인 내용을 다룬다.

2.1 지점과 반력

주로 부재 축의 직각 방향으로 하중을 받으며 지점으로 받친 구조물을 '보(beam)'라 하는데, 토목 건축 구조물을 이해하는데 가장 중심이 되는 구조이다. 기둥은 부재축 방향으로 하중을 지탱하는 구조로서 두 구조를 강결하면 골조가 된다.

2.1.1 자유도

아래 그림과 같이 자유로운 2차원 강체((剛體)는 3개의 자유도를 가진다. 즉, 2개의 병진자유도와 1개의 회전자유도로 강체의 운동을 묘사할 수 있다. 3차원에서는 3개의 병진자유도와 3개의 회전자유도가 있어서 모두 6자유도가 된다.

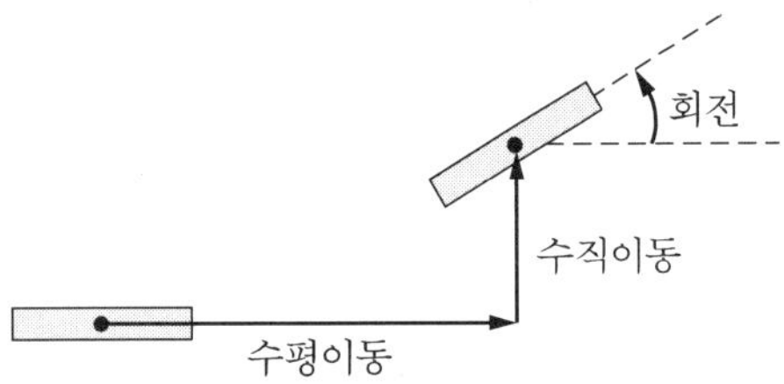

그림 2.1 2차원 강체의 자유도

1) 지점과 반력

토목 및 건축 구조물은 움직이는 자동차 및 항공기와는 다르게 공간에서 자유롭게 움직일 수 없도록 구속되어 있다. 이렇게 구조물의 어떤 부분의 자유도를 구속한 것을 지점(支點)이라고 한다. 지점의 종류는 힌지지점(회전단), 롤러지점(이동단), 고정지점(고정단), 링크지점(연결단) 등이 있다. 구조물의 지점에는 자유도를 구속한 방향으로 반력이 생긴다. 즉, 반력은 구조물을 지탱하기 위해서 지점에서 생기는 반작용이다.

① 힌지지점(회전단)

회전지점 혹은 핀지점은 마찰이 없는 핀으로 연결되어 있다고 가정한다. 2개의 병진자유도를 구속하고, 회전자유도는 구속하지 않은 지점이다. 즉, 수평이나 수직 방향으로 이동은 할 수 없으나 회전은 가능하다. 그러므로 구속된 두 개의 병진방향(수평, 수직)으로 반력이 생긴다.

② 롤러지점(이동단)

수직방향 이동만 불가능하게 구속한 지점이다. 이동단은 바닥면에 평행한 방향으로 병진이동이 자유롭고, 회전도 자유롭다. 이 경우 미지력은 바닥면에 수직방향으로 움직이지 못하게 하는 반력뿐이다. 롤러는 바닥면의 속으로 파고 들어가지 못하고, 동시에 떨어져 위로 올라가지도 못한다. 따라서, 수직반력의 방향은 위, 아래 모두 가능하다.

③ 고정지점

고정단은 3개의 자유도 모두를 불가능하게 구속하므로 수평과 수직의 병진이동과 회전이동 모두가 구속되어 3개의 반력이 생긴다. 즉, 수평과 수직의 반력과 모멘트 반력이 생긴다.

④ 링크기점(연결단)

작은 강체의 양 끝에 마찰이 없는 2개의 핀으로 구성된 지점으로서 한쪽 핀은 구조물에, 한쪽 핀은 다른 물체(지반)에 연결된 지점이다. 이때는 링크 방향으로 1개의 반력만 생긴다.

⑤ 슬라이더

회전 자유도와 접촉면에 수직인 방향의 자유도를 구속한 지점으로서 접촉면에 평행한 방향으로 이동이 가능하다. 모멘트반력과 접촉면에 수직인 반력이 생긴다.

지점종류	개략도	지점도시법과 반력
힌지지점 (회전단)	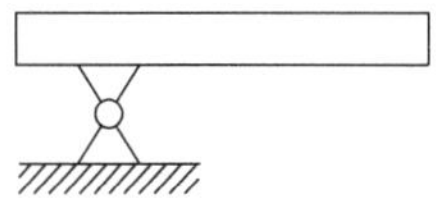	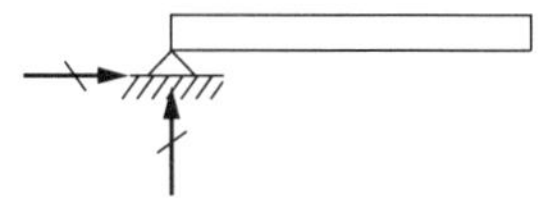
롤러지점 (이동단)	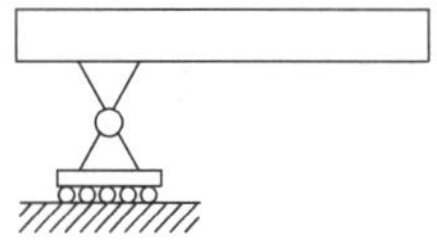	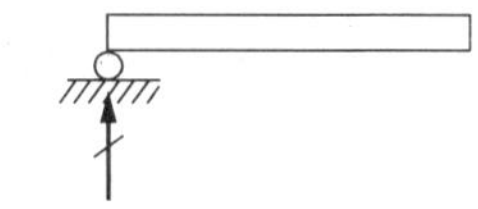
고정지점 (고정단)	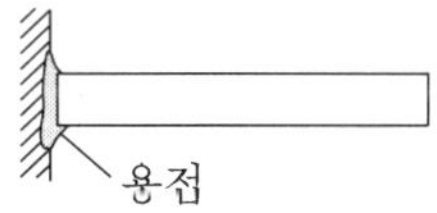	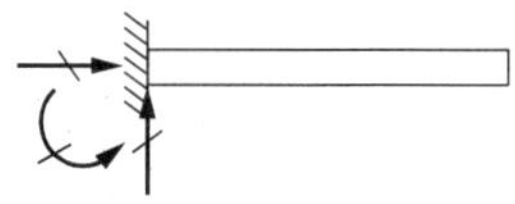
링크지점 (연결단)	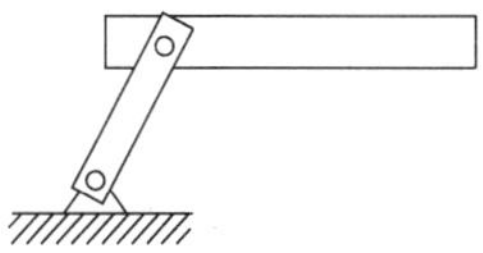	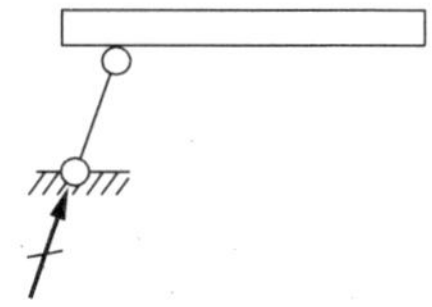
슬라이더	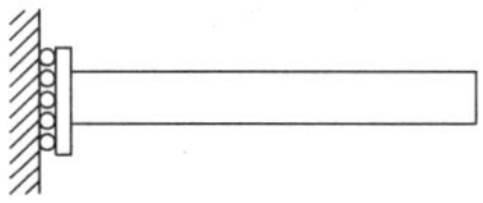	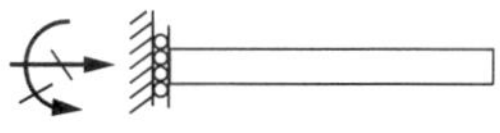

그림 2.2 지점의 종류와 반력성분

2) 보의 종류

① 캔틸레버보

아래 그림과 같이 한쪽 단은 고정지점 다른 단은 자유단으로 지지되는 보를 캔틸레버보라 한다. 가장 간단한 구조로서 구조해석을 학습하는 데 유용한 구조이다. 고정단에 3개의 반력이 발생한다.

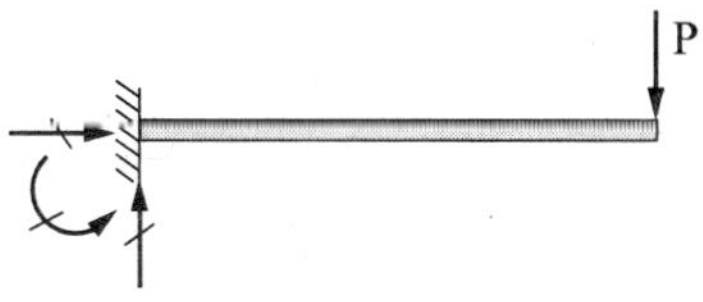

② 단순보

보의 한 지점은 힌지지점, 다른 지점은 롤러지점으로 지지된 보를 칭한다. 아래 그림과 같이 힌지지점에 수평, 수직반력이 생기고 롤러지점에는 수직반력이 발생한다.

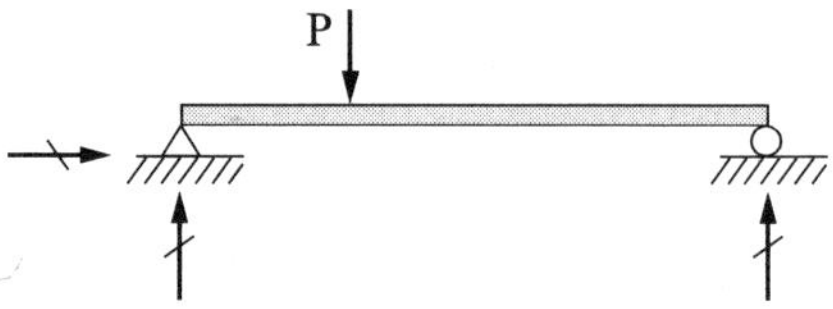

③ 내민보

단순보에서 지점 밖으로 보가 연장되어 내민 형태의 보를 칭한다. 반력은 단순보와 같이 3개가 발생한다.

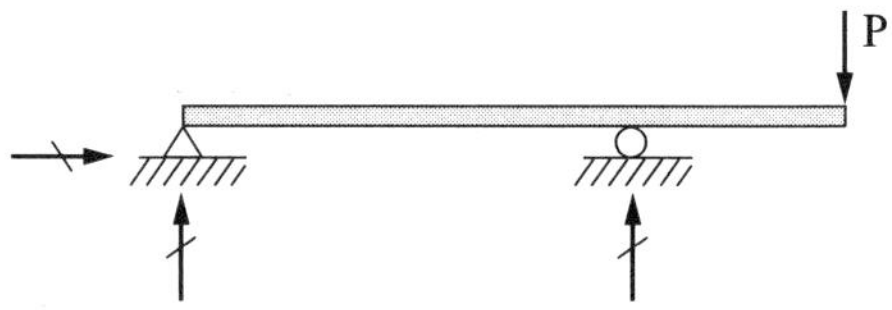

④ 연속보

2경간 이상의 경간으로 구성된 보를 의미하며, 여러 개의 단순지점(힌지지점, 롤러지점)으로 지지된 보를 연속보라 한다. 각 힌지지점에는 2개의 반력이, 롤러지점에는 1개의 반력이 생긴다.

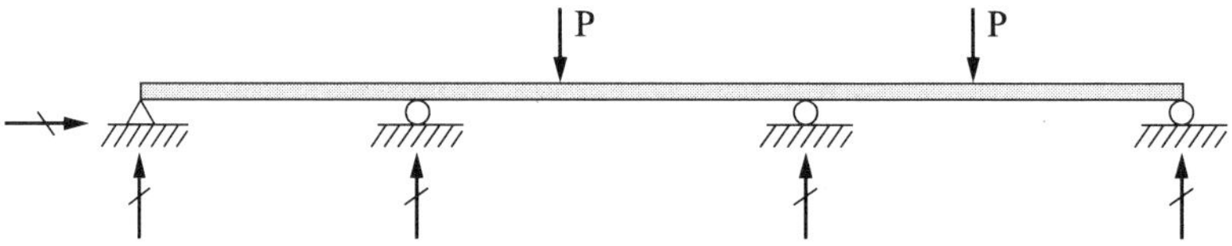

⑤ 겔버보

보 내부에 [반력의 수−3]개의 내부힌지를 넣은 구조를 겔버보라 한다.

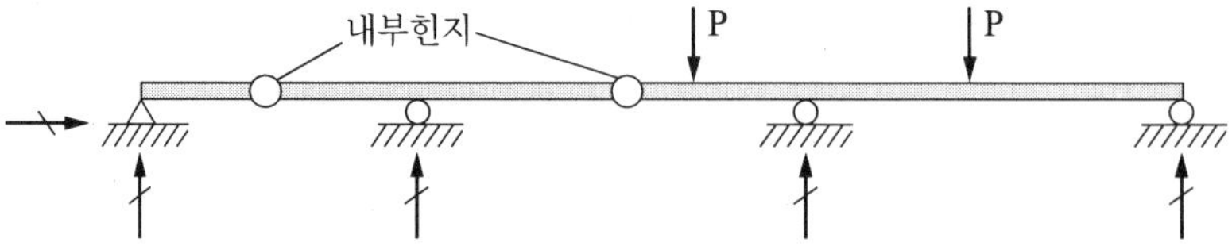

2.2 평형조건(평형방정식)

Newton의 제2법칙은 물체가 외부로부터 힘을 받아 가속 운동할 때 알짜 힘, 질량, 가속도의 관계를 나타낸 것이다.

$$\sum F = ma$$

만약 다음 식과 같이 알짜 힘이 0이면 가속도도 0이 되어 물체는 등속운동을 하든지, 정지 상태에 있게 될 것이다. 특히, 물체가 움직이지 않고 정지해 있는 상태를 정적평형이라고 한다. 그런 상태를 나타내는 아래의 식을 평형조건 또는 평형방정식이라 한다.

$$\sum F = 0$$

위의 식은 물체에 작용하는 힘(하중)과 물체를 지지하는 힘(반력) 등 모든 외력의 합이 0이 됨을 의미한다. 이를 3차원에서 성분으로 분해하여 다음과 같이 표현할 수 있다.

$$\sum F_x = 0 \quad \sum F_y = 0 \quad \sum F_z = 0$$

$$\sum M_x = 0 \quad \sum M_y = 0 \quad \sum M_z = 0$$

평형상태에서 물체에 작용하는 모든 힘의 x, y, z방향 성분의 합은 0이고, 모든 힘에 의한 모멘트 합의 3방향 성분도 0이다.

2차원 평면 구조계로 단순화하면 3개의 방정식으로 축소된다.

$$\sum F_x = 0 \quad \sum F_y = 0 \quad \sum M_z = 0$$

x, y좌표축 대신에 수평(H), 수직(V)의 기호를 사용하여 표현하기도 한다.

$$\sum F_H = 0 \quad \sum F_V = 0 \quad \sum M = 0$$

$\sum F_H = 0$은 '물체에 작용하는 모든 힘의 수평방향의 성분의 합은 0이다'라는 의미로, 물체가 수평방향으로 움직이지 않는 정적 평형상태임을 나타낸다. 이와 유사하게 $\sum F_V = 0$는 물체가 수직방향으로 움직이지 않는 것을 나타내며, 또한 $\sum M = 0$은 물체가 회전하지 않는 것을 의미한다.

2.3 자유물체도

자유물체도는 물체가 평형상태에 있을 때, 물체에 작용하는 모든 힘을 표시한 그림이다. 이 때 물체는 구조물 전체가 될 수도 있고 또는 구조물 일부를 가상으로 잘라서 떼어 놓은 부분일 수도 있다. 주의할 점은 모든 힘을 표시하여야 하며, 반드시 대상 물체가 받는 힘, 즉 외부에서 물체에 작용하는 힘만 표시하여야 한다는 것이다. 물체가 외부에 작용하는 힘을 표시해서는 안 된다.

그림 2.3(b)와 같이 반력을 구하기 위한 자유물체도는 구조물을 자르지 않고 전체 그대로 도시하고, 모든 하중과 각 지점에 생기는 반력을 표시한다. 즉, 구조물이 외부로부터 받는 모든 외력을 표시하는 것이다. 하중은 외부에서 구조물에 가해진 힘이며, 반력은 지점으로부터 구조물에 가해지는 반작용이다. 그림 2.3(c)는 단면 C의 내력(3장에 설명)을 구하기 위한 자유물체도를 표시한 것이다. 내력을 구하기 위한 자유물체도에는 하중, 반력, 단면력이 표시된다. 그림 2.3(c)의 왼쪽 자유물체도는 단면 C를 가상으로 잘라서 왼쪽 부분만 그리고, 해당 부분에 있는 하중과 반력을 표시한다. 마지막으로 단면 C에 발생하는 축방향력(N_C), 전단력(V_C), 휨모멘트(M_C)를 부호규약(3장에 설명)에 따라 표시한다. 이때 단면력 N_C, V_C, M_C는 단면 C의 오른쪽 부분이 왼쪽 부분에 가하는 내력이다. 이와 유사하게 오른쪽 부분에 대한 자유물체도를 그릴 수 있다. 이 때 단면에 표시된 단면력은 왼쪽 부분이 오른쪽 부분에 가하는 내력이다. 왼쪽과 오른쪽 자유물체도에 표시된 단면력(N_C, V_C, M_C)은 작용·반작용 법칙에 따라 크기는 같고 방향이 반대인 힘이 된다. 왼쪽과 오른쪽 자유물체도는 서로 별개의 자유물체도이므로 필요에 따라 하나만 선택하여 사용하면 된다.

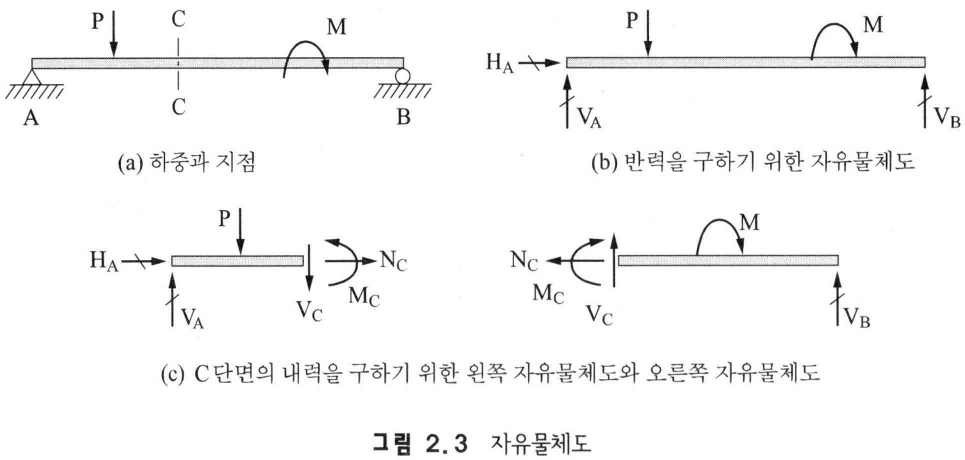

그림 2.3 자유물체도

1) 구조물의 안정과 불안정

지점이 불충분하여 구조물을 지지하기 위한 반력의 수가 적거나 반력방향이 잘못되어 외력에 저항하지 못할 때 외적 불안정이라고 한다. 구조물이 외력에 대하여 형상을 유지하면 내적으로 안정이라 하고, 형상을 유지하지 못하면 내적 불안정이라 한다.

2) 정정과 부정정의 정의

구조해석은 구조물의 반력, 내력, 처짐 등을 산정하는 것이다. 이때 구조물의 반력과 내력을 평형조건과 힌지 조건만으로 구할 수 있는 구조물을 정정구조물이라 한다. 한편, 평형조건과 힌지 조건 이외의 적합조건을 사용하여야 구할 수 있는 구조물을 부정정구조물이라 한다. 필요한 적합조건의 수를 부정정 차수라 한다.

2.4 단순보 및 캔틸레버보의 반력

자유물체도와 평형방정식을 이해하기 위해, 먼저 단순보와 캔틸레버보의 반력을 구하는 예제를 아래에 정리하였다.

예제 2.1 다음의 집중하중이 작용하는 단순보의 반력을 구하시오.

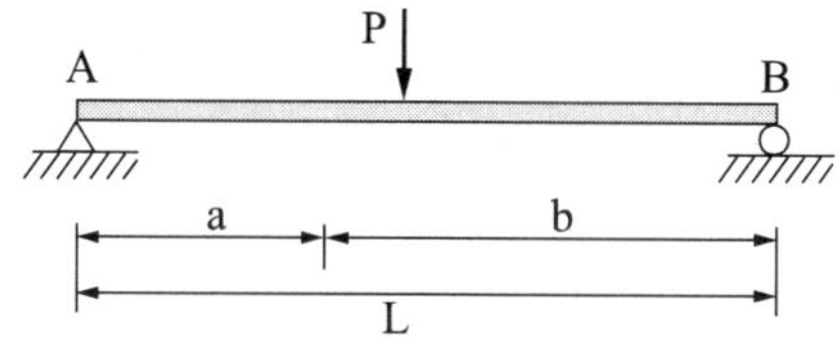

① 반력을 구하기 위한 자유물체도

각 지점에 발생하는 반력을 그리고, 변수를 할당한다. 반력의 방향은 임의로 가정한다. 수직반력은 상향을 수평반력은 오른쪽을 주로 가정한다. 물론 반대로 가정할 수도 있다.

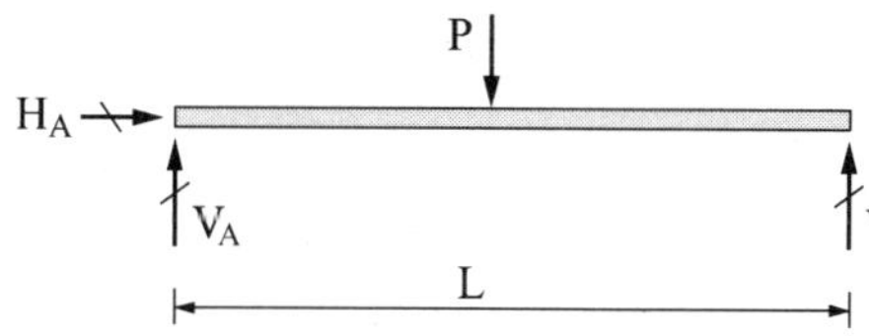

② 평형방정식의 적용

미지수의 수가 적게 포함된 평형방정식부터 적용하면 쉽게 해를 구할 수도 있다. 대부분 모멘트 방정식을 먼저 적용하면 편리하며, 모멘트 축은 미지력이 여러 개 만나는 절점 A나 B와 같은 점을 택하면 된다. 여기서는 절점 A를 모멘트 축으로 하는 모멘트 방정식을 먼저 적용하면 먼저 V_B를 구할 수 있다.

$$\sum M_{at\,A} = aP - L V_B = 0$$

$$\therefore V_B = \frac{Pa}{L}$$

A점의 수직반력을 구하기 위해 수직방향 평형방정식을 적용한다.

$$\sum F_V = V_A - P + \frac{Pa}{L} = 0$$

$$\therefore V_A = P - \frac{Pa}{L} = \frac{P(L-a)}{L} = \frac{Pb}{L}$$

A점의 수평반력을 구하기 위해 수평방향 평형방정식을 적용한다.

$$\sum F_H = H_A = 0$$

$$\therefore H_A = 0$$

결과를 보면 반력 V_A는 b가 클수록, V_B는 a가 클수록 커진다. 즉, 하중 P를 두 반력이 분담하게 되는데, 하중이 절점 A에 가까워지면 V_A가 증가하고, 역으로 절점 B에 가까워지면 V_B가 증가한다.

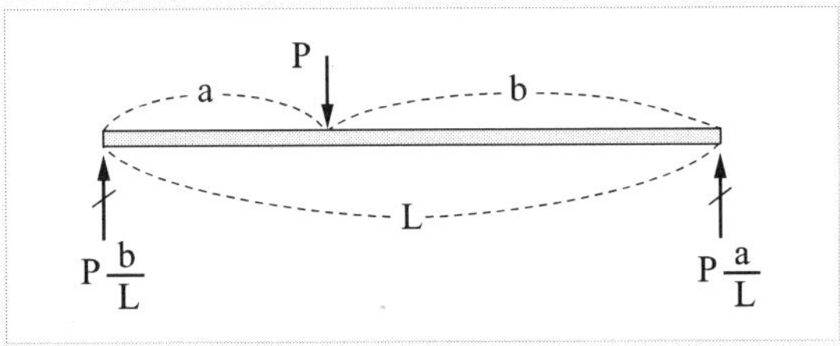

예제 2.2 아래 그림에 있는 캔틸레버보의 반력을 구하시오.

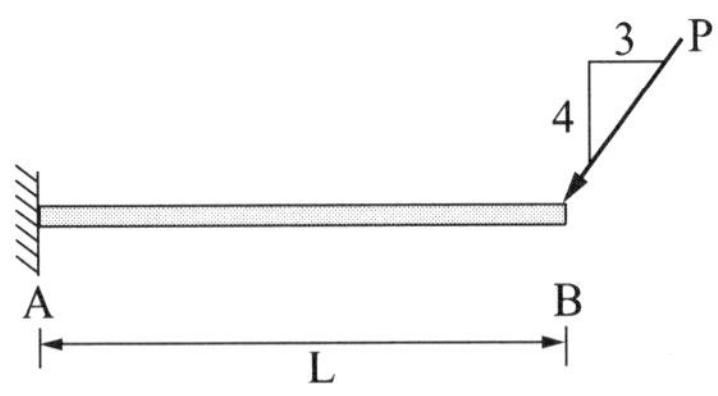

① 자유물체도

하중을 수평과 수직 성분으로 분해하여 그린다.

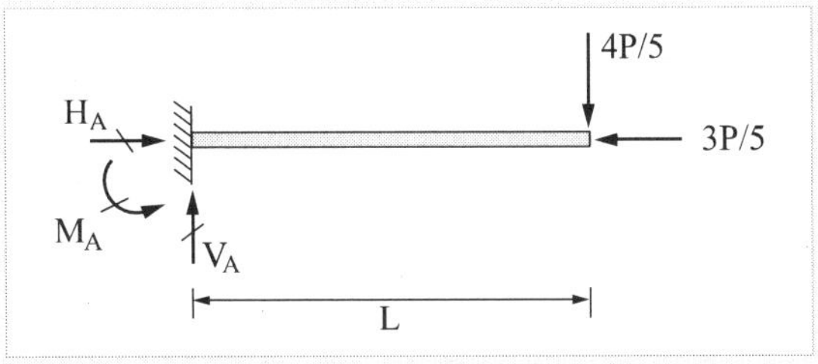

② 평형방정식

A점에서 모멘트의 합은 0임을 이용하여 모멘트 반력을 구한다.

$$\sum M_{at\,A} = -M_A + \frac{4P}{5} \times L = 0$$

$$\therefore M_A = \frac{4PL}{5}$$

A점의 수직반력을 구하기 위해 수직방향 평형방정식을 적용한다.

$$\sum F_V = V_A - \frac{4P}{5} = 0$$

$$\therefore V_A = \frac{4P}{5}$$

A점의 수평반력을 구하기 위해 수평방향 평형방정식을 적용한다.

$$\sum F_H = H_A - \frac{3P}{5} = 0$$

$$\therefore H_A = \frac{3P}{5}$$

예제 2.3 분포 하중을 받는 단순보의 반력을 구하시오.

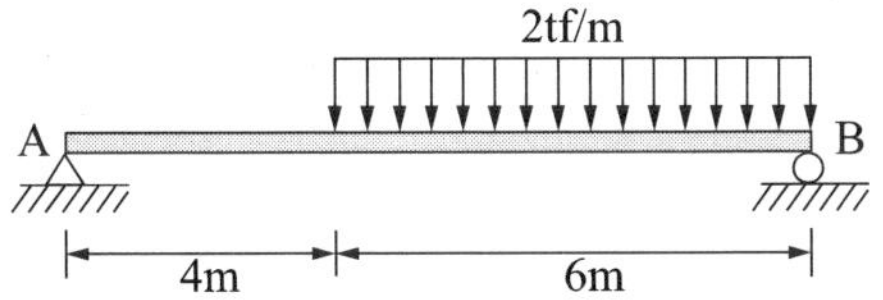

① 반력을 구하기 위한 자유물체도

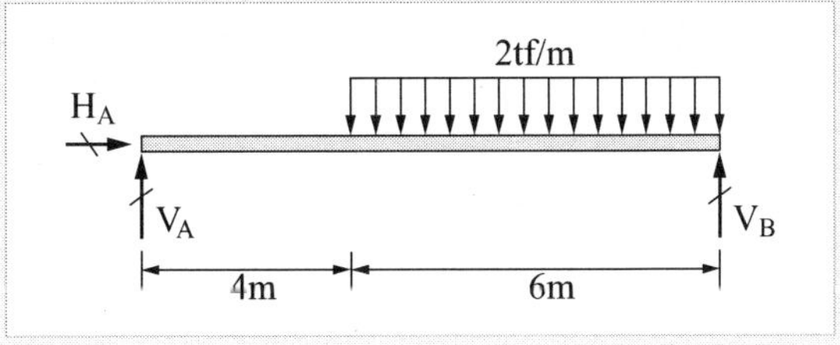

분포하중을 등가의 집중하중으로 치환한다.

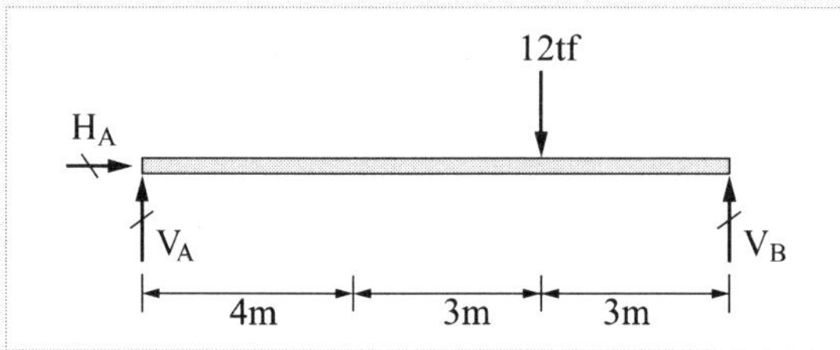

평형조건을 적용한다.

$$\sum M_{at\,A} = 7 \times 12 - 10\,V_B = 0 \qquad \therefore V_B = 8.4\,tf$$

$$\sum F_V = V_A - 12 + 8.4 = 0 \qquad \therefore V_A = 3.6\,tf$$

$$\sum F_H = H_A = 0 \qquad \therefore H_A = 0$$

예제 2.4 다음 내민보의 반력을 구하시오.

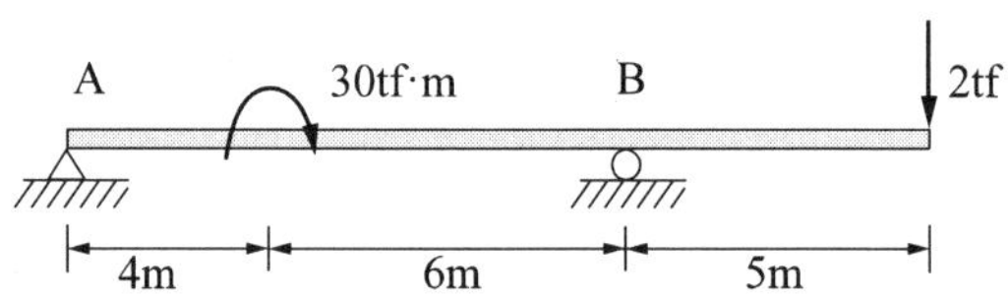

① 자유물체도

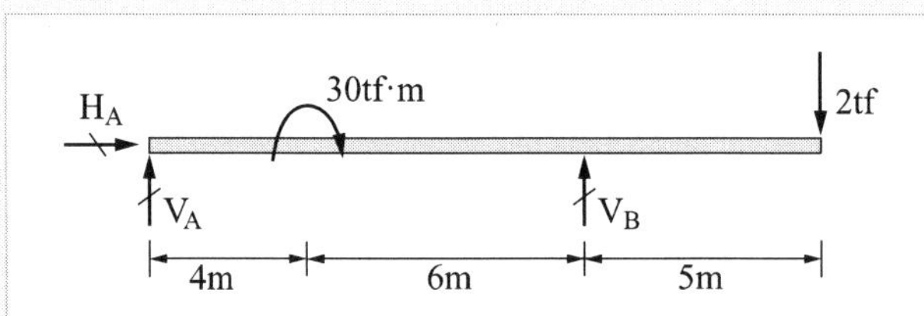

② 평형방정식

$$\sum M_{at\,A} = 30 - 10\,V_B + 2 \times 15 = 0 \qquad \therefore V_B = 6\,tf$$

$$\sum F_V = V_A + 6 - 2 = 0 \qquad \therefore V_A = -4\,tf\ (\downarrow)$$

반력이 음(−)이 되면 처음 가정한 V_A의 방향과 반대라는 의미이다.
여기서는 V_A의 방향이 하향

$$\sum F_H = H_A = 0 \qquad \therefore H_A = 0$$

2.5 겔버보(Gerber)의 반력

겔버보는 부정정보에 부정정 차수만큼 내부힌지를 부재에 설치하여 정정보로 만든 보이다. 이때, 내부힌지에는 휨모멘트가 발생하지 않으므로 이 힌지조건을 이용하여 미지력을 구할 수 있다.

예제 2.5 내부힌지가 1개인 다음 겔버보의 반력을 구하시오.

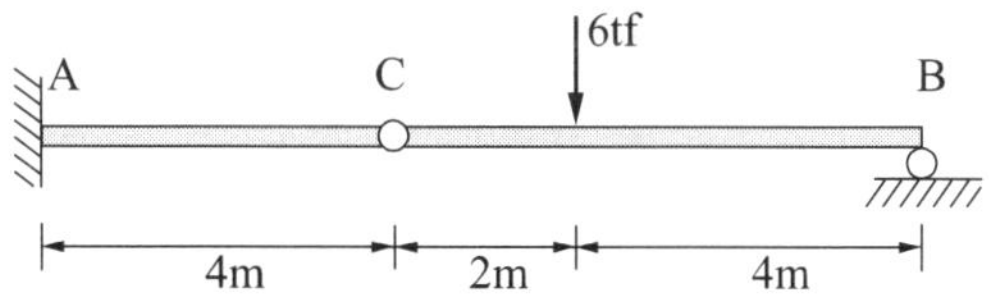

① 전체 구조에 대한 자유물체도

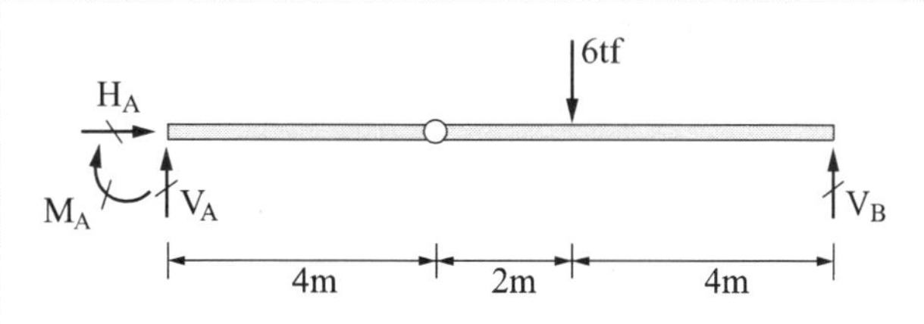

미지수가 4개이므로 3개의 평형방정식 만으로는 반력을 구할 수 없다. 따라서, 내부 힌지에는 휨모멘트가 발생하지 않는다는 '힌지조건'을 이용하기 위해 아래와 같이 내부힌지 단면을 가상으로 절단하여 각각 오른쪽과 왼쪽 자유물체도를 그린다.

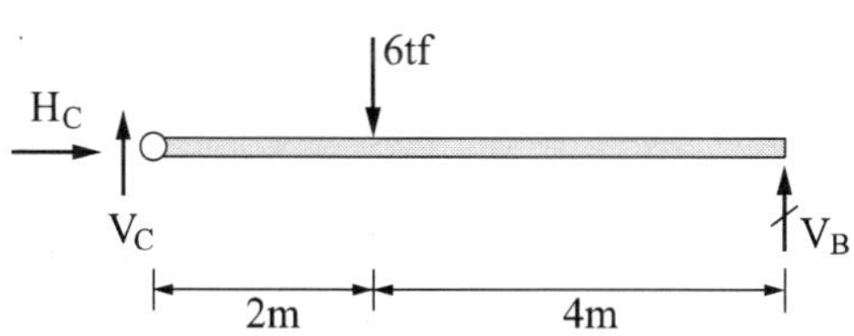

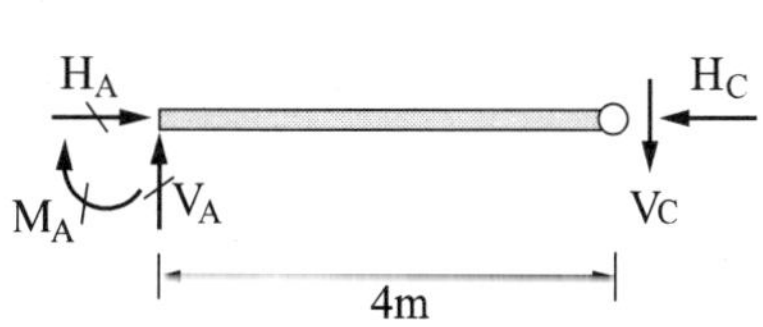

보는 바와 같이 내부힌지에서는 휨모멘트가 없으므로 축방향력(H_C)과 전단력(V_C)만 존재한다. 내력에 대한 자세한 내용은 3장에서 기술된다. 왼쪽 자유물체도에는 5개의 미지수가 있어서 3개의 평형방정식으로는 미지력을 구할 수 없으므로 먼저 미지수가 3개인 오른쪽 자유물체도에서 평형방정식을 적용한다.

② 오른쪽 자유물체도에 적용한 평형방정식

$$\sum M_{at\ C} = 6\times 2 - 6V_B = 0 \qquad \therefore V_B = 2\,tf$$

$$\sum F_V = V_C - 6 + 2 = 0 \qquad \therefore V_C = 4\,tf$$

$$\sum F_H = H_C = 0 \qquad \therefore H_C = 0$$

미지력 H_C, V_C를 구했으므로 이제 왼쪽 자유물체도의 미지력은 H_A, V_A, M_A 3개이므로 평형방정식을 적용하면 구할 수 있다.

$$\sum M_{at\ A} = 4\times 4 + M_A = 0 \qquad \therefore M_A = -16\,tf$$

여기서, M_A이 음의 값이 나온 것은 처음에 가정한 시계방향 모멘트 반력이 아니라 반시계 방향이라는 의미이다.

$$\sum F_V = V_A - 4 = 0 \qquad \therefore V_A = 4\,tf$$

$$\sum F_H = H_A = 0 \qquad \therefore H_A = 0$$

예제 2.6 내부힌지가 2개인 다음 겔버보의 반력을 구하시오.

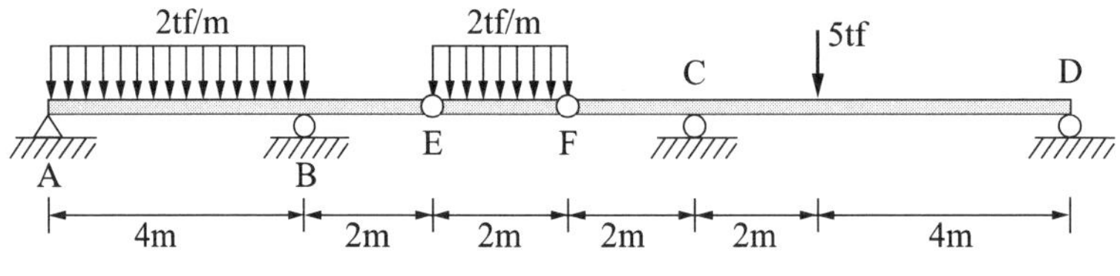

내부힌지 부분을 가상으로 잘라 3개의 구자유물체도를 그린다.

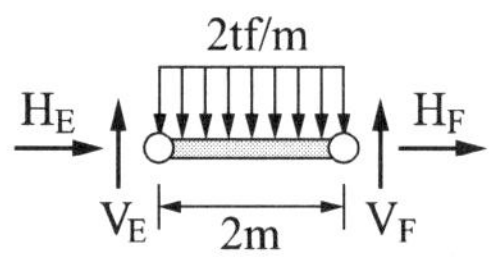

EF구간 자유물체도 : 중앙구간

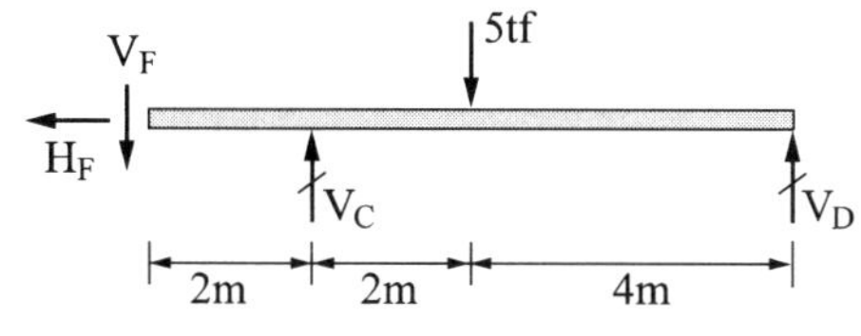

FD구간 자유물체도 : 오른쪽 부분

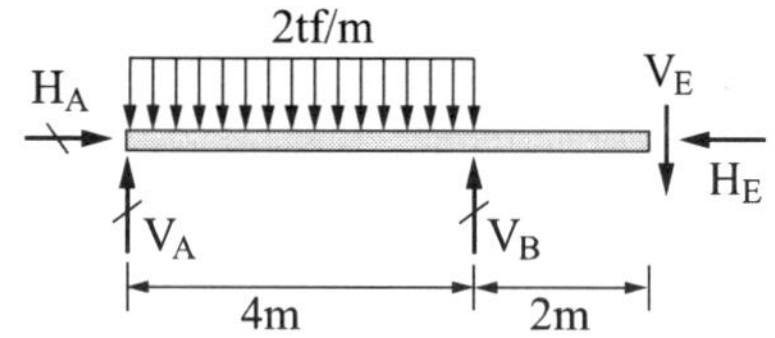

AE구간 자유물체도 : 왼쪽 부분

① 중앙부분 자유물체도에서 평형방정식을 적용

$\sum M_{at\ E} = 4 \times 1 - 2V_F = 0$ $\quad\therefore V_F = 2\,tf$

$\sum F_V = V_E - 4 + 2 = 0$ $\quad\therefore V_E = 2tf$

$\sum F_H = H_E + H_F = 0$ $\quad\therefore H_E = -H_F$

(이 자유물체도에서는 미지수가 4개이므로 H_E와 H_F는 다음 자유물체도에서 구해진다)

② 오른쪽 부분 자유물체도에서 평형방정식을 적용

$\sum M_{at\ C} = -2 \times 2 + 5 \times 2 - 6V_D = 0$ $\quad\therefore V_D = 1\,tf$

$\sum F_V = -2 + 1 - 5 + V_C = 0$ $\quad\therefore V_C = 6tf$

$\sum F_H = -H_F = 0$ $\quad\therefore H_F = 0$

위의 중앙 부분에서 $H_E = -H_F$이므로 $\quad\therefore H_E = 0$

③ 왼쪽 부분 자유물체도에서 평형방정식을 적용

$\sum M_{at\ A} = 8 \times 2 - 4V_B + 2 \times 6 = 0$ $\quad\therefore V_B = 7\,tf$

$\sum F_V = V_A - 8 + 7 - 2 = 0$ $\quad\therefore V_A = 3tf$

$\sum F_H = H_A - H_E = 0 \Leftrightarrow H_A = H_E = 0$ $\quad\therefore H_A = 0$

예제 2.7 다음 겔버보의 반력을 구하시오.

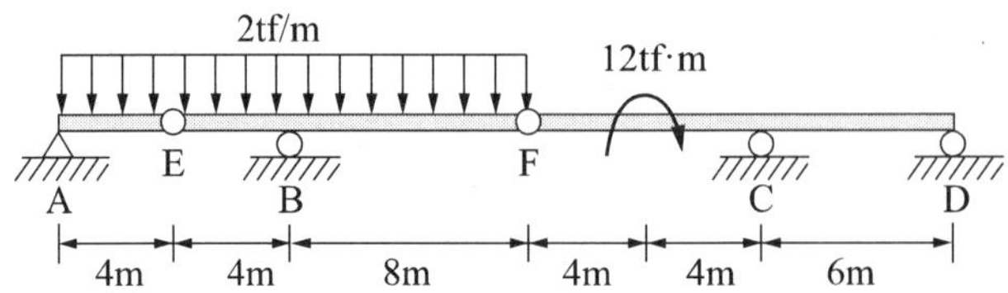

수평하중이 없으므로 1개의 수평반력 H_A는 0이다. 또한 임의 단면에서 축방향력도 0이 된다. 그러므로 미지 반력 V_A, V_B, V_C, V_D을 구하면 된다. 수평 평형조건은 사용했으므로 수직 평형조건과 모멘트 평형조건, 그리고 2개의 힌지조건을 사용하면 4개의 미지 반력을 구할 수 있다.

먼저 AE구간의 자유물체도 속에는 미지 반력 V_A, 미지 전단력 V_E가 미지력이 되므로 평형방정식 2개로 구할 수 있다. 그 다음 EF구간 자유물체도에서도 유사하게 미지 반력 V_B, 미지 전단력 V_F를 구할 수 있다. 마지막으로 FD구간 자유물체도에는 2개의 미지 반력 V_C, V_D을 구할 수 있다.

이 예제는 앞의 예제 2.6과는 조금 다른 순서로 반력을 구할 수 있음을 알 수 있다. 자유물체도와 평형방정식의 순서를 잘 선택하면 연립방정식을 풀지 않고도 쉽게 반력을 구할 수 있음을 알 수 있다.

① AE구간의 자유물체도

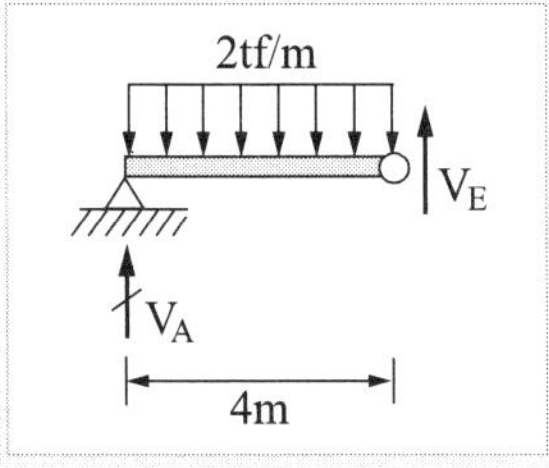

$$\sum M_{at\ E} = V_A \times 4 - 8 \times 2 = 0 \qquad \therefore V_A = 4\,tf$$

$$\sum F_V = 4 - 8 + V_E = 0 \qquad \therefore V_E = 4\,tf$$

② EF구간의 자유물체도

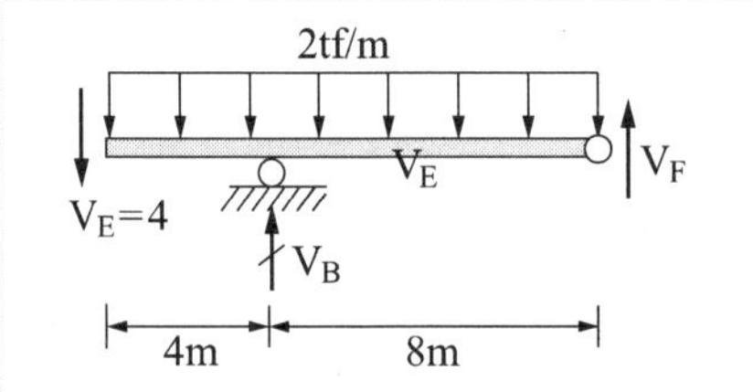

$\sum M_{at\,F} = -4\times12+8V_B-24\times6=0$ $\therefore V_B=24\,tf$

$\sum F_V = -4+24-24+V_F=0$ $\therefore V_F=4\,tf$

③ FD구간의 자유물체도

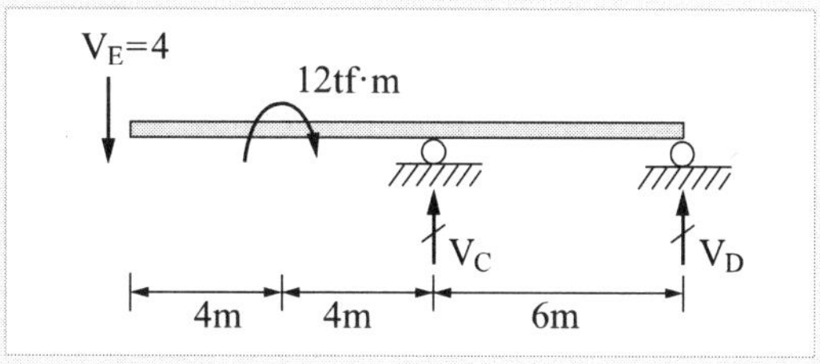

$\sum M_{at\,D} = -4\times14+12+6V_C=0$

$\therefore V_C=7.33\,tf$

$\sum F_V = -4+7.33+V_D=0$

$\therefore V_F = -3.33\,tf(\downarrow)$ 하향반력

2.6 라멘의 반력

라멘은 기둥과 보가 강결되어 이루어진 구조로서 골조, 프레임 등으로 불린다. 정정 라멘의 반력은 보의 반력과 유사하게 구할 수 있다.

예제 2.8 아래 골조 구조의 반력을 구하시오.

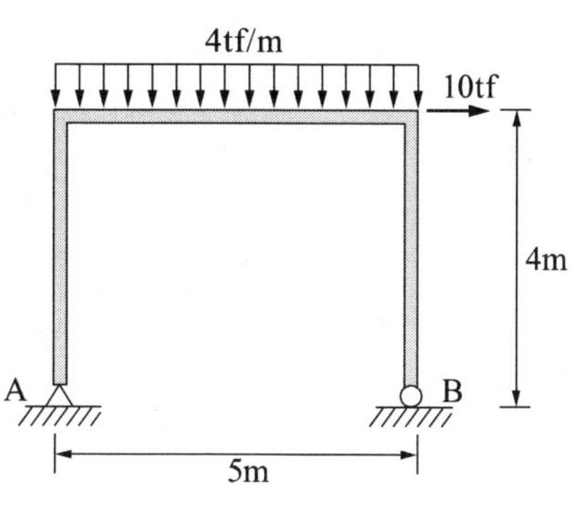

① 자유물체도

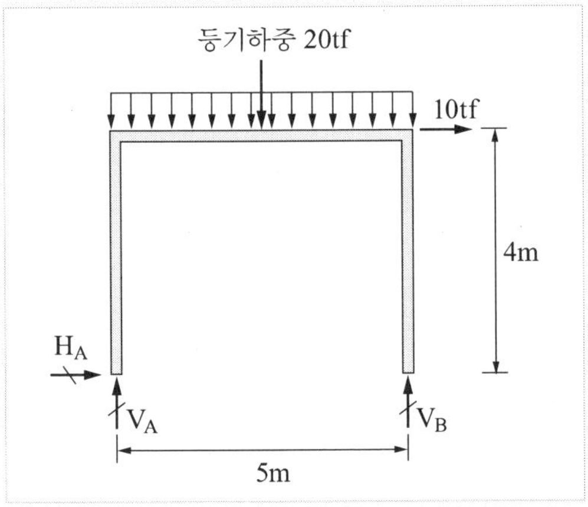

② 평형방정식

$$\sum M_{at\ A} = 20 \times 2.5 + 10 \times 4 - 5V_B = 0$$

$$\therefore V_B = 18tf$$

$$\sum F_V = V_A - 20 + 18 = 0$$

$$\therefore V_A = 2tf$$

$$\sum F_H = H_A + 10 = 0$$

$$\therefore H_A = -10tf$$

예제 2.9 아래 그림과 같은 라멘의 반력을 구하시오.

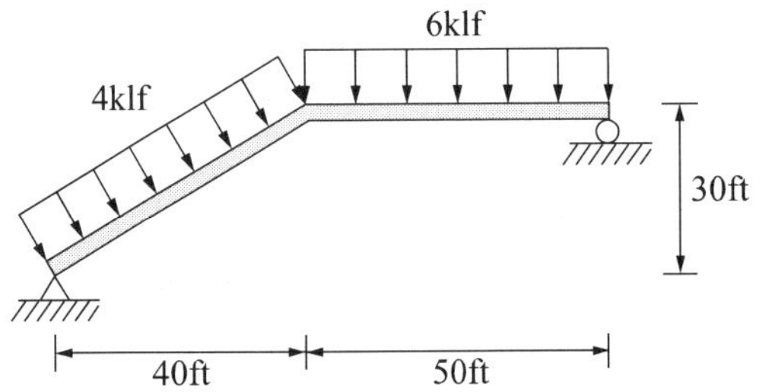

위 예제의 단위는 영미단위계를 사용한 것이다. klf는 "kilo pounds per linear foot"를 위미하는 것으로 1000lbf/ft이다. 즉, 단위 피트당 kips 단위의 하중이 재하되는 것을 의미한다. 여기서, kips = 1000lbf이다

자유물체도를 그리고 분포하중의 등가 집중하중을 구했다. 또한 경사하중을 수직, 수평성분으로 분해하였다.

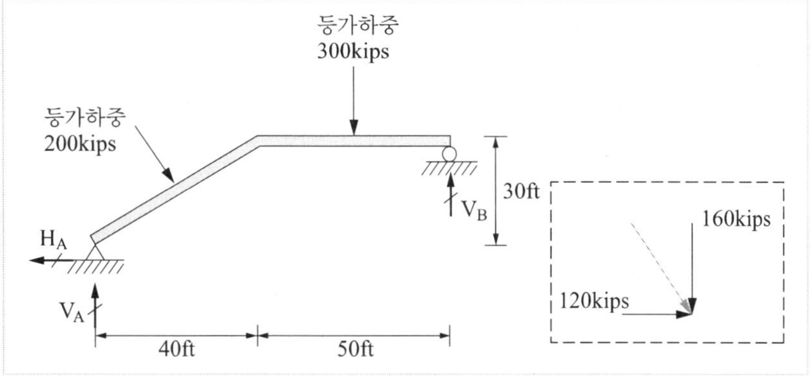

① 평형방정식

$$\sum M_{at\ A} = 120 \times 15 + 160 \times 20 + 300 \times 65 - 90\,V_B = 0$$

$$\therefore V_B = 272.22\,\text{kips}$$

$$\sum F_V = V_A - 160 - 300 + 272.22 = 0$$

$$\therefore V_A = 187.78\,\text{kips}$$

$$\sum F_H = -H_A + 120 = 0$$

$$\therefore H_A = 120\text{kips}$$

예제 2.10 아래 그림과 같은 라멘의 반력을 구하시오.

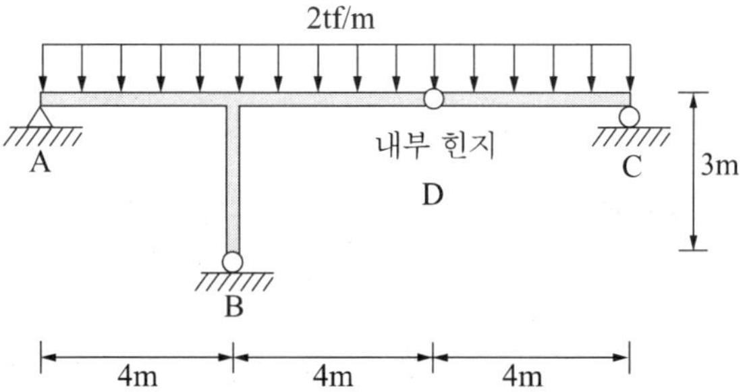

① DC 자유물체도

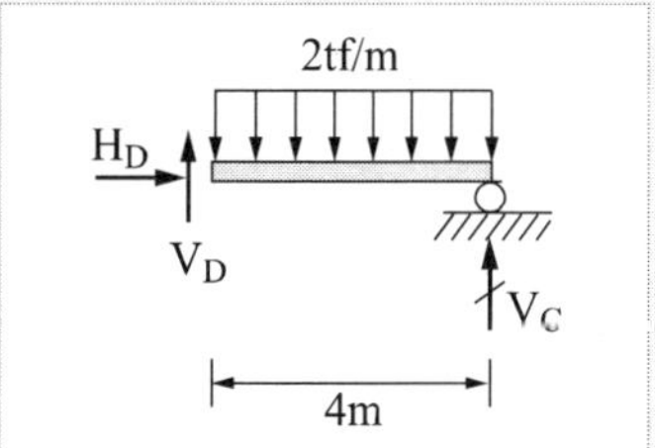

② 평형방정식

$\sum M_{atD} = 8 \times 2 - 4V_C = 0 \qquad \therefore V_C = 4tf$

$\sum F_V = V_D - 8 + 4 = 0 \qquad \therefore V_D = 4tf$

$\sum F_H = H_D = 0 \qquad \therefore H_D = 0$

③ AC 자유물체도

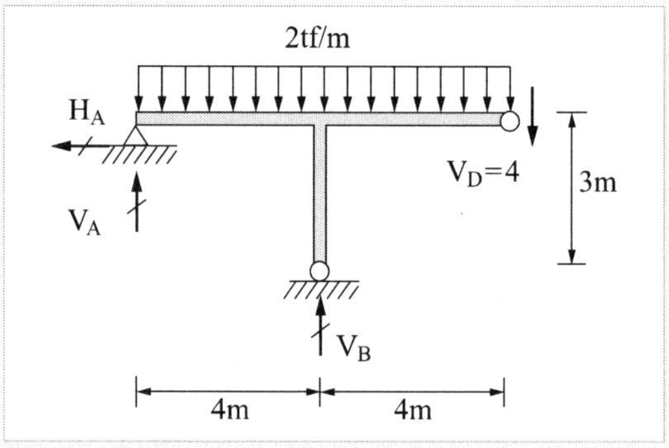

$\sum M_{atA} = 16 \times 4 - 4V_B + 4 \times 8 = 0 \qquad \therefore V_B = 24tf$

$\sum F_V = V_A - 16 + 24 - 4 = 0 \qquad \therefore V_A = -4tf(\downarrow)$

$\sum F_H = H_A = 0 \qquad \therefore H_A = 0$

2.7 아치의 반력

강철과 철근 콘크리트 같이 인장강도가 큰 재료가 건설재료로 사용되기 이전에는 벽돌 및 석재를 이용했다. 이러한 재료는 인장강도가 작기 때문에 재료의 압축강도를 활용하는 구조가 현실적이었다. 아치는 수직하중을 횡력으로 전환시켜서 부재 단면에는 압축력이 발생하도록 한 구조이다. 다음 그림과 같이 양단이 힌지지점으로 된 아치는 반력이 4개가 되므로 1차 부정정구조이다. 그런데 아치에 내부힌지 1개를 설치하면 1개의 힌지조건식을 얻을 수 있으므로 정정구조가 된다. 이러한 아치를 '3활절 아치'라고 한다. 힌지조건은 내부에 삽입된 내부힌지 단면의 휨모멘트가 0이라는 조건이다. 이 조건방정식과 평형방정식을 함께 사용하면 미지의 반력을 구할 수 있다.

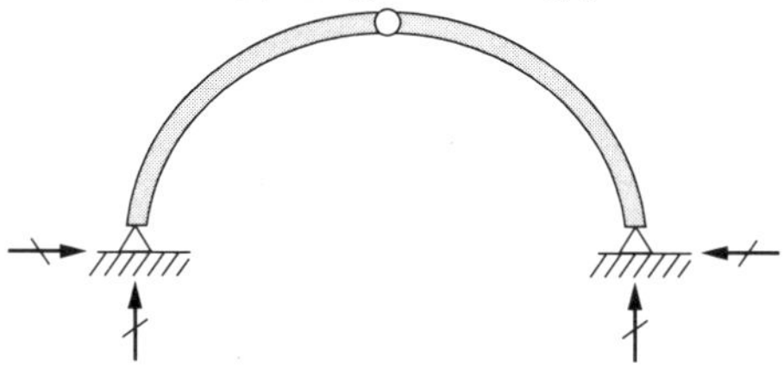

그림 2.4 3활절 아치

3활절 아치의 반력은, 양 지점의 높이가 같은 경우와 다른 경우를 구별하여 생각하면 해법이 잘 정리된다. 양 지점의 높이가 같은 경우에는 전체 자유물체도와 왼쪽 자유물체도(오른쪽도 가능)를 각각 도시하고 평형방정식을 적용하면 비교적 간단하게 계산이 된다. 양 지점의 높이가 다른 경우에도 유사하게 자유물체도를 구하여 방정식을 구하면 반력을 구할 수 있다. 단, 연립방정식을 푸는 과정이 필요하다.

예제 2.11 다음 3활절 아치의 반력을 구하시오(지점의 높이가 같은 경우).

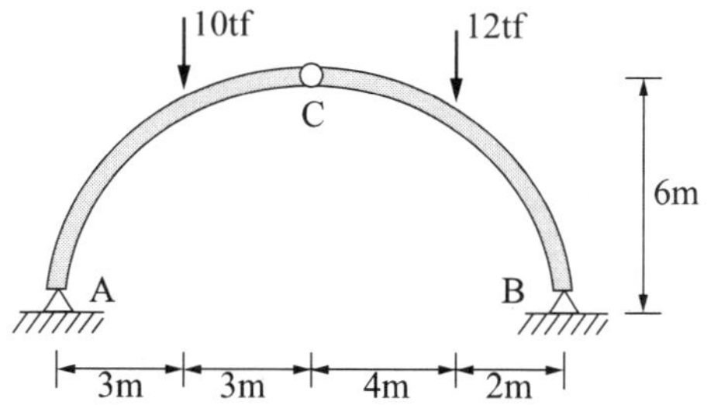

① 전체 자유물체도

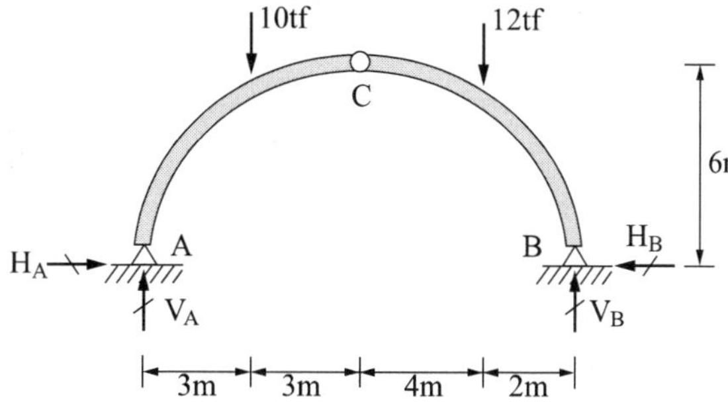

• 평형방정식을 적용

위와 같이 지점의 높이가 같으면 C점의 모멘트 합을 취하는 과정에서 세 힘(H_A, H_B, V_B)이 C점에서 만나므로 세 미지수가 소거되어 미지수가 V_A만 남게 된다. 그러나 다음 예제에서 보이듯 높이가 다르면 미지수가 2개 남게 된다.

$$\sum M_{at\,B} = 12V_A - 10 \times 9 - 12 \times 2 = 0 \quad \therefore V_A = 9.5\,tf$$

$$\sum F_V = 9.5 - 10 - 12 + V_B = 0 \quad \therefore V_B = 12.5\,tf$$

$$\sum F_H = H_A - H_B = 0 \quad \therefore H_A = H_B$$

(오른쪽 자유물체도에서 방정식을 더 구하여 풀이해야 된다)

② 내부 힌지 왼쪽 자유물체도

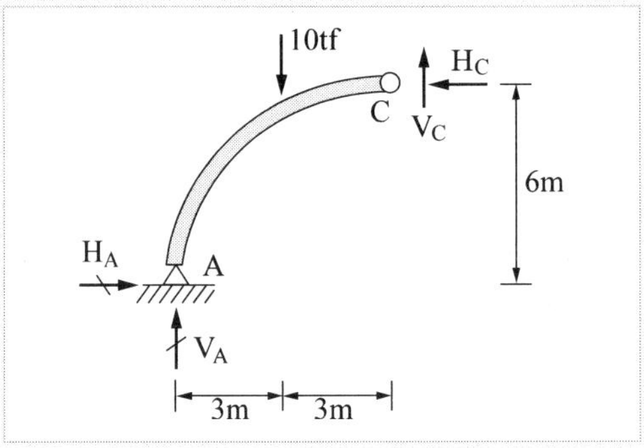

• 왼쪽 자유물체도에 평형방정식을 적용

$$\sum M_{at\,C} = 6 \times 9.5 - 6H_A - 10 \times 3 = 0 \quad \therefore H_A = 4.5\,tf$$

앞에서 $H_A = H_B$이므로 $H_B = 4.5\,tf$가 된다.

내부힌지에서의 단면력(3장에 설명됨)이 필요하면 계속해서 평형방정식을 적용한다.

$$\sum F_V = 9.5 - 10 + V_C = 0 \quad \therefore V_C = 0.5\,tf$$

$$\sum F_H = H_A - H_C = 0 \quad \therefore H_C = H_A = 4.5\,tf$$

※ 참고 : 전체 자유물체도에서 $\sum M_{at\,A} = 0$식을 적용하여 V_B를 먼저 구하고 싶으면 오른쪽 자유물체도를 사용하면 된다.

➡ 별해

이 문제를 내부 힌지의 왼쪽과 오른쪽 자유물체도로 나누어 평형방정식을 적용하면 반력을 구할 수 있다. 그러나 연립방정식이 서로 연계되어 약간 복잡해진다.

① 내부 힌지의 왼쪽과 오른쪽 자유물체도

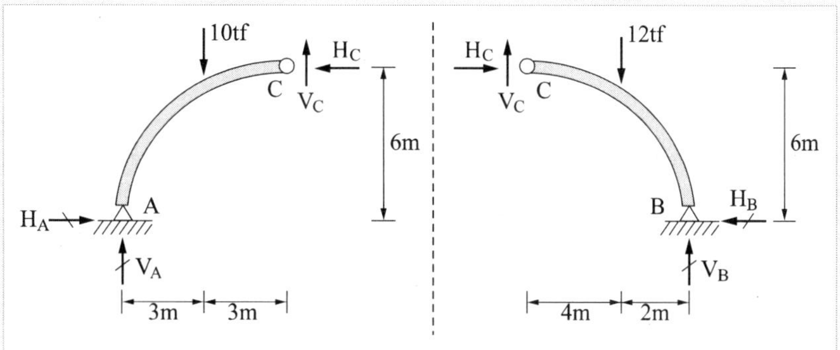

• 왼쪽 자유물체도에 평형방정식을 적용

$$\sum M_{at\,C} = 6V_A - 6H_A - 10 \times 3 = 0 \qquad \therefore V_A - H_A = 5$$

$$\sum F_V = V_A - 10 + V_C = 0 \qquad \therefore V_A + V_C = 10$$

$$\sum F_H = H_A - H_C = 0 \qquad \therefore H_A - H_C = 0$$

• 오른쪽 자유물체도에 평형방정식을 적용

$$\sum M_{at\,C} = 12 \times 4 - 6V_B + 6H_C = 0 \qquad \therefore V_B - H_C = 8$$

$$\sum F_V = -V_C - 12 + V_B = 0 \qquad \therefore V_B - V_C = 12$$

$$\sum F_H = H_C - H_B = 0 \qquad \therefore H_B - H_C = 0$$

위의 6개의 방정식을 연립하여 푼다.

$V_A = 9.5\text{tf}$, $V_B = 12.5\text{tf}$, $V_C = 0.5\text{tf}$, $H_A = H_B = H_C = 4.5\text{tf}$

이 과정이 약간 복잡해진다.
따라서 가능하면 전체 자유물체도와 한쪽 자유물체도를 사용하여 평형방정식을 적용하면 편리하다.

예제 2.12 다음 3활절 아치의 반력을 구하시오(지점의 높이가 다른 경우).

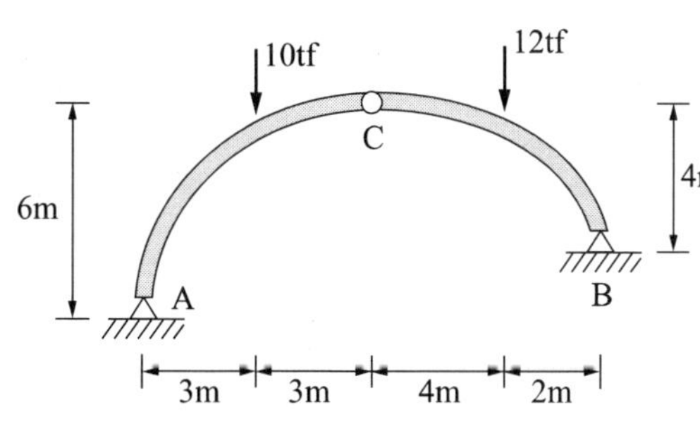

① 전체 자유물체도

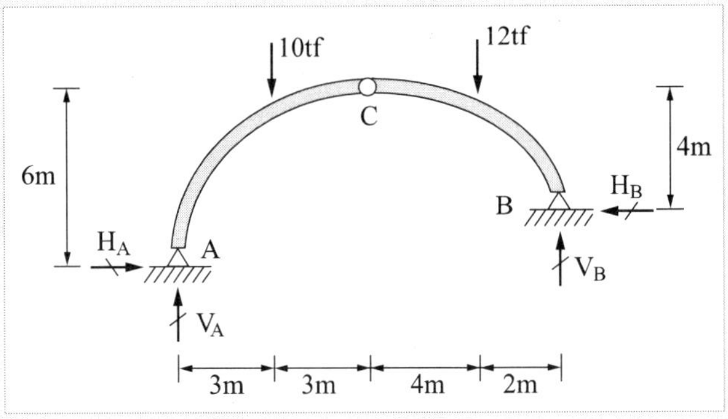

• 평형방정식을 적용

$\sum M_{at\,B} = 12V_A - 2H_A - 10 \times 9 - 12 \times 2 = 0 \qquad \therefore 6V_A - H_A = 57$

(H_A가 소거되지 않으므로 왼쪽 자유물체도의 평형방정식과 연립해야 함)

$\sum F_V = V_A - 10 - 12 + V_B = 0 \qquad \therefore V_A + V_B = 22$

$\sum F_H = H_A - H_B = 0 \qquad \therefore H_A = H_B$

② 왼쪽 자유물체도

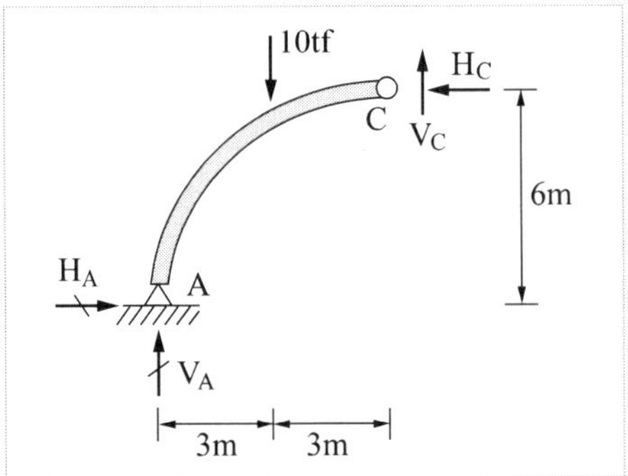

• 평형방정식

$\sum M_{at\,C} = 6V_A - 6H_A - 10 \times 3 = 0 \qquad \therefore V_A - H_A = 5$

$\sum F_V = V_A - 10 + V_C = 0 \qquad \therefore V_A + V_C = 10$

$\sum F_H = H_A - H_C = 0 \qquad \therefore H_A - H_C = 0$

위의 6개 방정식을 연립하여 풀면

$\therefore H_A = 5.4\text{tf}\ ,\ V_A = 10.4\text{tf}\ ,\ H_B = 5.4\text{tf}$

$V_B = 11.6\text{tf}\ ,\ H_C = 5.4\text{tf}\ ,\ V_C = -0.4\text{tf}$

2.8 케이블의 반력

케이블은 강재 와이어 같은 줄 형태의 구조를 일컫는다. 트러스와는 달리 압축력으로는 하중을 지지하지 못하고 순수 인장력으로만 하중을 지지한다. 우리에게 익숙한 케이블카 시스템, 현수교와 사장교의 케이블, 기중기 등 다양한 구조물의 요소로 사용된다. 자중만 고려하면 현수선 모양으로 처지지만, 자중을 무시하고 집중하중을 받는 케이블은 직선 모양이 된다. 케이블의 장력(T)은 직선이 된 케이블 방향의 인장력이므로 케이블 장력의 수평 및 수직 성분의 벡터합으로 표현된다.

$$T = \sqrt{H^2 + V^2}$$

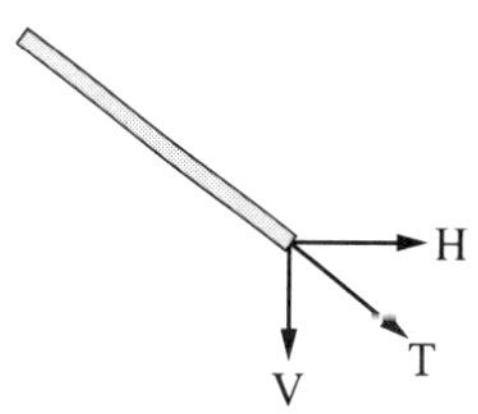

그림 2.5 케이블의 단면력

여기서, H와 V는 각각 케이블 장력의 수평 및 수직 성분이다. 이 식을 통해 케이블의 장력은 케이블의 기울기와 관련이 있음을 알 수 있다. 즉, 자중을 고려하는 경우에는 케이블이 현수선 모양이 되므로 케이블 위의 각 점의 기울기가 변한다. 그런 경우 케이블의 임의의 점마다 장력은 변하게 된다. 그러나 자중을 무시하는 경우에는 수직하중 사이의 케이블 구간은 직선을 유지하므로 직선 구간에서의 케이블 장력은 일정하다. 특히, 하중이 수직으로만 존재한다면 기울기가 다른 모든 구간에서의 H는 일정하게 된다. 케이블은 휨이나 압축은 견디지 못하는 것으로 간주하므로 "케이블 임의의 점에서의 휨모멘트는 0이다"라는 조건을 이용하여 케이블의 반력이나 케이블 새그(sag, 처진 정도)를 구할 수 있다.

예제 2.13 그림에 나타난 케이블의 반력과 미지의 새그를 구하시오. 케이블의 자중은 무시한다.

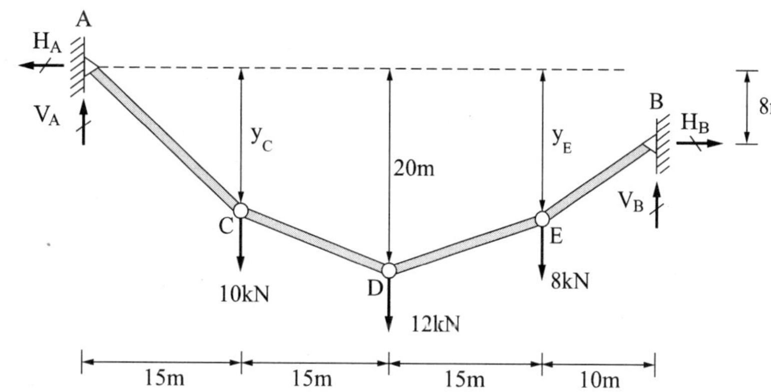

① 위의 전체 자유물체도에 평형방정식 적용

$$\sum M_{atB} = 55V_A - 8H_A - 10\times 40 - 12\times 25 - 8\times 10 = 0$$

② 새그를 알고 있는 D점에의 좌측 자유물체도에 평형방정식 적용

"케이블의 임의의 점에서의 휨모멘트 단면력은 0이다"라는 케이블 조건을 이용한다. 이 자유물체도에서 편의상 D단면의 장력은 표시하지 않았다.

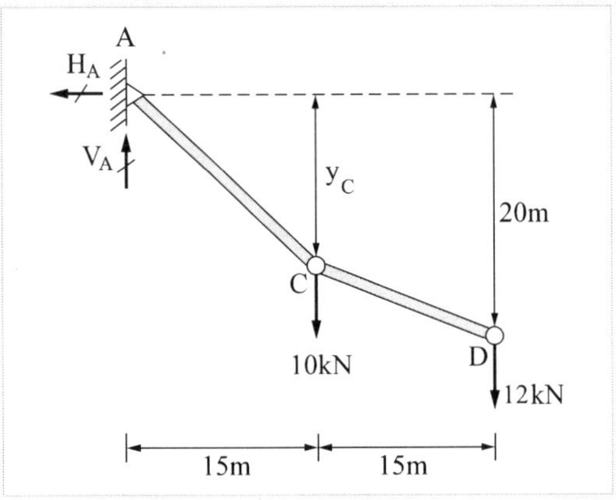

단면 D에는 장력만 존재하고 휨모멘트는 0이므로

$$\sum M_{atD} = 30V_A - 20H_A - 10\times 15 = 0$$

위의 두 식을 연립하여 푼다.

$\therefore V_A = 16.74\text{kN}$, $H_A = 17.62\text{kN}$

③ 전체자유물체도에서 수평 · 수직 평형방정식을 적용

$$\sum F_H = 0 \quad \Rightarrow \quad H_B = H_A = 17.62\text{kN}$$

$$\sum F_V = 16.74 - 10 - 12 - 8 + V_B = 0$$

$\therefore V_B = 13.26\text{kN}$

④ 단면 C의 좌측 자유물체도

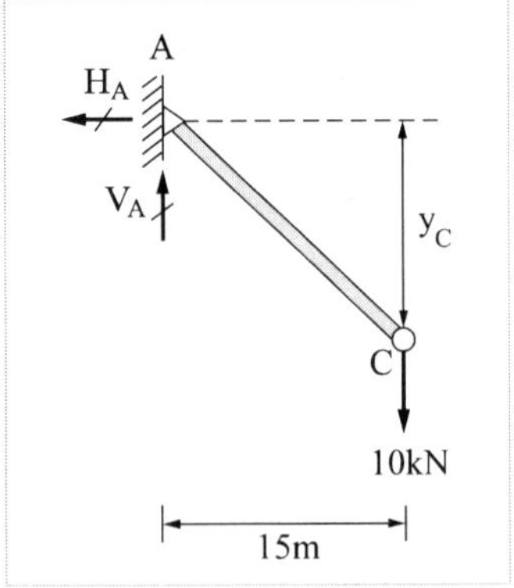

케이블 단면 모두에서는 휨모멘트가 0이므로 단면 C도 장력만 존재하고 휨모멘트는 0이다.

$$\sum M_{atC} = 15V_A - y_C H_A = 0$$

$$\therefore y_C = \frac{15 \times 16.74}{17.62} = 14.25\text{m}$$

⑤ 단면 E의 우측 자유물체도

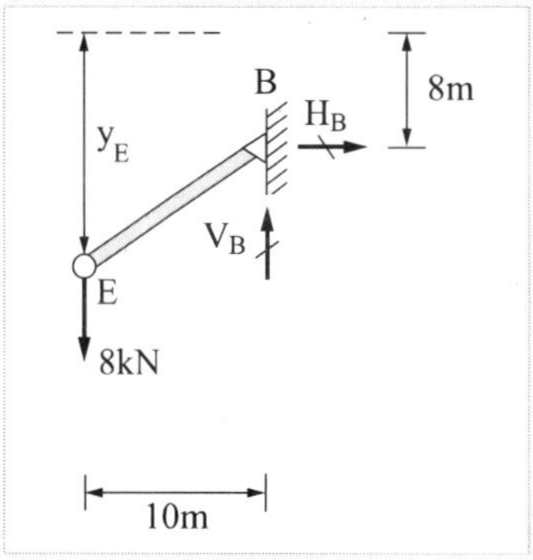

단면 E의 휨모멘트는 0이므로

$$\sum M_{atE} = -10V_B + (y_E - 8)H_{AB} = 0$$

$$\therefore y_E = \frac{10 \times 13.26}{17.62} + 8 = 15.53\text{m}$$

⑥ 지점 A의 자유물체도

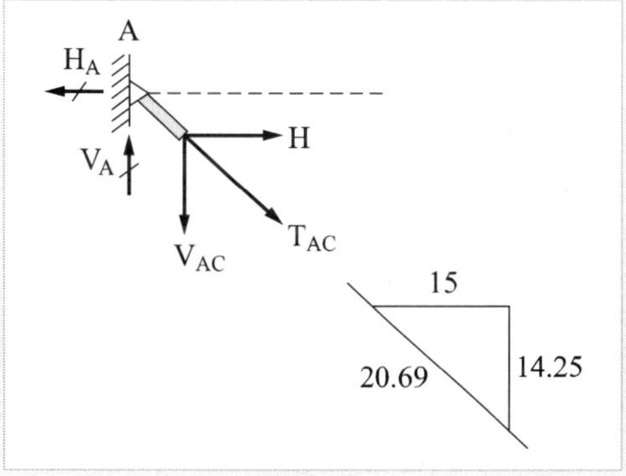

AC구간 케이블의 장력 T_{AC}는 모든 단면의 장력의 수평성분 H = 17.62kN을 통해 비례식으로 간단히 구할 수 있다.

$$T_{AC} = \frac{20.69}{15} H = 24.3\text{kN}$$

유사하게 케이블 수평성분 H와 케이블 기울기로부터 모든 구간의 케이블 장력을 구할 수 있다.

위의 자유물체도를 살펴보면 $V_A = V_{AC}$와 $H_A = H$가 되므로 T_{AC}는 지점 A의 반력과 같다. 유사하게 오른쪽 지점 B의 반력과 구간 BE의 장력 T_{BE}는 같다.

이상의 풀이과정을 통해 다음과 같은 내용을 알 수 있다.

- 미지 반력이 4개이므로 케이블조건(케이블의 임의의 단면에서 휨모멘트 = 0)을 이용할 수 있도록 한 점의 새그를 알아야 미지 반력 4개를 구할 수 있다(이 예제에서는 D점의 새그를 안다).
- 반력을 구한 후에는 미지의 새그 단면을 잘라 좌측이나 우측 자유물체도에 케이블 조건을 적용하면 미지 새그를 구할 수 있다.
- 양 지점의 수평반력의 크기 H_A와 H_B는 같고 방향은 반대이다.
- 케이블 임의 단면의 장력의 수평성분 H도 수평반력 H_A, H_B와 같다.

따라서 기울기가 가장 큰 구간에서 장력이 가장 크다. 이 예제에서는 케이블 구간 AC의 장력이 가장 크다.

▌연습문제 ▌

2.1 다음과 같은 보의 지점 반력을 구하시오.

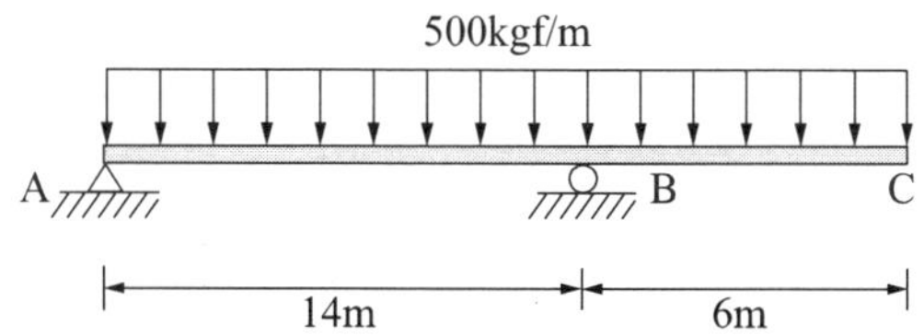

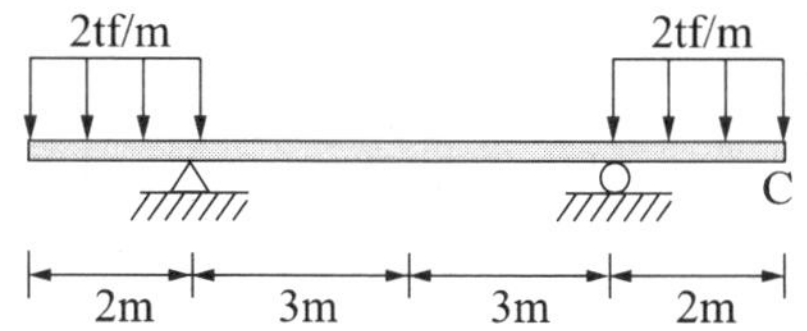

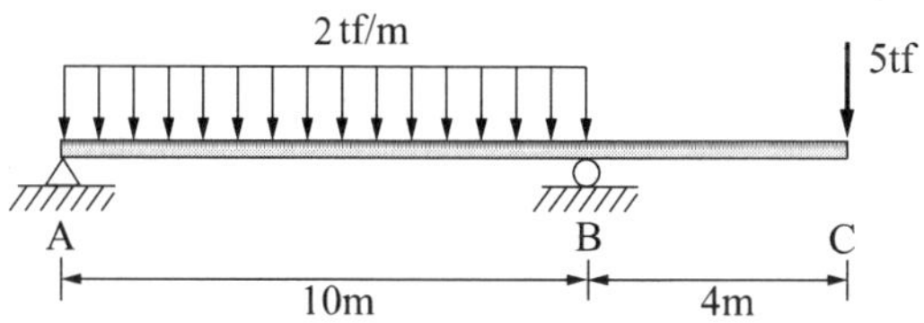

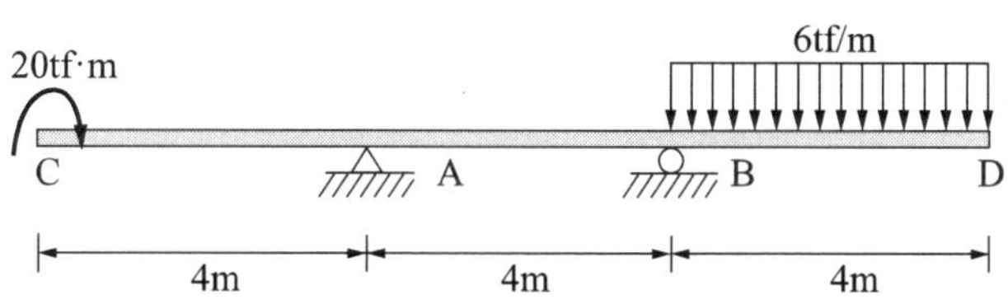

2.2 다음 그림과 같은 골조의 지점 반력을 구하시오.

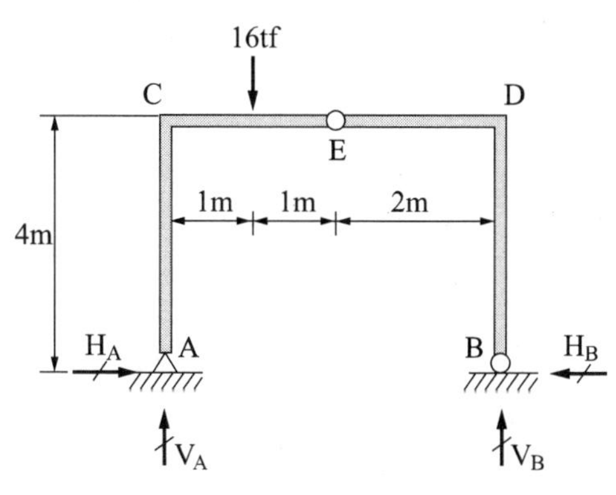

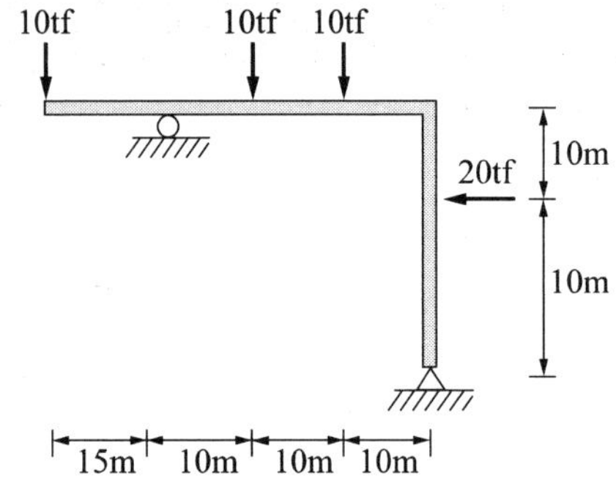

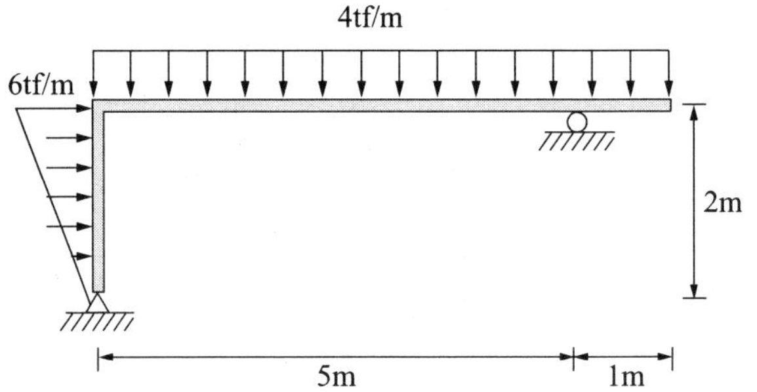

2.3 다음 그림의 아치 구조의 지점 반력을 구하시오.

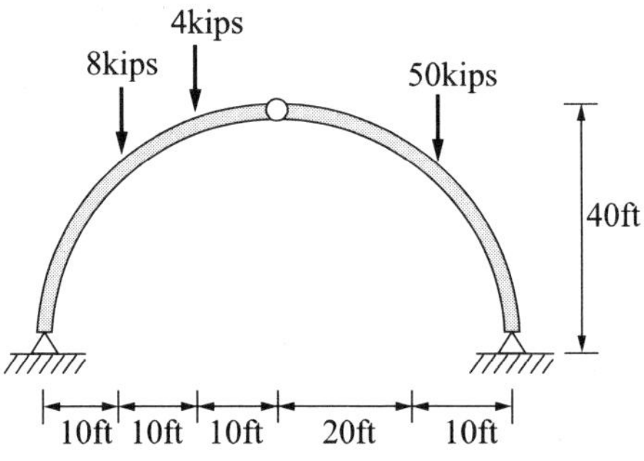

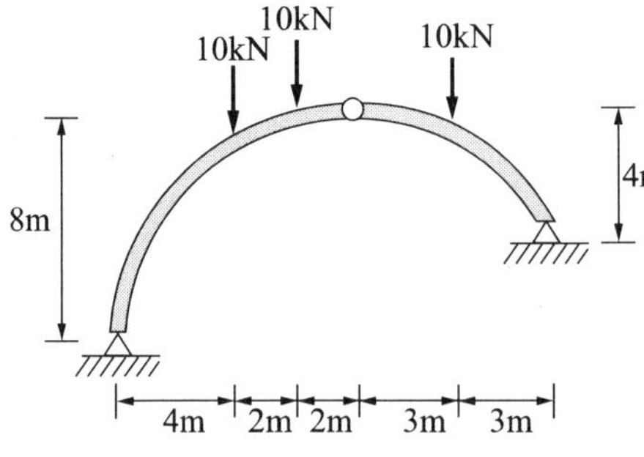

2.4 그림에 나타난 케이블의 반력, 새그 y_C 및 구간별 케이블 장력을 구하시오. 케이블의 자중은 무시한다.

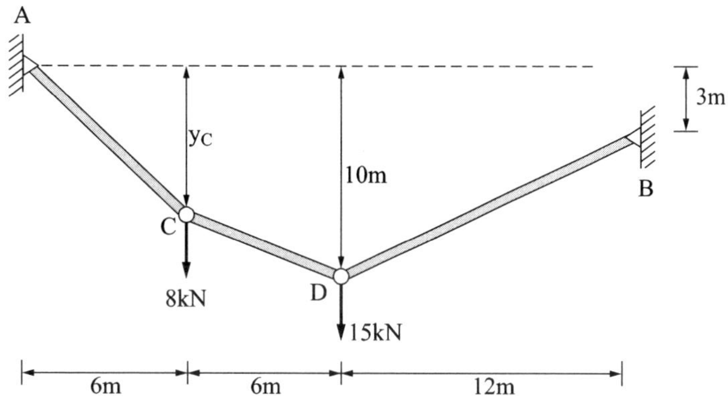

제 3 장

단 면 력

구조물이 하중을 받아 정적 평형을 이루면 지점에는 반력이 생기고, 내부 가상단면에는 단면력이 발생한다. 즉, 구조물이 하중을 받으면 하중을 견디는 과정에서 변형과 응력이 생기는데, 응력의 합을 단면력이라 한다. 특히 보 형태의 구조에는 축방향력, 전단력, 휨모멘트의 단면력이 발생하며, 전단력과 휨모멘트가 구조물의 거동을 지배하게 된다. 아래의 그림과 같이 단면이 왼쪽인지 오른쪽인지에 따라 단면력의 부호를 정의하였다. 즉, 축력(N)은 인장력을 정(+)방향으로, 전단력은 그림 3.2와 같은 변형이 되는 전단력(V)을 정방향으로, 휨모멘트는 아래로 볼록한 휨변형이 되는 휨모멘트(M)를 정방향으로 정의하였다.

단면의 왼쪽 자유물체 　　　　 단면의 오른쪽 자유물체

그림 3.1 전단력, 모멘트 및 축력의 정방향 부호규약

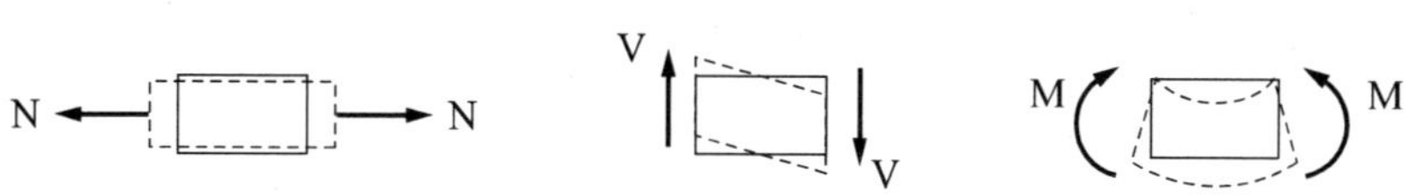

그림 3.2 정방향 변형과 부호

3.1 단면의 전단력과 휨모멘트

임의의 단면에 존재하는 축력, 전단력, 휨모멘트는 반력을 구한 후, 해당 단면을 가상으로 자른 왼쪽 자유물체도 또는 오른쪽 자유물체도에 평형방정식을 적용하여 구할 수 있다.

예제 3.1 다음 그림에서 C단면의 단면력을 계산하시오.

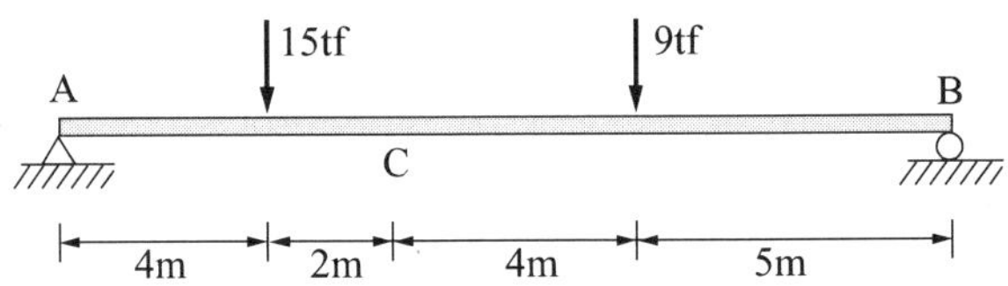

① 반력을 구하기 위한 자유물체도

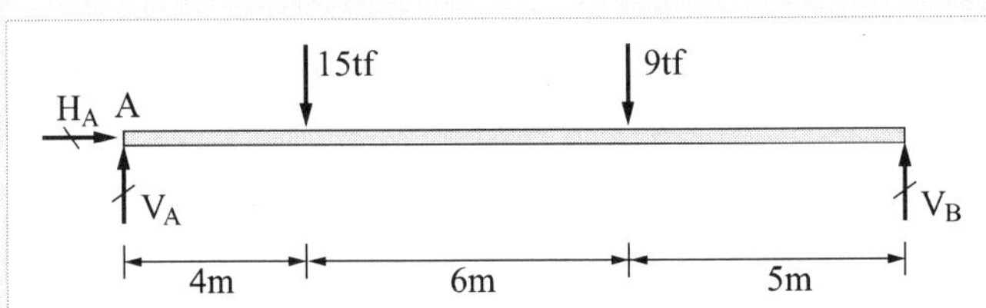

• 평형방정식

$\sum M_{at\ A} = 15 \times 4 + 9 \times 10 - 15 V_B = 0$ $\quad\therefore V_B = 10tf$

$\sum F_V = V_A + 10 - 15 - 9 = 0$ $\quad\therefore V_A = 14tf$

$\sum F_H = H_A = 0$ $\quad\therefore H_A = 0tf$

C단면을 가상으로 절단하여 왼쪽 부분의 자유물체도를 그린다.

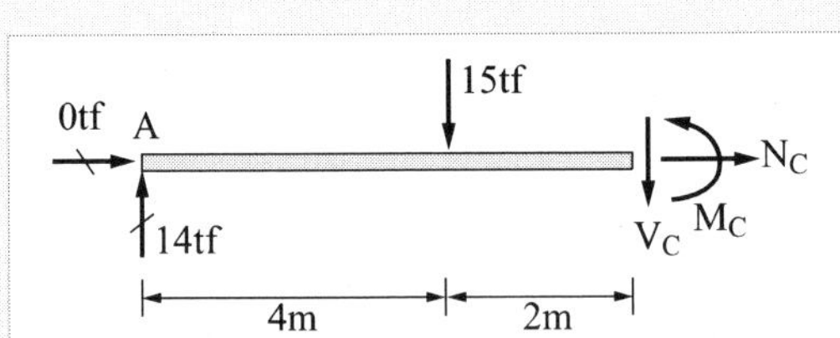

• 평형방정식

$\sum M_{atC} = 14 \times 6 - 15 \times 2 - M_C = 0$ $\quad\therefore M_C = 54\ tf \cdot m$

$\sum F_V = 14 - 15 - V_C = 0$ $\quad\therefore V_C = -1\ tf$

$\sum F_H = N_C = 0$ $\quad\therefore N_C = 0\ tf$

➡ 별해 : C단면의 오른쪽 부분의 자유물체도를 이용하여 구해도 같은 결과를 얻을 수 있다. 필요에 따라 오른쪽 왼쪽 자유물체도를 선택하여 사용한다.

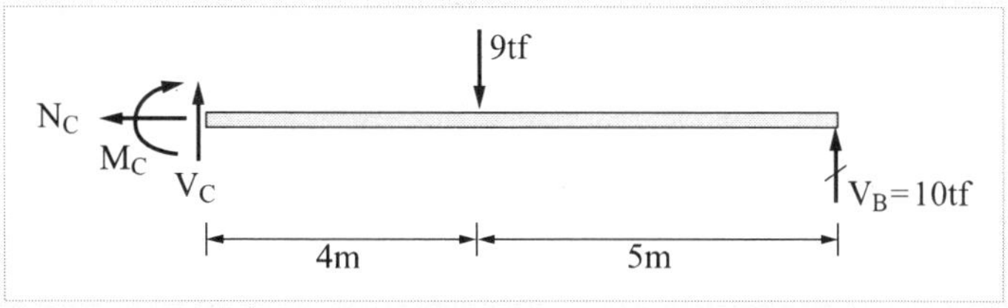

• 평형방정식

$\sum F_V = V_C - 9 + 10 = 0$ $\quad\therefore V_C = -1\,tf$

$\sum M_{atB} = -1 \times 9 - 9 \times 5 + M_C = 0$ $\quad\therefore M_C = 54\,tf \cdot m$

$\sum F_H = -N_C = 0$ $\quad\therefore N_C = 0\,tf$

결과는 왼쪽 자유물체도를 사용한 경우와 동일하다.

예제 3.2 다음 골조에서 C단면의 단면력을 계산하시오.

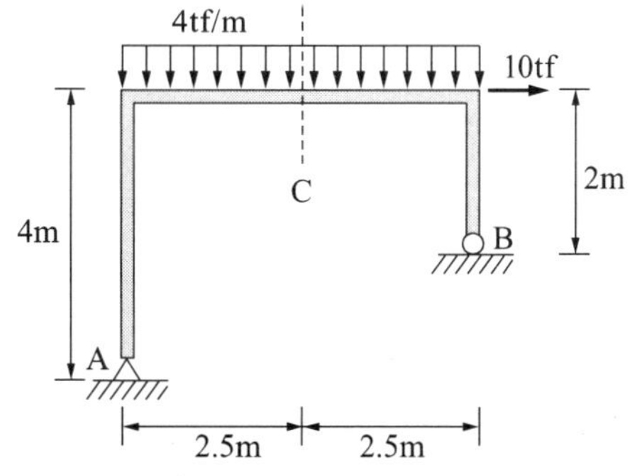

먼저 2장에서 학습한 반력을 계산한다.

① 반력을 구하기 위한 전체구조의 자유물체도

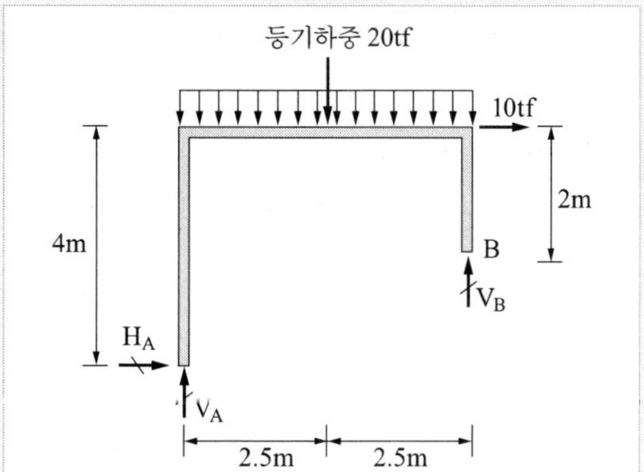

• 평형방정식

$$\sum M_{at\ A} = 20\times 2.5 + 10\times 4 - 5V_B = 0$$

$$\therefore V_B = 18tf$$

$$\sum F_V = V_A - 20 + 18 = 0$$

$$\therefore V_A = 2tf$$

$$\sum F_H = H_A + 10 = 0$$

$\therefore H_A = -10tf$ (좌측방향)

② 단면 C의 단면력을 구하기 위한 자유물체도

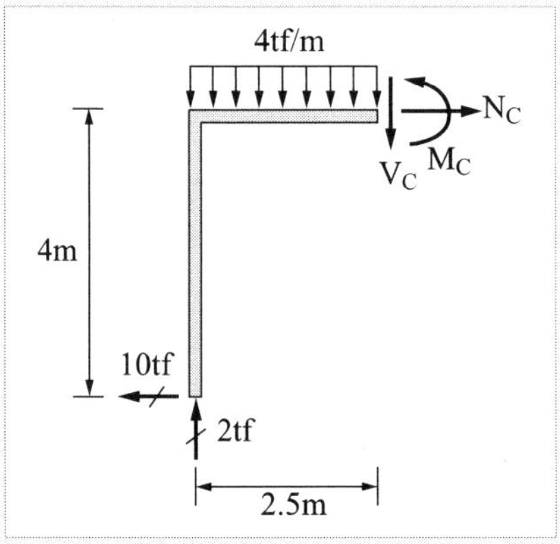

위의 자유물체도의 분포하중을 등가 집중하중 10tf으로 치환하고 평형방정식을 적용한다.

$$\sum M_{at\ C} = 2\times 2.5 - 10\times 1.25 + 10\times 4 - M_C = 0$$

$\therefore M_C = +32.5tf$(양의 방향 휨모멘트)

$$\sum F_V = 2 - 10 - V_C = 0$$

$$\therefore V_C = -8tf$$

$$\sum F_H = -10 + N_C = 0$$

$\therefore N_C = 10tf$ (정방향 축력 = 인장력)

3.2 하중, 전단력, 휨모멘트의 관계

보의 하중, 전단력, 휨모멘트는 서로 연관되어서 전단력도와 휨모멘트도를 그리는데 도움이 된다. 아래 그림과 같이 임의의 분포하중을 받는 단순지지보를 고려할 때, 두 점 C와 C′은 서로 Δx만큼 떨어져 있고, C′의 단면력은 C의 단면력에서 미소한 변화가 있는 것처럼 표현할 수 있다. 즉, 두 점 C와 C′ 사이의 자유물체도를 그리면 다음과 같다.

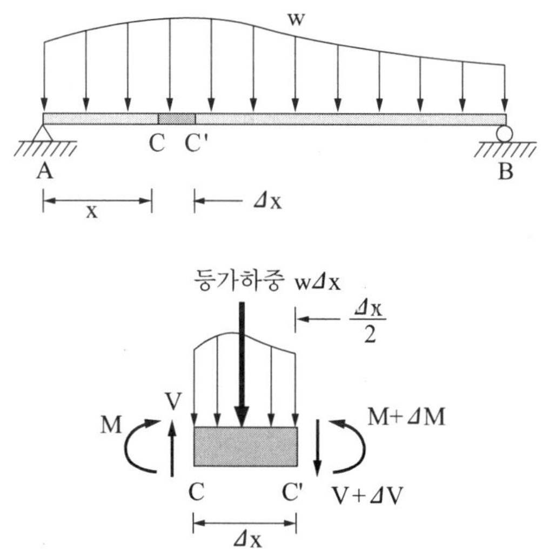

그림 3.3 임의 분포하중의 단순보와 미소구간 자유물체도

1) 하중과 전단력 관계

자유물체도 상의 단면력은 정방향 단면력으로 표현하였다.
위의 자유물체도에 평형방정식을 적용하면 다음과 같다.

$$\sum F_V = 0$$

$$\Rightarrow \quad V + (V + \Delta V) - w\,\Delta x = 0$$

$$\Rightarrow \quad \Delta V = -w\,\Delta x$$

$$\therefore \ \frac{\Delta V}{\Delta x} = -w$$

위의 식에서 Δx를 0으로 접근시키면 다음 미분식으로 표현된다.

$$\therefore \ \frac{dV}{dx} = -w$$

(전단력도의 기울기 = 분포하중의 음의 값)

위의 식을 임의 구간 C, D구간 사이에서 적분하면 다음과 같다.

$$V_D - V_C = -\int_{x_C}^{x_D} w\,dx$$

($V_D - V_C$ = C와 D 사이의 하중선도 아래 면적의 음의 값)

2) 전단력과 휨모멘트의 관계

위의 자유물체도에 회전 평형방정식을 적용하면 다음과 같다.

$$\sum M_{at\,C'} = (M + \Delta M) - M - V\Delta x + w\,\Delta x\,\frac{\Delta x}{2} = 0$$

$$\Rightarrow \ \Delta M = V\Delta x - w\,\Delta x\,\frac{\Delta x}{2}$$

$$\therefore \ \frac{\Delta M}{\Delta x} = V$$

위의 식에서 Δx를 0으로 접근시키면 다음 미분식으로 표현된다.

$$\therefore \ \frac{dM}{dx} = V$$

(휨모멘트도의 기울기 = 그 점에서의 전단력 크기)

위의 식을 임의 구간 C, D구간 사이에서 적분하면 다음과 같다.

$$M_D - M_C = \int_{x_C}^{x_D} V\,dx$$

($M_D - M_C$ = C와 D 사이의 전단력도 아래 면적)

3.3 전단력도와 휨모멘트도의 작성

앞 예제와 같이 보의 원하는 단면력을 구하기 위해서는 매 단면마다 자유물체도를 그리고 평형방정식을 이용해 일일이 구해야 한다. 그러나 설계의 관점에서 보면, 보의 모든 위치에서의 전단력이나 휨모멘트를 한눈에 볼 수 있으면 그 변화형태와 최대값을 쉽게 파악할 수 있다. 그러한 목적으로 전단력과 휨모멘트를 보의 모든 위치에 나타내어 그린 선도(diagram)를 '전단력도'와 '휨모멘트도'라고 한다. 앞절에서 유도된 하중, 전단력, 휨모멘트의 관계식을 이용하면 전단력도와 휨모멘트도를 작성할 수 있다.

관계식 $\Delta V = -\int w\,dx$는 임의의 두 단면사이의 분포하중의 면적은 그 두 단면사이의 전단력의 변화량이 됨을 의미한다. 즉, 어느 두 단면사이에 하중이 존재하지 않으면 $\Delta V = 0$이 되어 두 단면사이의 전단력은 같게 된다. 또한 예를 들어, 어느 두 단면사이의 아랫방향 분포하중의 면적이 20tf가 된다면 $\Delta V = V_2 - V_1 = -20$tf가 되어 그 두 단면의 오른쪽 단면의 전단력(V_2)이 왼쪽 단면의 전단력(V_1)보다 20tf만큼 작다는 의미가 된다. 만약 하향 집중하중의 왼쪽 단면과 오른쪽 단면의 전단력은 오른쪽 단면의 전단력($V_2 = V_1 - P$)이 집중하중(P)만큼 감소함을 의미한다.

관계식 $\Delta M = \int V\,dx$는 임의의 두 단면사이의 전단력도의 면적은 그 두 단면사이의 휨모멘트의 변화량이 됨을 의미한다. 예를 들어, 어느 두 단면사이의 전단력도의 면적이 10ft·m가 된다면 $\Delta M = M_2 - M_1 = \int V\,dx = 10$이 되어 오른쪽 단면의 휨모멘트($M_2 = M_1 + 10$)가 왼쪽 단면의 휨모멘트($M_1$)보다 10ft·m만큼 크다는 의미가 된다. 이러한 성질을 이용하여 전단력도와 휨모멘트도를 작성하는 절차를 예제에서 기술한다.

예제 3.3 예제 3.1에 있는 보의 전단력도와 휨모멘트도를 작성하시오.

앞절에서 구한 반력을 표시한 후 왼쪽부터 출발하여 다음과 같이 그린다.

① 자유물체도

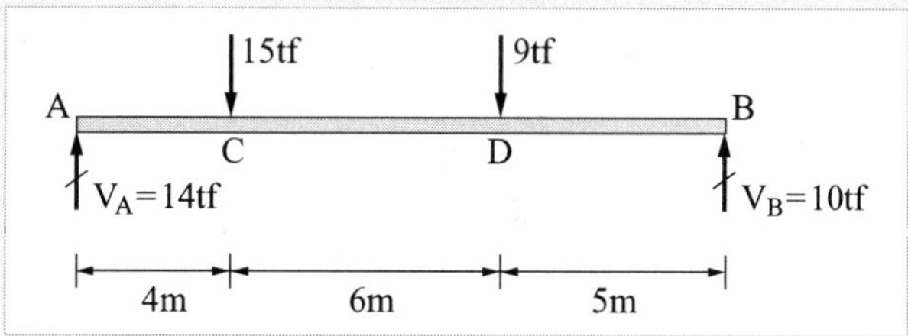

② 전단력도

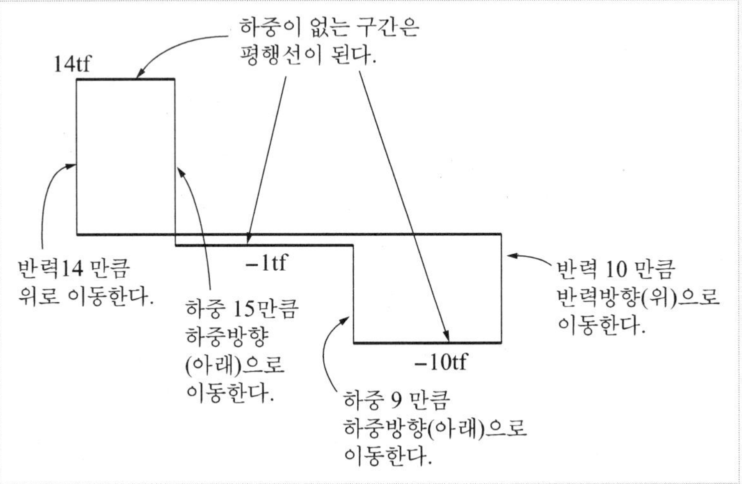

③ 휨모멘트도

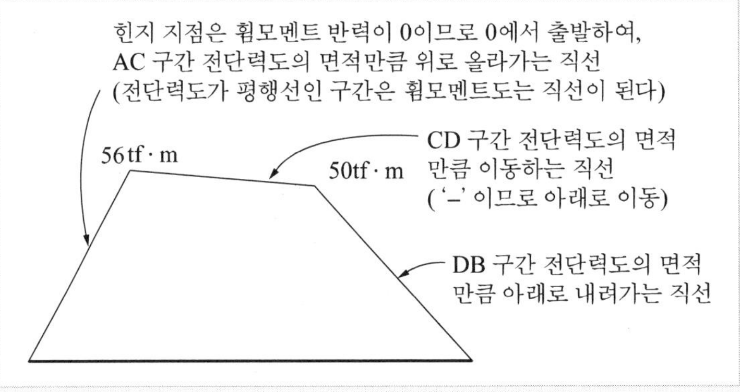

예제 3.4 예제 2.6의 겔버보의 전단력도와 휨모멘트도를 작성하시오.

① 자유물체도

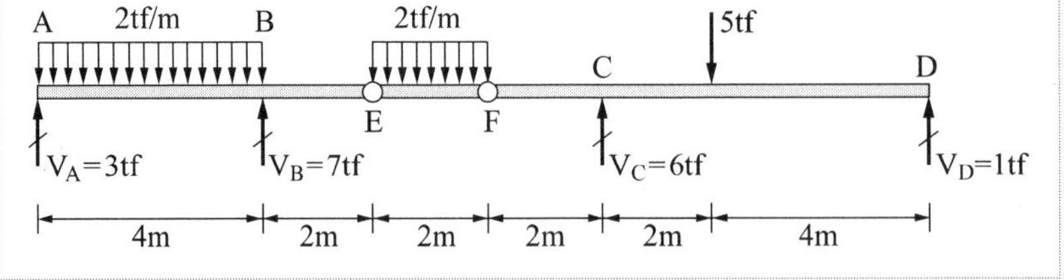

② 전단력도

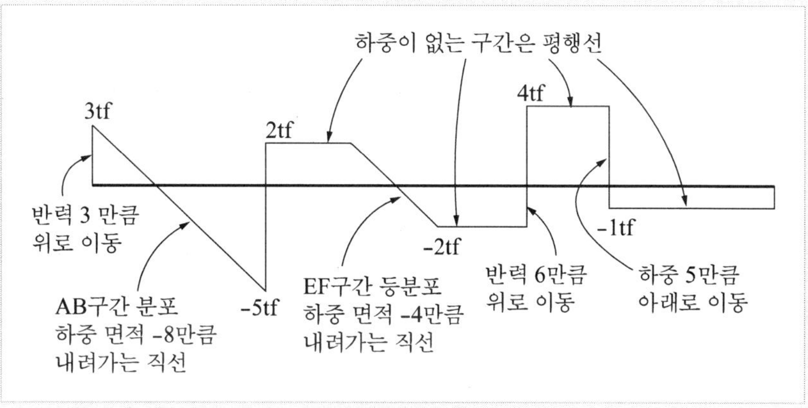

③ 휨모멘트도

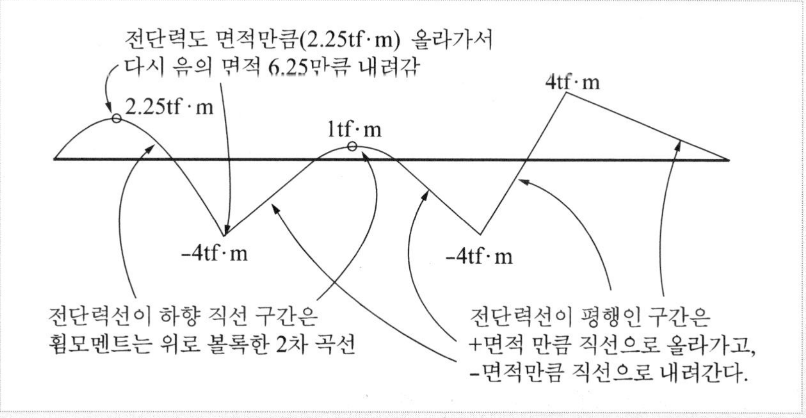

예제 3.5 앞의 예제 2.4의 전단력도와 휨모멘트도를 작성하시오(우력이 있는 경우).

① 자유물체도

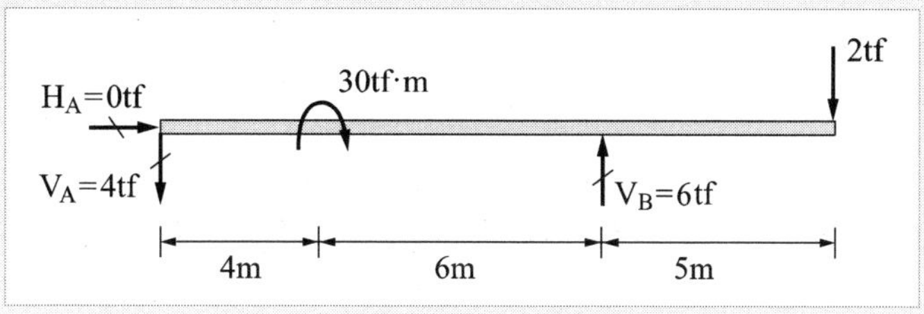

② 전단력도

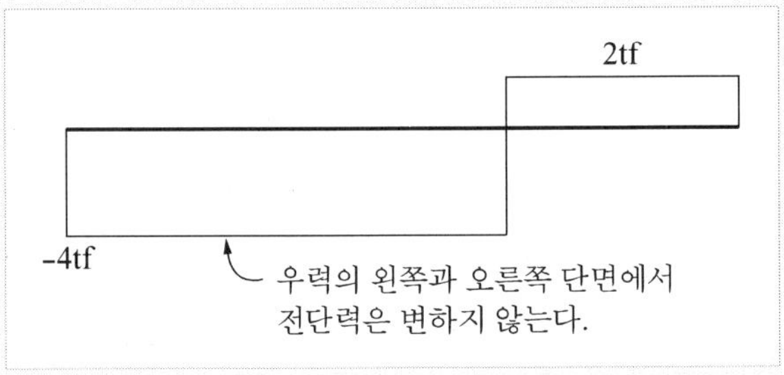

③ 휨모멘트도

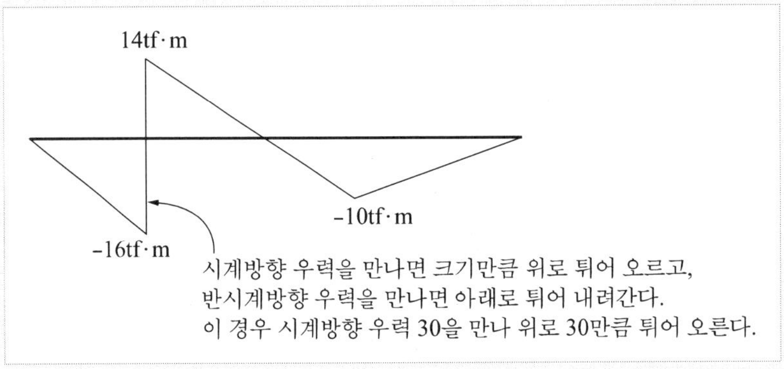

3.4 전단력과 휨모멘트의 함수식

앞절에서 구한 전단력도와 휨모멘트도를 구간 별로 나누어 식으로 표현하는 것은 중요하다. 이 식은 구조물의 처짐각과 처짐을 구할 때 사용된다. 캔틸레버보를 예로 들어 설명하고자 한다.

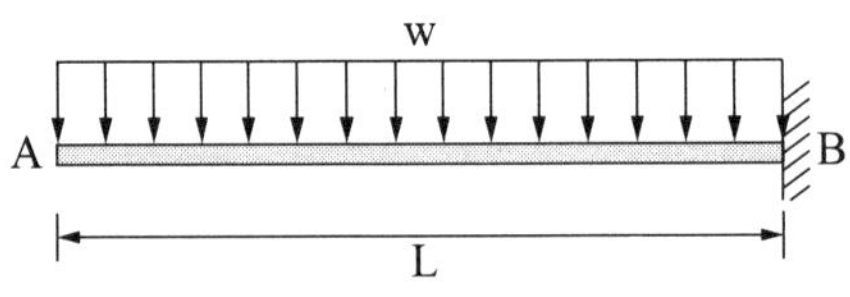

그림 3.4 캔틸레버보

우선 반력을 구하면 다음과 같다.

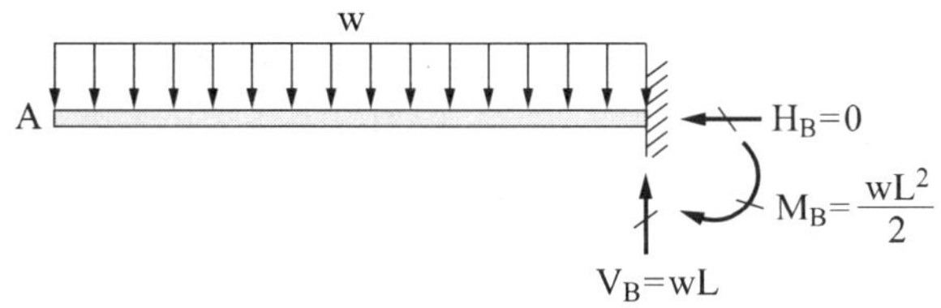

1) 자유물체도와 평형방정식을 이용하는 방법

AB구간의 임의의 단면까지의 거리를 x라 하고 왼쪽 자유물체도를 그려 전단력과 휨모멘트를 구하면, 전단력도와 휨모멘트 식을 구할 수 있다.

① 자유물체도

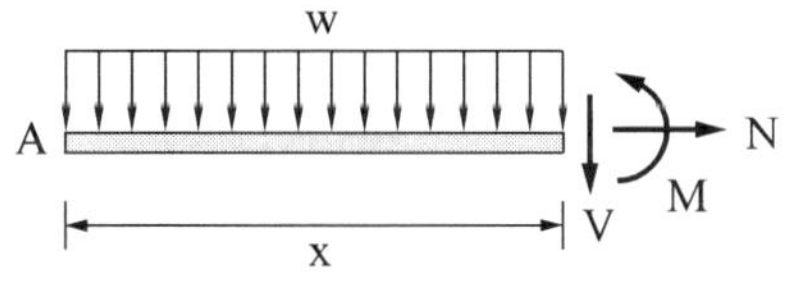

② 평형방정식

$$\sum M_{at\ X} = -wx\frac{x}{2} - M = 0 \qquad \therefore M = -\frac{wx^2}{2}$$

$$\sum F_V = -wL - V = 0 \qquad \therefore V = -wL$$

해당 식을 좌표축에 그리면 그림과 같은 전단력도, 휨모멘트도가 된다.

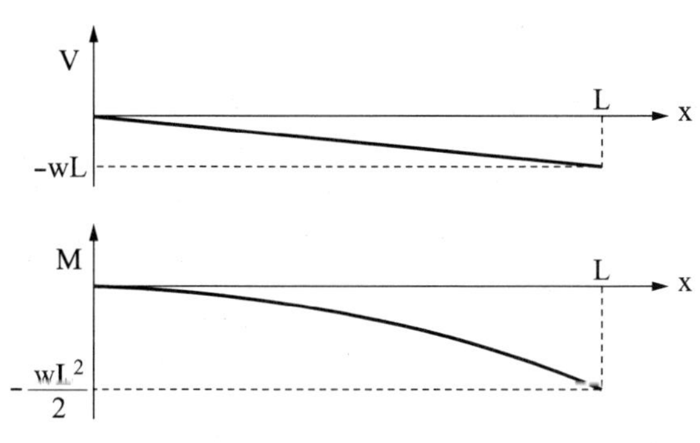

2) 하중 전단력 휨모멘트 관계식을 이용하여 식을 구하는 방법

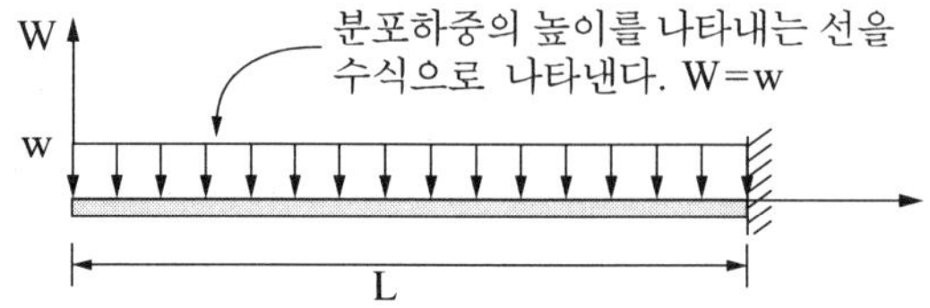

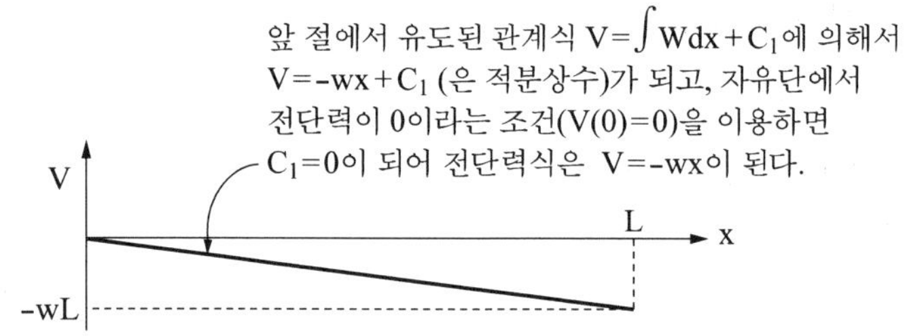

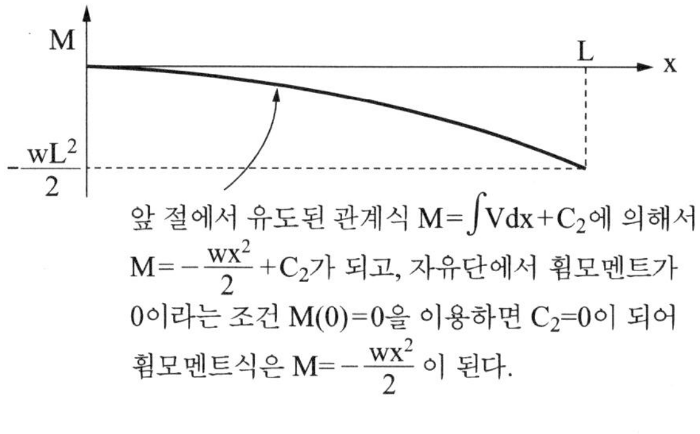

예제 3.6 다음 보의 전단력 휨모멘트 식을 구하시오.

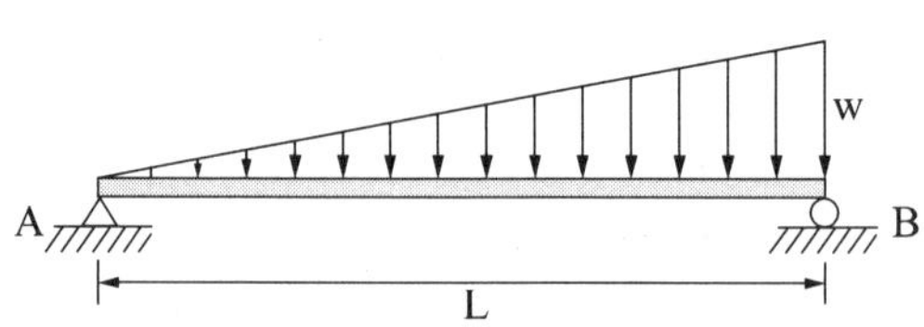

먼저 반력을 구하면 $V_A=\frac{wL}{6}$, $V_B=\frac{wL}{3}$ 이다.

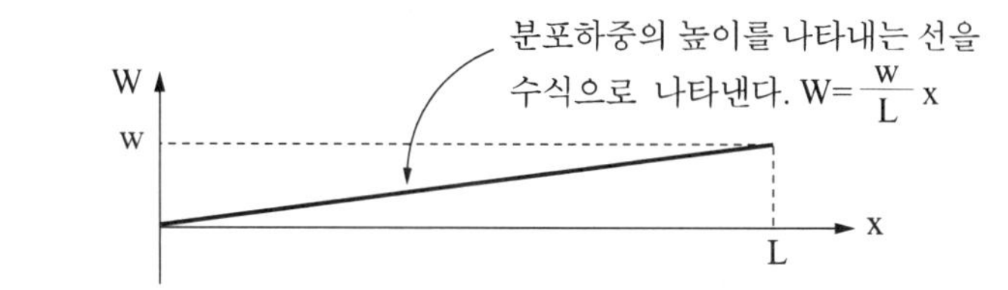

$V=-\frac{w}{2L}x^2+C$, A지점의 반력이 $V_A=\frac{wL}{6}$ 이므로

$V(0)=\frac{wL}{6}$ 조건을 이용하면 $C_1=\frac{wL}{6}$

따라서, $V=-\frac{w}{2L}x^2+\frac{wL}{6}$ 이 된다.

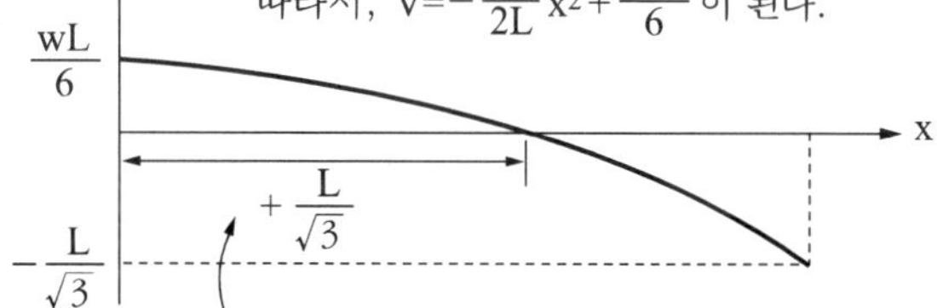

V=0인 x를 구하기 위해 $V=-\frac{w}{2L}x^2+\frac{wL}{6}=0 \Rightarrow x=+\frac{L}{\sqrt{3}}$

$M=\int Vdx+C_2$에 의해서 $M=-\frac{wx^3}{6}+\frac{wL}{6}x+C_2$가 되고,

A지점은 핀지점이므로 모멘트 반력이 0이다. $M(0)=0$을 이용하면

$C_2=0$이 되어, 휨모멘트식은 $M=-\frac{wx^3}{6}+\frac{wL}{6}x$ 이 된다.

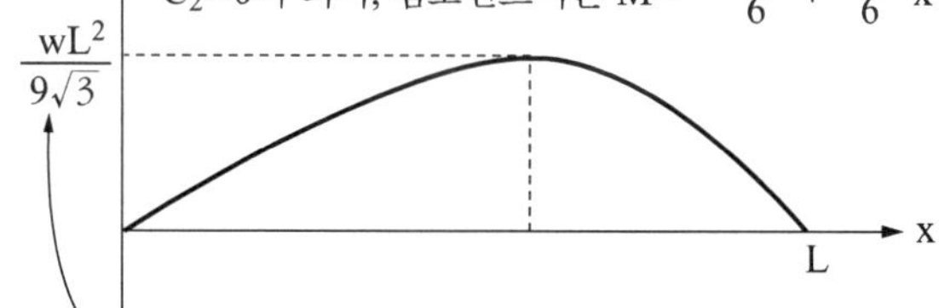

$M=-\frac{wx^3}{6}+\frac{wL}{6}x$ 식에 $x=\frac{L}{\sqrt{3}}$를 대입하면 최대값 $M_{max}=\frac{wL^2}{9\sqrt{3}}$

예제 3.7 다음 내민 보의 전단력 휨모멘트 식을 구하시오.

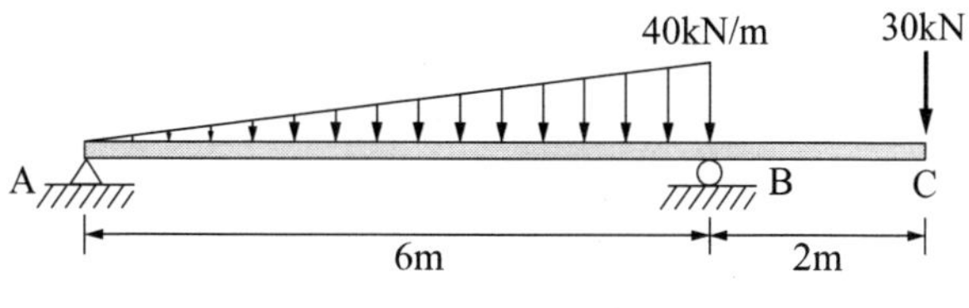

먼저 반력을 구하면 $V_A=30kN$, $V_B=120kN$이다.

이 문제의 경우 전단력도와 휨모멘트도가 각각 2개의 식으로 표현되므로 아래 그림처럼 AB구간, BC구간으로 나누어 두 개의 좌표축을 그린다. 각각의 구간에 대하여 앞 예제에서 구한 것처럼 식을 구한다.

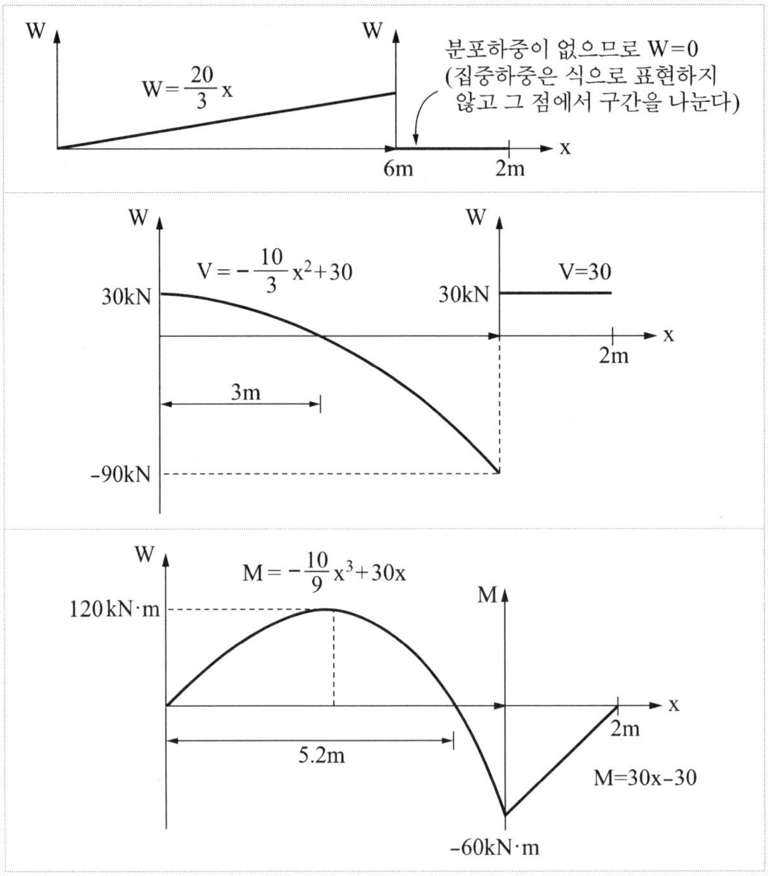

예제 3.8 아래 골조 그림의 전단력과 휨모멘트도를 그리시오.

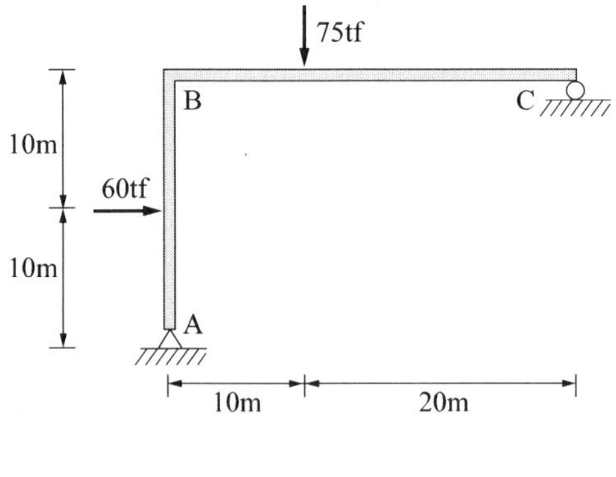

① 반력

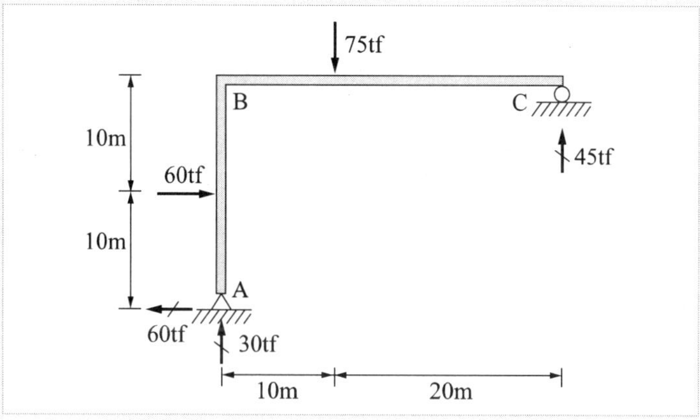

• AB부재, BC부재의 자유물체도

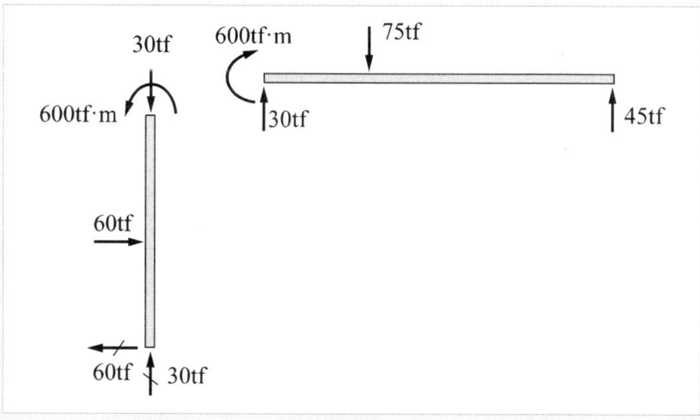

② 전단력도

위의 부재별 자유물체도를 참고하여 전단력도를 그린다.

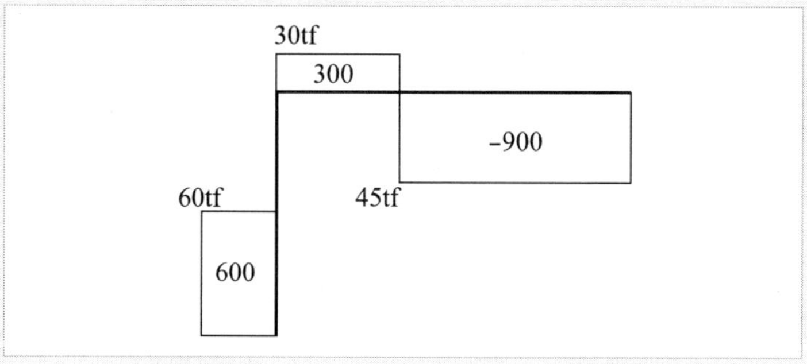

② 휨모멘트도

부재별 자유물체도와 전단력도를 참고하여 휨모멘트도를 그린다.

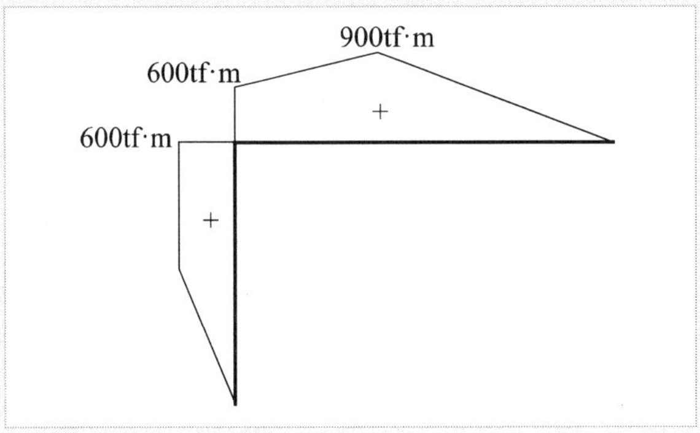

▌연습문제 ▌

3.1 다음과 같은 단순보의 중앙부의 휨모멘트값은? (단, a=b=c 이다)

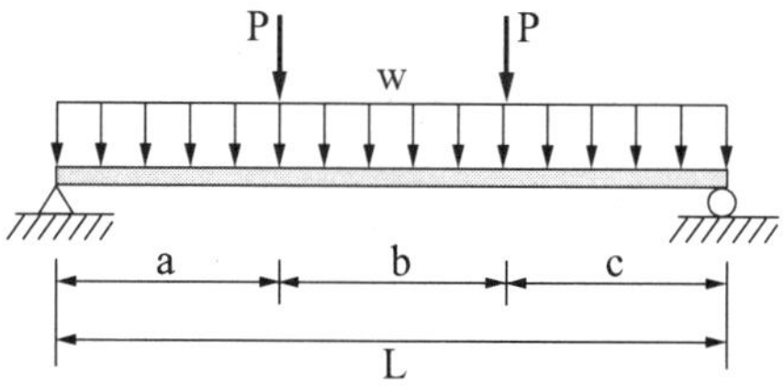

3.2 다음 그림에서 C점의 휨모멘트는?

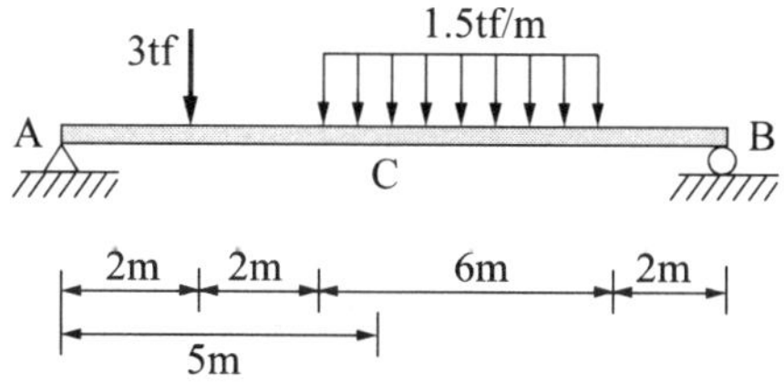

3.3 다음 그림에서 고정단의 휨모멘트는?

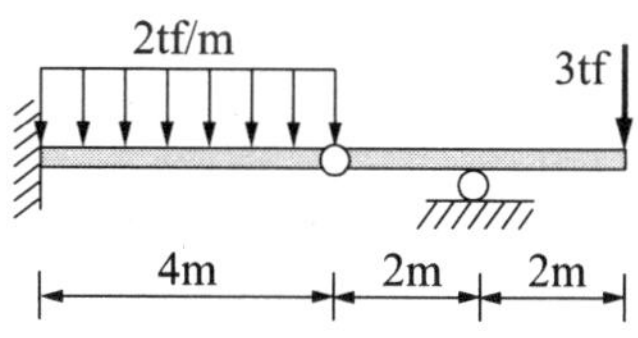

3.4 다음 그림에서 C점과 D점의 휨모멘트는?

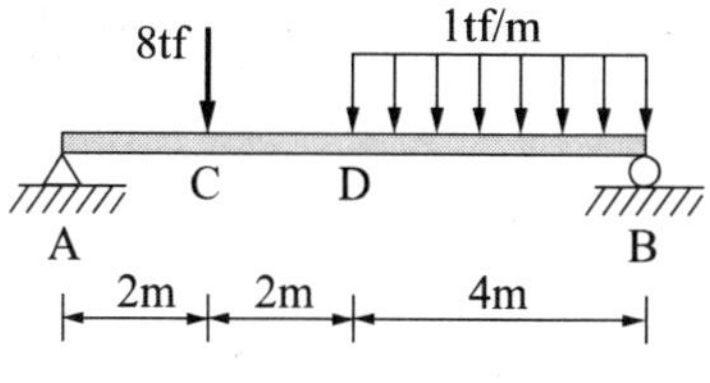

3.5 아래 그림과 같은 보의 반력, 전단력도, 휨모멘트도를 구하시오.

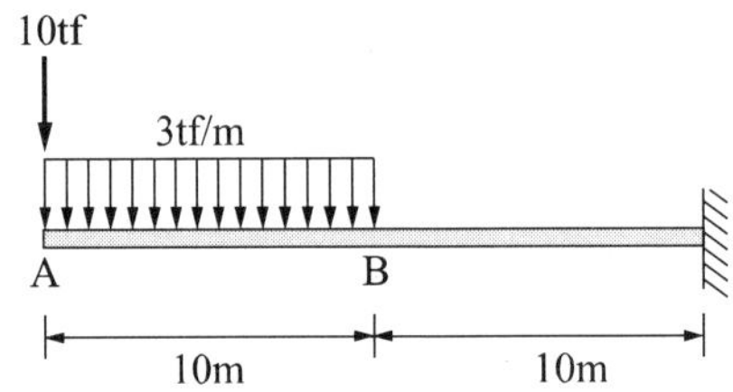

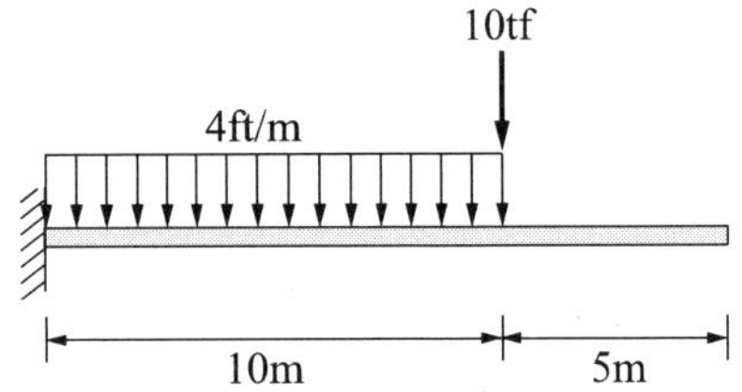

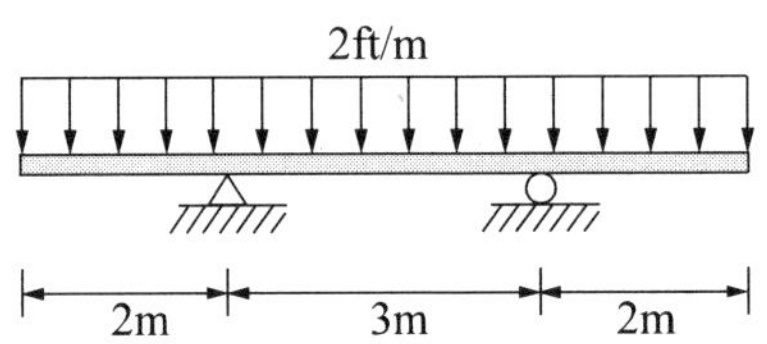

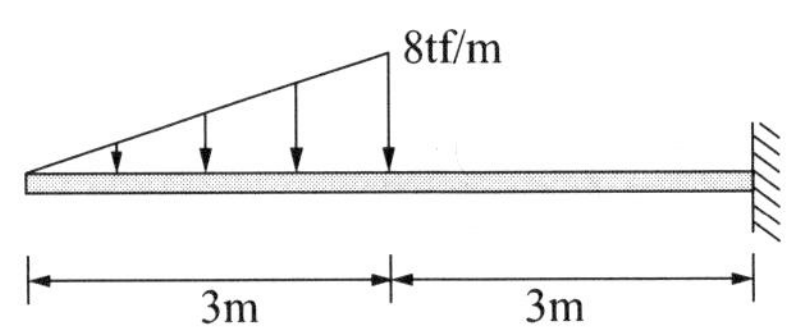

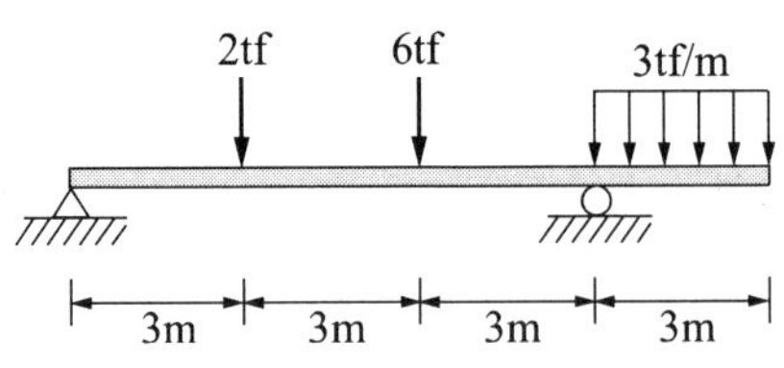

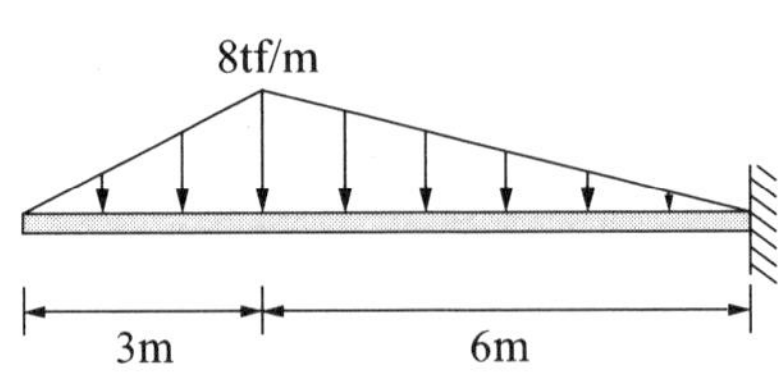

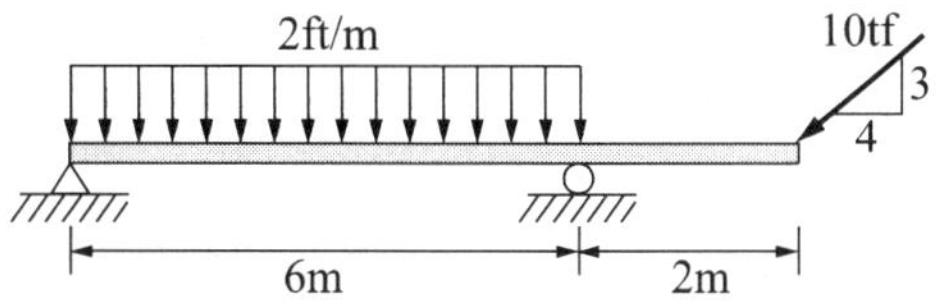
2ft/m
10tf
3
4
6m
2m

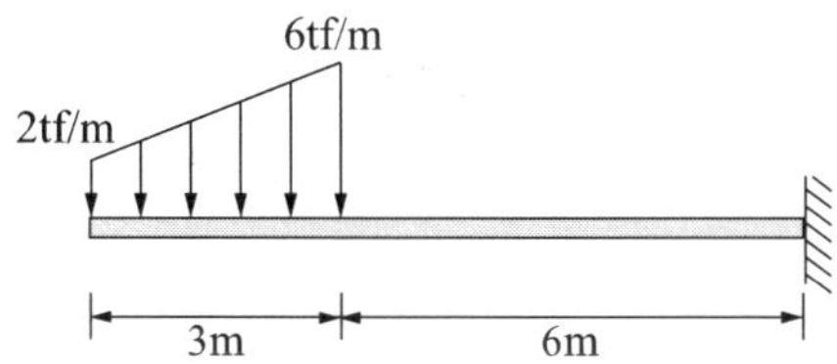
6tf/m
2tf/m
3m
6m

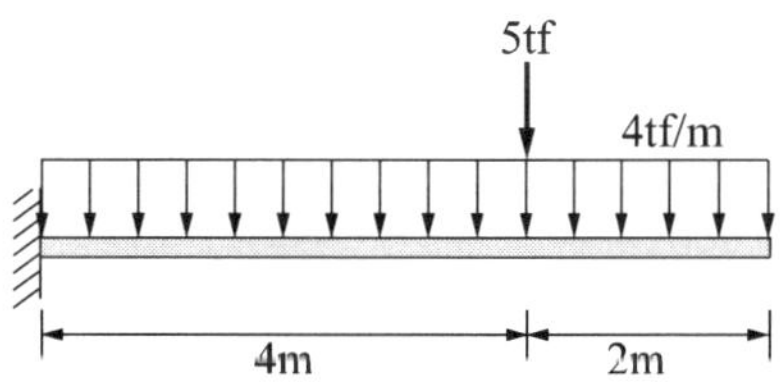
5tf
4tf/m
4m
2m

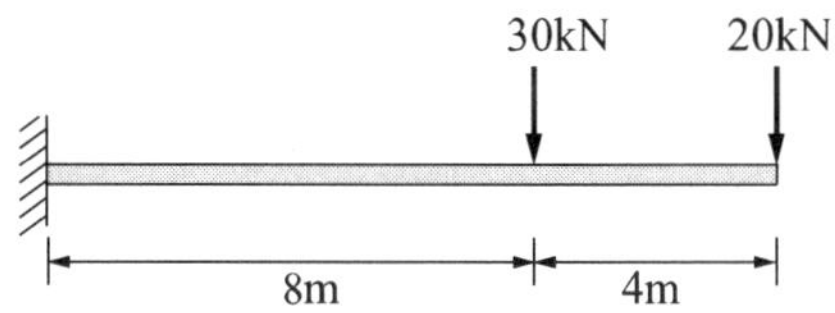
30kN
20kN
8m
4m

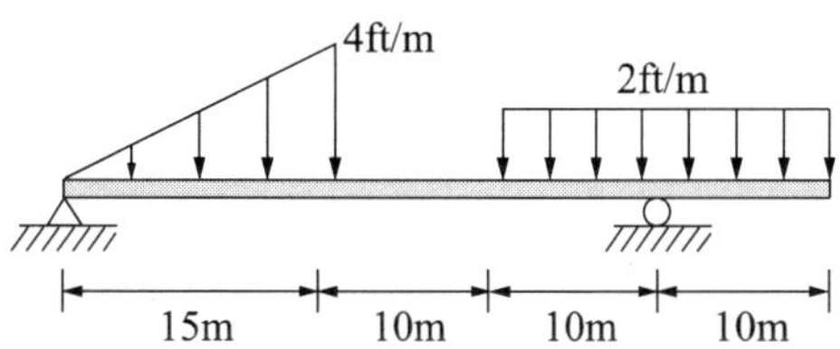
4ft/m
2ft/m
15m
10m
10m
10m

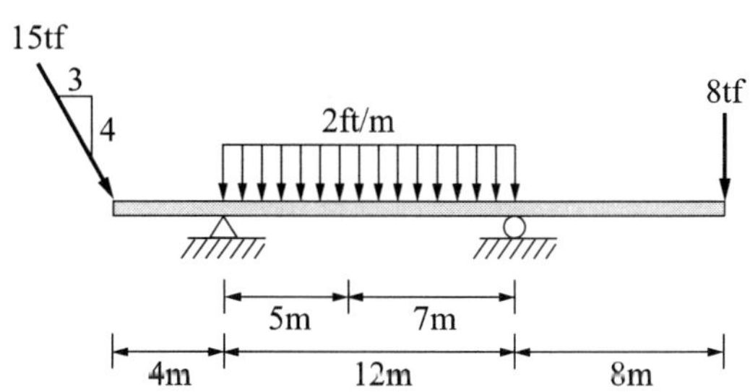
15tf
3
4
8tf
2ft/m
5m
7m
4m
12m
8m

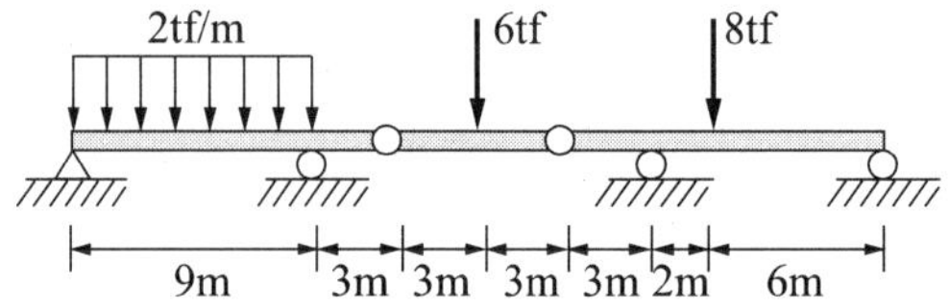
2tf/m
6tf
8tf
9m
3m
3m
3m
3m
2m
6m

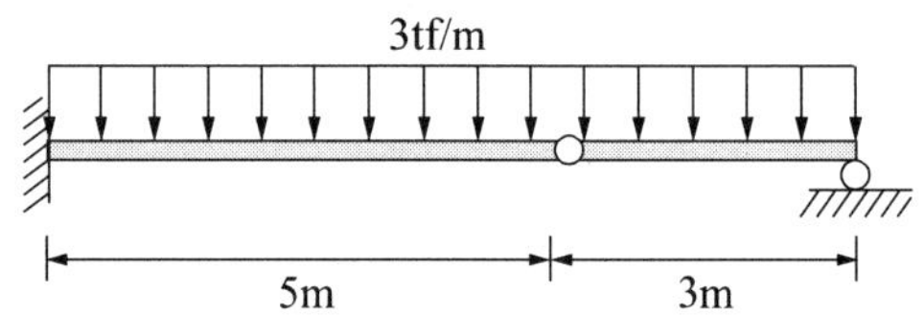
3tf/m
5m
3m

제 4 장 트러스

마찰이 없는 핀으로 3개의 부재를 삼각형 모양으로 연결하면 안정된 구조물이 된다. 이 삼각형 구조에 필요한만큼 부재를 핀으로 연결해 나가면 다양한 형태의 구조물이 되는데 이를 '트러스'라고 한다. 실제로 트러스는 부재를 핀으로 연결하고, 하중도 반드시 절점에만 작용시키므로 부재의 단면에는 축력만 발생한다. 즉, 전단력이나 휨모멘트가 발생하지 않는 구조가 된다. 물론 절점 이외의 부재 중간에 하중을 재하하면 휨모멘트와 전단력이 발생하지만, 간접하중 방식으로 절점에만 하중이 재하되도록 한다.

1) 트러스 해석의 가정

트러스 해석의 편의를 위하여 몇 가지 가정을 한다.

① 트러스 부재는 마찰이 없는 핀으로 연결되어 있다. 실제로는 마찰이 없는 핀으로 연결되는 트러스는 드물다.

② 트러스 부재는 직선이다. 만약 부재가 직선이 아니면 부재를 핀으로 연결하고, 절점에만 하중을 재하하더라도 휨변형이 발생한다.

③ 트러스 변위는 미소하다. 트러스에 가해진 하중에 의해 각 부재에는 인장력이나 압축력이 발생하여 변형이 생기지만, 전체 형상이나 치수에 변화가 올 만큼의 변형은 발생하지 않는다고 가정한다.

④ 자중을 제외한 모든 힘은 절점에만 작용한다. 하중과 반력 등 모든 외력은 절점에만 작용하도록 구성하여 부재에 휨변형이 발생하지 않도록 한다.

위의 가정을 통해 트러스 해석을 쉽게 할 수 있다.

2) 평면 트러스의 정정

평면트러스의 각 절점을 떼어 내어 자유물체도를 그리면, 모든 힘이 절점을 지나는 동점역계가 된다. 따라서 평형방정식 $\sum M = 0$은 의미가 없게 되어 2개의 평형방정식만 사용할 수 있다.

$$\sum F_H = 0 \ , \ \sum F_V = 0$$

따라서, 절점이 j개인 트러스은 2j개의 평형방정식이 존재한다. 또한 구해야 할 미지력은 각 부재력 m개, 미지 반력 r개가 되므로 $2j = m + r$을 만족한다면 정정구조가 된다. 다만, 트러스가 안정상태일 때만 성립한다. 트러스가 안정이 되지 않은 상태에서는 정정과 부정정 구분이 의미가 없다. $m + r$이 2j보다 크면 구해야 할 미지력이 방정식의 수보다 많다는 의미이므로 부정정 구조가 되며, 부정정 차수는 $m + r - 2j$이다

4.1 절점법

우선 정정 트러스의 반력을 구한다. 반력을 구하는 과정은 보와 유사하다. 절점 주위의 부재의 단면을 가상으로 절단하여 고립시키고 자유물체도를 그리면, 절점 수 만큼의 자유물체도가 구해진다. 각 자유물체도에 2개의 평형방정식을 적용하여 부재력을 구하면 된다. 다음 트러스의 부재력을 구하는 과정을 통하여 자세히 설명한다.

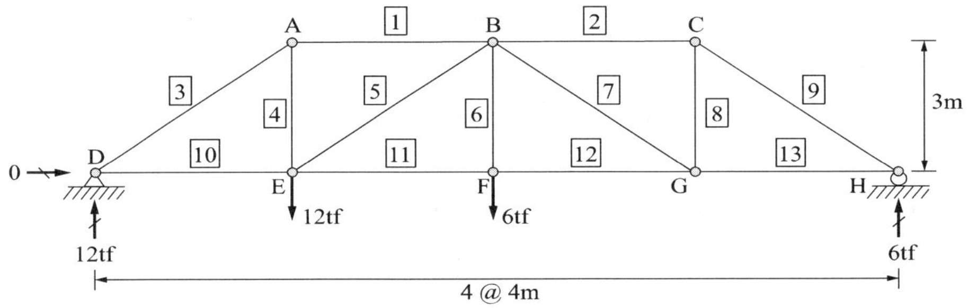

위의 그림과 같이 반력을 구한 후, 각 절점을 고립시켜 8개의 자유물체도를 아래와 같이 그렸다. 절점에서 밖으로 향하는 화살표가 인장력이고 절점을 향해 다가오는 화살표는 압축력을 의미한다. 미지의 축력은 일단 인장력으로 가정하여 자유물체도에 표시한다.

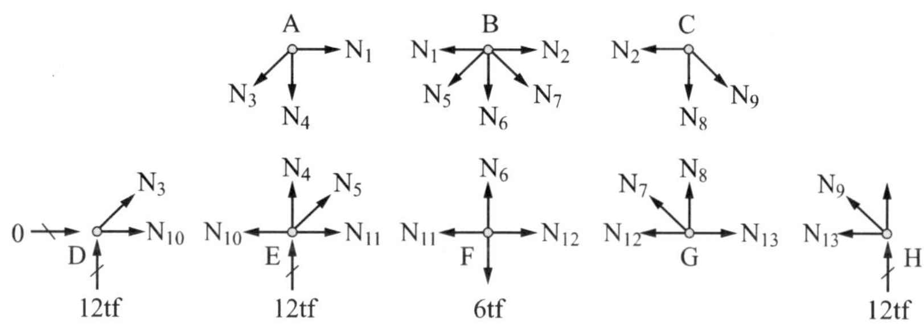

미지수를 2개 이하 포함한 절점부터 평형방정식을 적용하여 미지력을 구하면 된다. 먼저, 절점 D에 대한 자유물체도에서 다음과 같이 단면력을 구할 수 있다.

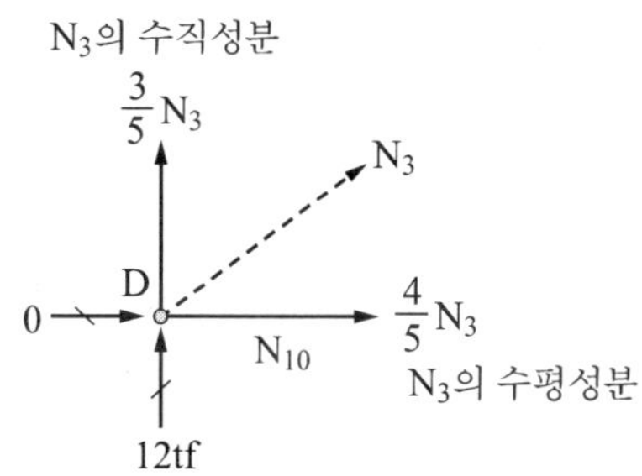

위 그림과 같이 수평이나 수직이 아닌 힘을 성분으로 나누어 표시한 후, 평형방정식을 적용하면 된다.

$$\sum F_V = \frac{3}{5}N_3 + 12 = 0 \qquad \therefore N_3 = -20\,\text{tf} \ \text{(압축력)}$$

$$\sum F_H = N_{10} + \frac{4}{5}N_3 = 0 \qquad \therefore N_{10} = 16\,\text{tf}$$

위의 과정에서 N_3의 수평 수직성분을 다음과 같이 부재에 수평선과 수직선으로 간단히 표시하고, 수직 힘의 합이 0임을 이용한다. 12tf 하중이 위 방향이므로 N_3의 수직성분은 아랫방향의 크기 12tf가 된다. N_3의 수직성분의 방향이 아래로 결정되었으므로 수평성분은 왼쪽이 되며 크기는 비례관계에서 $12\times\frac{4}{3}=16tf$가 된다. 최종적으로 N_3는 비례관계에서 $12\times\frac{5}{3}=20tf$가 되며, 절점을 향하므로 압축력이 된다. 계속해서 수평 힘들의 합이 0임을 이용하면 N_{10}과 N_3의 수평성분의 합이 0이 되어야 하고, N_3 수평성분은 왼쪽으로 16이므로 N_{10}은 오른쪽으로 16tf이 된다. 오른쪽은 절점에서 멀어지는 방향이므로 인장력이다.

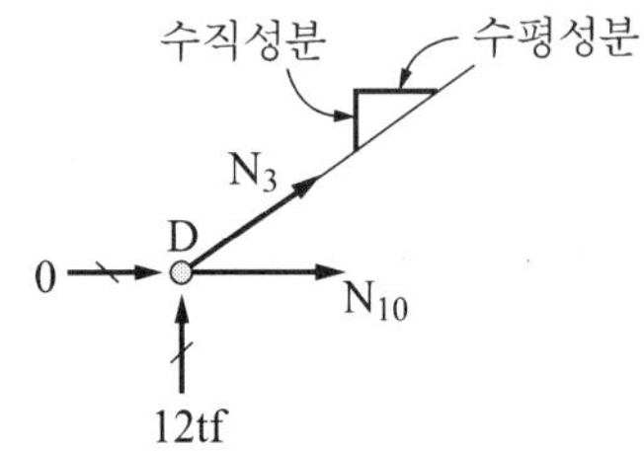

위에서 설명한 대로 방향까지 표시하고 결과를 기록하면 다음과 같다.

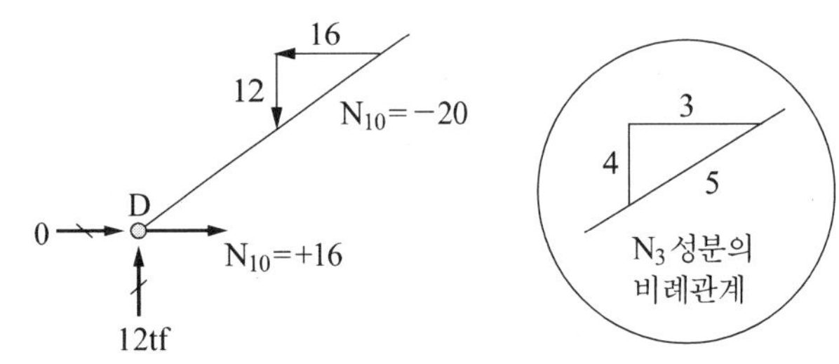

다음 절점은 이와 같이 성분표시를 부재에 표시하고 계산하기로 한다.

1) 절점 A

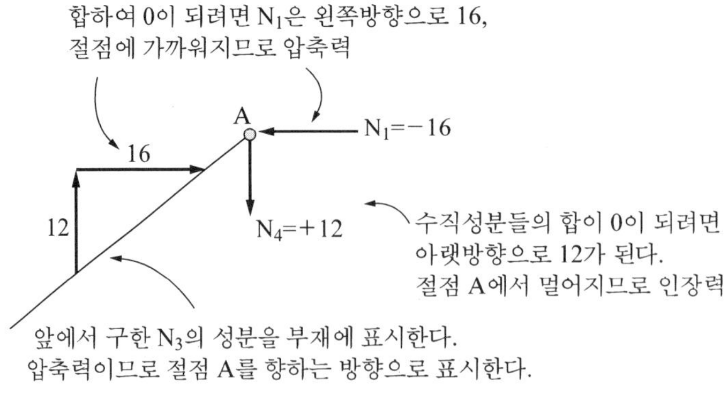

지금까지 N_3, N_{10}, N_1, N_4 4개의 부재력을 구했으므로 절점 B 자유물체도의 미지수는 4개, 절점 E 자유물체도의 미지수는 N_5, N_{11}이므로 2개이다. 그러므로 절점 E에서 평형방정식을 적용한다.

2) 절점 E

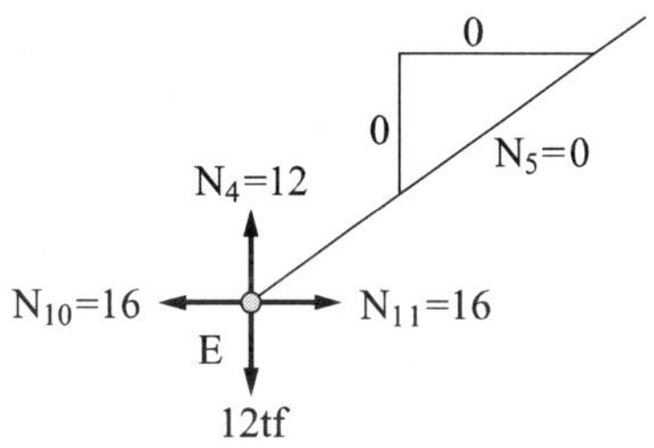

3) 절점 F

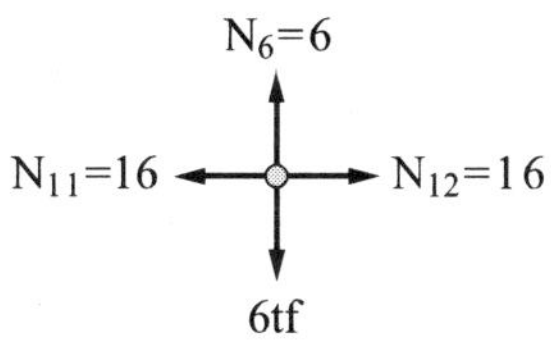

4) 절점 B

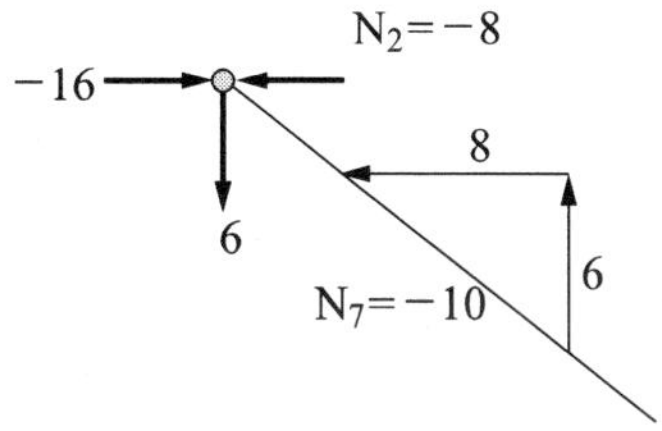

5) 절점 C

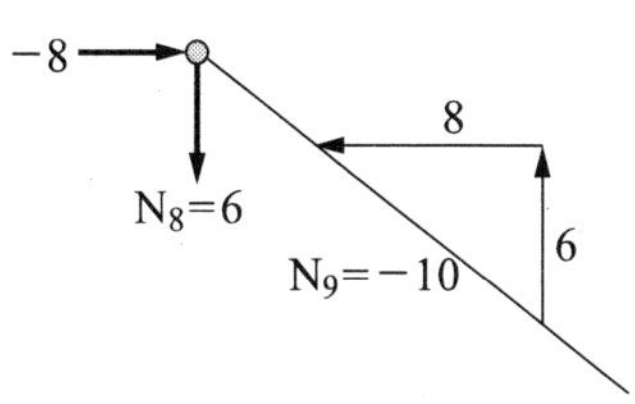

6) 절점 H

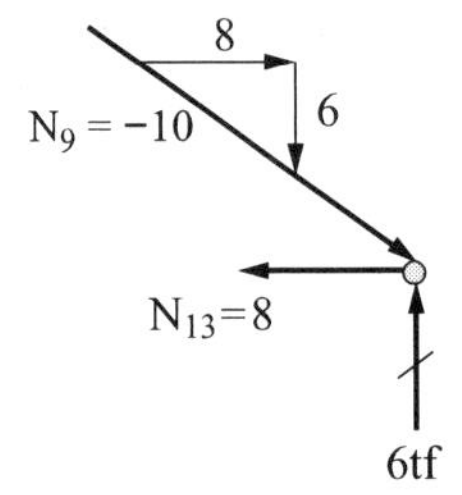

7) 절점 G

모든 부재력이 구해졌으므로 이 절점에서는 검산할 수 있다.

$$\sum F_H = 8 - 16 + 8 = 0$$
$$\sum F_V = -6 + 6 = 0$$

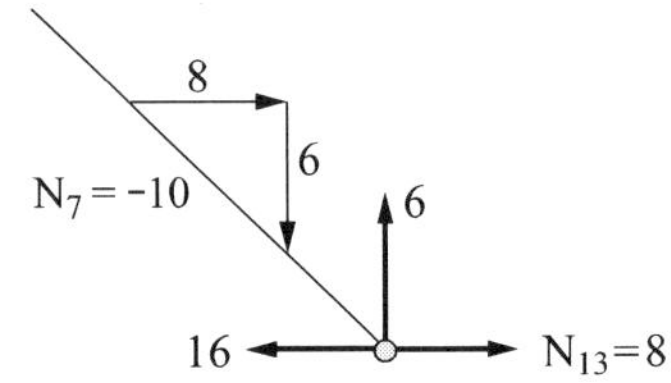

예제 4.1 아래 그림의 트러스의 반력과 단면력을 절점법으로 구하시오.

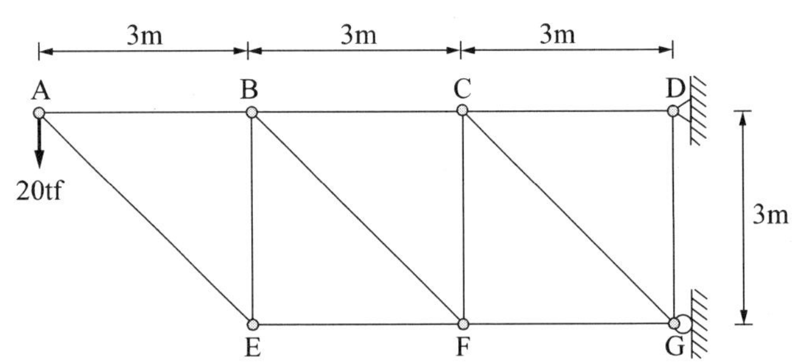

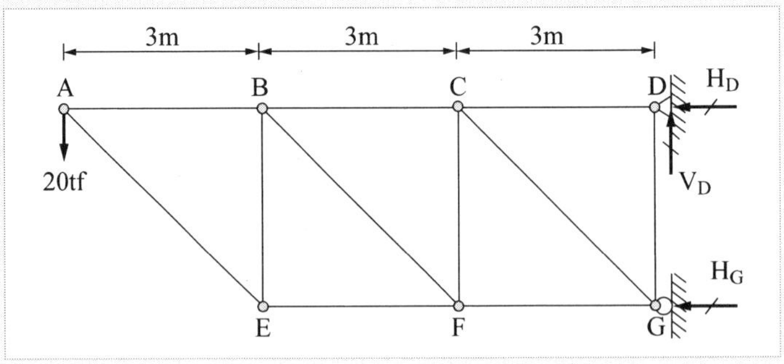

$$\sum M_{atG} = -20\times 9 - 3H_D = 0$$

$$\therefore\ H_D = -60tf\,(\rightarrow)$$

$$\sum F_H = 60 - H_G = 0$$

$$\therefore\ H_G = 60tf\,(\leftarrow)$$

$$\sum F_V = -20 + V_D = 0$$

$$\therefore\ V_D = 20tf\,(\uparrow)$$

• 단면력 : 각 절점을 고립시킨 자유물체도를 아래의 그림처럼 한 그림에서 표시하면서 계산할 수 있다.

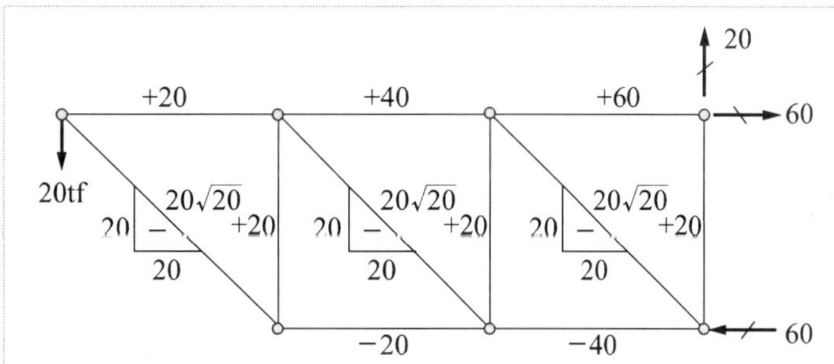

예제 4.2 아래 그림의 트러스의 반력과 단면력을 절점법으로 구하시오.

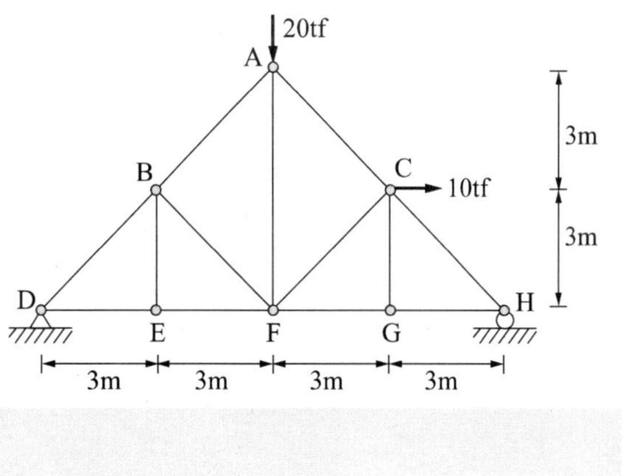

① 반력

$$\sum M_{atD} = 20\times 6 + 10\times 3 - 12V_H = 0$$

$$\therefore\ V_H = 12.5tf\,(\uparrow)$$

$$\sum F_V - V_D - 20 + 12.5 - 0$$

$$\therefore\ V_D = 7.5tf\,(\uparrow)$$

$$\sum F_H = 10 + H_D = 0$$

$$\therefore H_D = -10\text{tf} \ (\leftarrow)$$

② 단면력 : 절점 D와 E에서 절점법을 수행하면 다음과 같다.

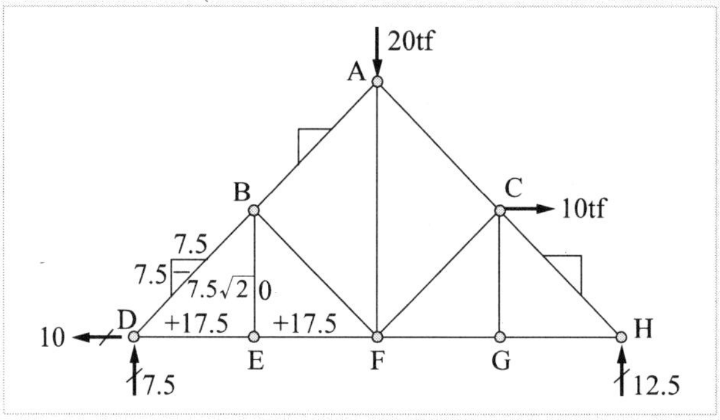

N_{BA}와 N_{BF}가 인장이라고 가정하고 절점 B의 자유물체도를 그리면 다음과 같다.

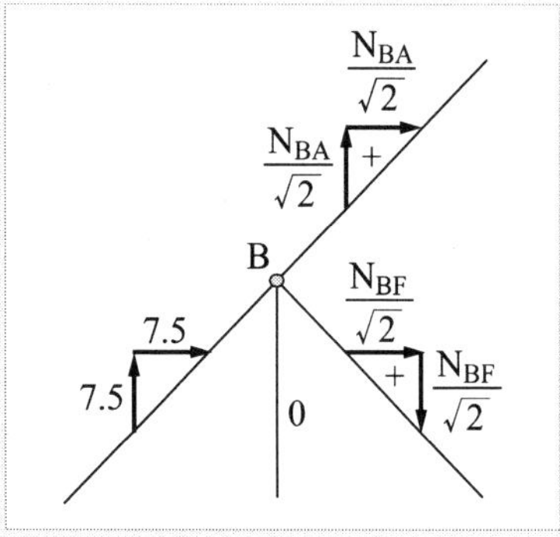

절점 B의 자유물체도 내에는 미지수가 2개가 되므로 다음과 같이 연립방정식을 풀어야 한다.

$$\sum F_H = 7.5 + \frac{N_{BA}}{\sqrt{2}} + \frac{N_{BF}}{\sqrt{2}} = 0$$

$$\sum F_V = 7.5 + \frac{N_{BA}}{\sqrt{2}} - \frac{N_{BF}}{\sqrt{2}} = 0$$

$$\therefore N_{BA} = -7.5\sqrt{2}\ \text{tf}(\text{압축력})$$

$$\therefore N_{BF} = 0$$

이후로는 절점 A, H, G, F, C의 순서로 절점법을 적용하면 아래와 같은 결과를 얻을 수 있다. 물론 순서는 다르게 적용하여도 된다.

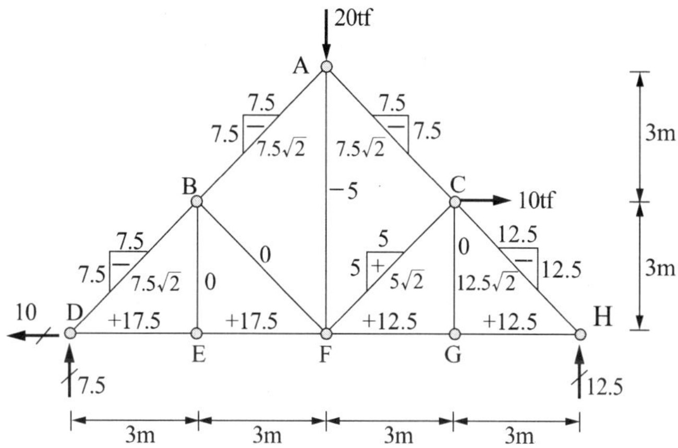

예제 4.3 아래 그림의 트러스의 반력과 단면력을 절점법으로 구하시오.

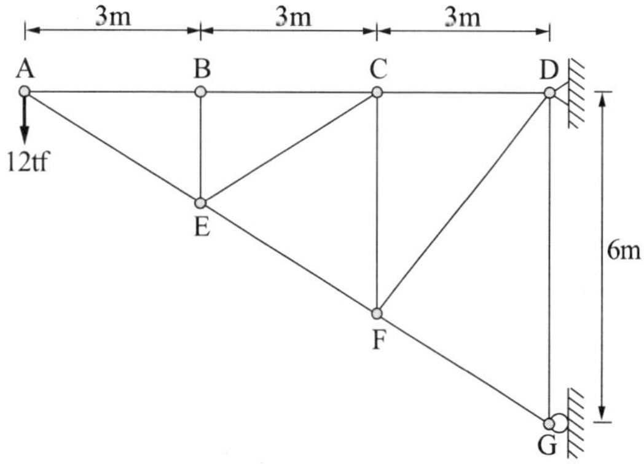

① 반력

$$\sum M_{at\,G} = -12\times 9 - 6H_D = 0$$

$$\therefore H_D = -18\,tf\,(\rightarrow)$$

$$\sum F_H = 18 - H_G = 0$$

$$\therefore H_G = 18\,tf\,(\leftarrow)$$

$$\sum F_V = 12 + V_D = 0$$

$$\therefore V_D = 12\,tf\,(\uparrow)$$

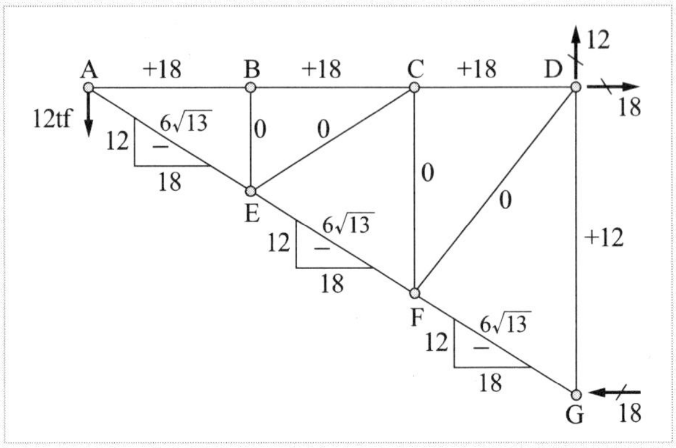

4.2 단면법

절점법은 모든 부재력을 구할 때 편리한 방법이다. 일부의 부재력을 구해야 할 경우에는 단면법이 효율적이다. 아래 트러스의 부재력 N_1, N_5, N_{11}을 구하는 과정을 통해 단면법을 설명한다. 우선 반력을 계산하고, 아래 그림과 같이 해당 부재들을 절단하여 한쪽 자유물체도를 그린다.

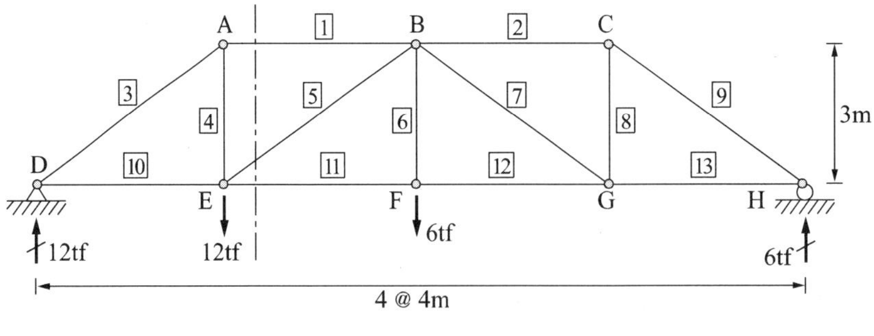

1) 왼쪽 부분 자유물체도

부재력이 인장력이라고 가정하고 자유물체도를 그린다.

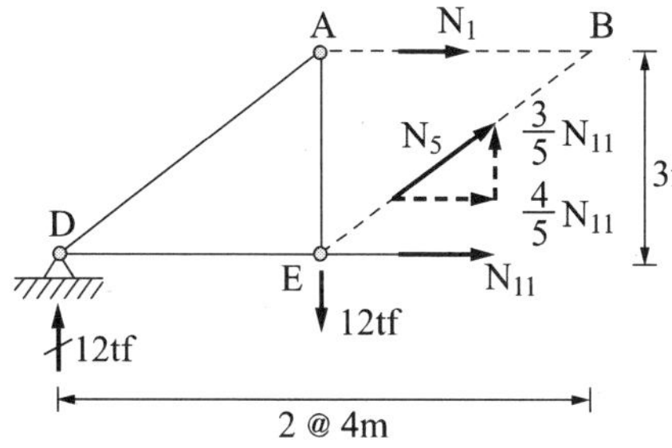

N_1을 구하기 위해서는 나머지 미지력 N_5과 N_{11}이 만나는 E점에 대한 모멘트의 합이 0임을 이용한다.

$$\sum M_{at\,E} = 12 \times 4 + 3N_1 = 0$$
$$\therefore N_1 = -16\,tf \text{ (압축력)}$$

N_{11}을 구하기 위해서는 나머지 미지력 N_5과 N_1이 만나는 B점에 대한 모멘트의 합이 0임을 이용한다.

$$\sum M_{at\,B} = 12 \times 8 - 12 \times 4 - 3N_{11} = 0$$
$$\therefore N_{11} = 16\,tf$$

N_5을 구하기 위해서는 나머지 미지력 N_5과 N_1이 만나는 점에서 모멘트 평형방정식을 사용해야 하지만, 두 힘은 평행하여 만나지 않으므로 다른 평형방정식을 이용한다. 자유물체도에 표시한 것처럼 5번 부재력을 성분으로 표시하고, "모든 수직방향의 힘의 합은 0"임을 이용하면 N_5을 구할 수 있다. 평형방정식 $\sum F_V = 0$을 이용하여 구하는 방법을 '전단법'이라고 하기도 한다.

$$\sum F_V = 12 - 12 + \frac{3}{5} N_5 = 0$$
$$\therefore N_5 = 0\,tf$$

이와 같이 단면법은 일부 부재의 축력을 구하기 편리한 방법이다. 적용하는 평형방정식은 상황에 따라 적절히 선택하면 수치적으로 복잡하지 않게 할 수 있다.

예제 4.4 다음 트러스 그림에 표시된 부재력을 단면법으로 구하시오.

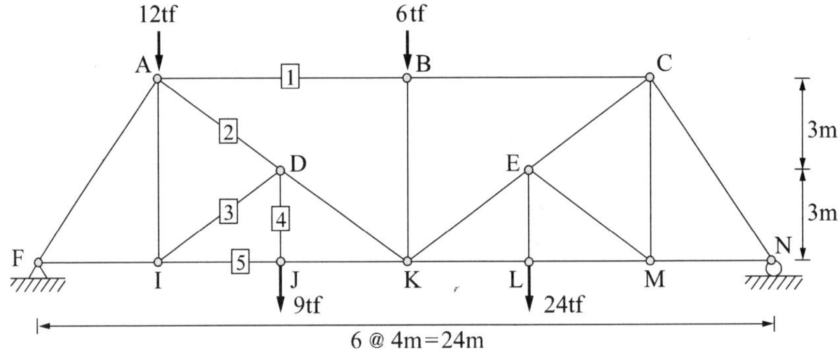

① 반력 : 전체구조에 대한 자유물체도에 평형방정식을 적용하여 반력을 구한다.

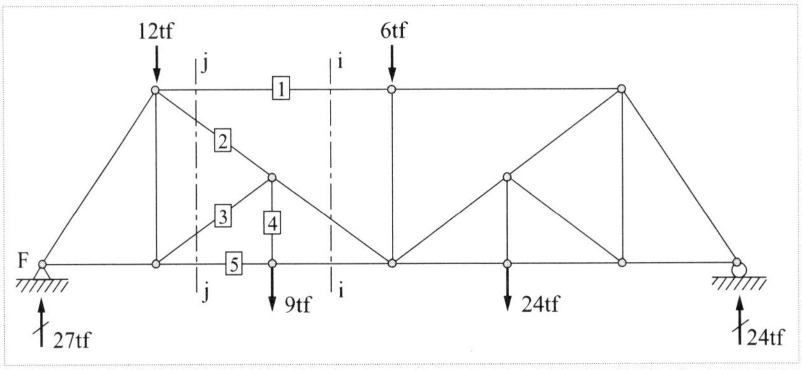

② 부재력

• 단면 i의 왼쪽 자유물체도

$$\sum M_{at\,K} = 27 \times 12 - 12 \times 8 + 6N_1 - 9 \times 4 = 0$$

$$\therefore N_1 = -32\,\text{tf}\ (\text{압축})$$

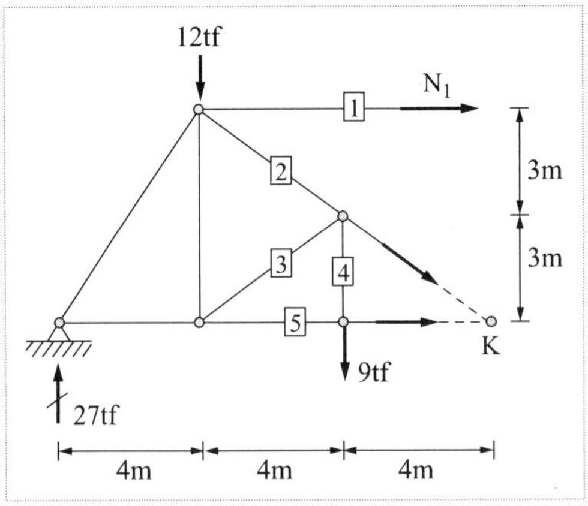

• 단면 j의 왼쪽 자유물체도

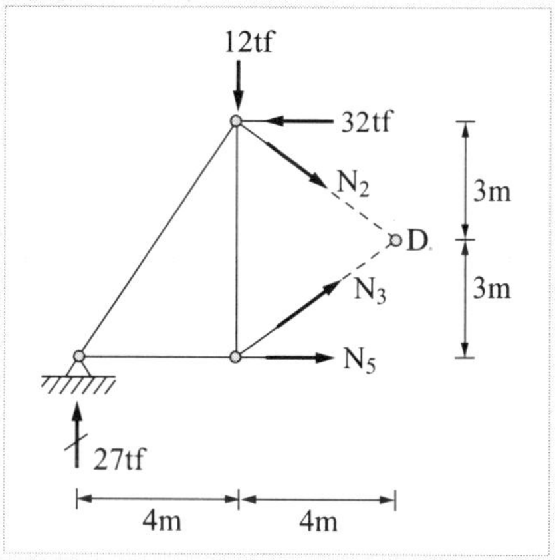

$$\sum M_{at\,D} = 27\times 8 - 12\times 4 - 32\times 3 - 3N_5 = 0$$

$\therefore\ N_5 = +24\,tf$(인장)

$$\sum F_V = 15 - \frac{3}{5}N_2 + \frac{3}{5}N_3 = 0 \qquad ①$$

$$\sum F_H = -8 + \frac{4}{5}N_2 + \frac{4}{5}N_3 = 0 \qquad ②$$

①과 ②를 연립하여 풀면

$\therefore\ N_2 = 17.5\,tf,\ N_3 = -7.5\,tf$

• 절점 J를 고립시킨 자유물체도로부터 $N_4 = 9tf$를 구할 수 있다(십자형 절점이므로 절점법이 간단하다). 단면법으로 하려면 부재 AB, DK, DJ, IJ를 통과하는 단면을 잘라 수직 평형방정식을 이용하면 된다.

예제 4.5 아래 그림의 트러스의 부재력을 단면법으로 구하시오.

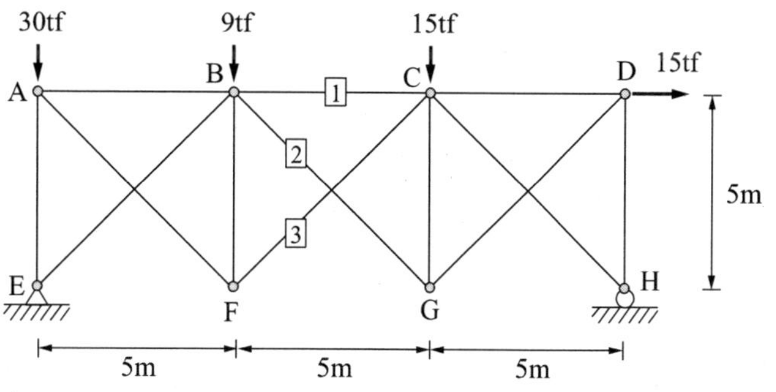

반력을 구한 후 구하고자 하는 부재를 포함한 단면의 왼쪽 자유물체도를 그리면 다음과 같다.

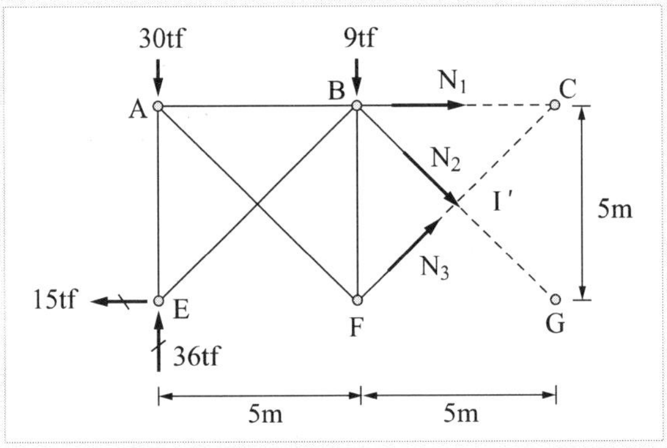

① 평형방정식

• N_1을 구하기 위해 N_2와 N_3가 만나는 I′점에서 모멘트방정식을 적용한다. 여기서 I′는 핀으로 연결된 절점이 아니라 두 부재가 엇갈려 만나는 점이다.

$$\sum M_{at\,I'} = -30\times7.5-9\times2.5+2.5N_1+15\times2.5+36\times7.5=0$$

$$\therefore N_1 = -24\,\text{tf}\,(\text{압축})$$

• N_2을 구하기 위해 앞선 예제에서처럼 $\sum F_V = 0$, $\sum F_H = 0$를 이용해 연립방정식을 풀면 된다. 하지만, 이번 예제에서는 다른 점에 모멘트 방정식을 적용하여 푸는 과정을 소개한다. 즉, N_1와 N_3가 만나는 C점에서 모멘트방정식을 적용하면 N_2를 구할 수 있다. 이때 C점에서 N_2까지 모멘트 팔을 계산하기 복잡하므로 N_2를 미끄럼 이동시켜 위치를 정확히 아는 B나 G점에 위치시키고, 수직 수평성분으로 나누어 모멘트 팔을 계산하면 편리하다.

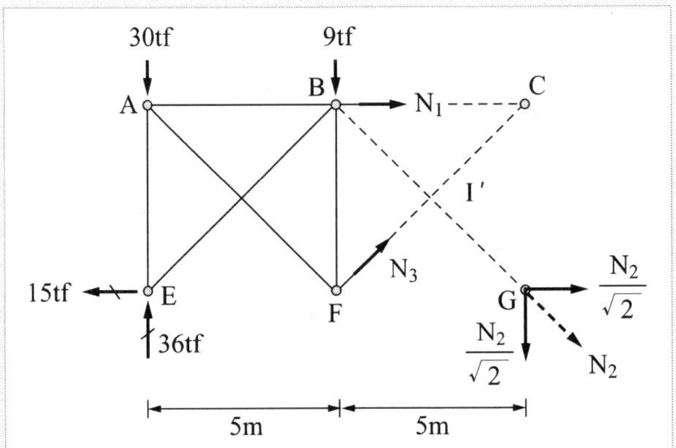

$$\sum M_{at\,C} = -30\times10-9\times5+15\times5+36\times10-5\times\frac{N_2}{\sqrt{2}}=0$$

$$\therefore N_2 = +18\sqrt{2}\,\text{tf}\,(\text{인장})$$

• N_3을 구하기 위해 N_1와 N_2가 만나는 B점에서 모멘트방정식을 적용하면 N_3를 구할 수 있다. 이때 N_3를 미끄럼 이동시켜 위치를 정확히 아는 F에 위치시키고, 수직 수평성분으로 나누어 모멘트 팔을 계산하면 편리하다.

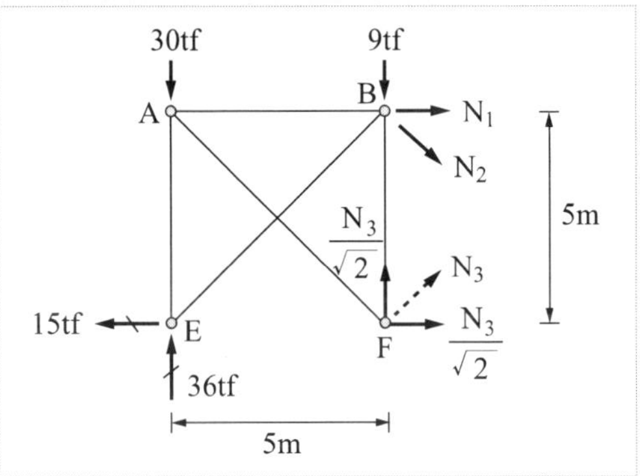

$$\sum M_{at\,B} = -30\times5+15\times5+36\times5-5\times\frac{N_3}{\sqrt{2}}=0$$

$$\therefore\ N_3 = +21\sqrt{2}\ \text{tf}\ (\text{인장})$$

참고 무응력 부재

트러스 중에서 부재력이 0인 부재를 무응력 부재라고 한다. 무응력 부재를 간단히 찾는 방법을 정리한다.

1. 어느 절점을 지나는 모든 부재들이 서로 직교할 때, 그 중 한 개의 부재력이 0이면 절점 반대편 부재도 무응력 부재이다. 아래 그림에서 절점 G의 경우에 3개의 부재가 직교하는데, 부재 8의 반대편은 부재나 하중이 없으므로 부재 8의 부재력은 0이 된다. 유사하게 절점 B의 부재 6도 무응력 부재이다.

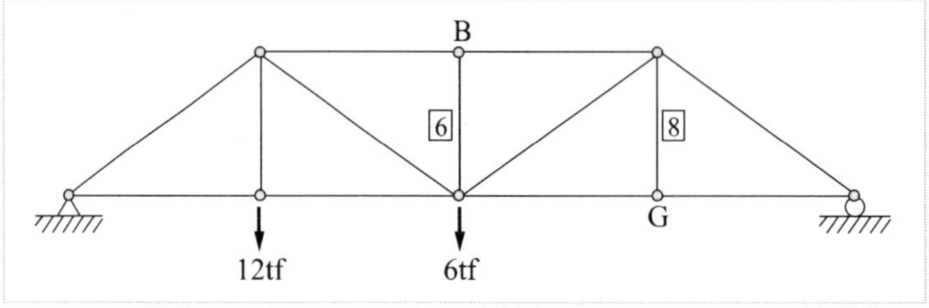

2. 두 개의 부재만 만나는 절점에 하중이 없으면 그 두 부재는 무응력 부재이다. 예를 들어, 아래 그림과 같이 절점 D와 H는 2개의 부재만 연결되어 있다. 그리고 하중도 존재하지 않으므로 연결된 두 부재는 모두 무응력 부재이다.

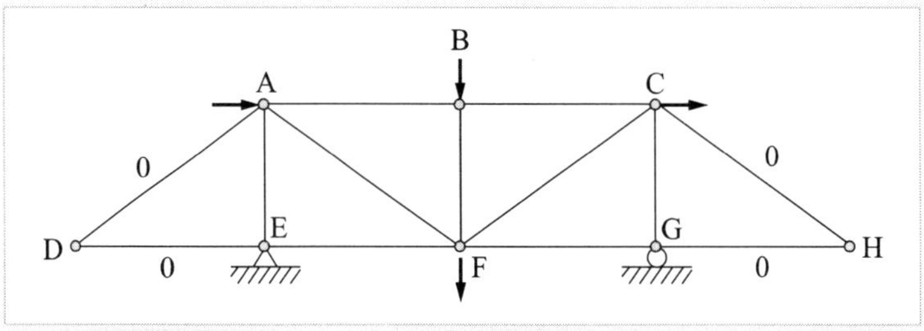

▌ 연습문제 ▌

4.1 그림의 각 트러스에 대하여 절점법을 사용하여 해석하시오.

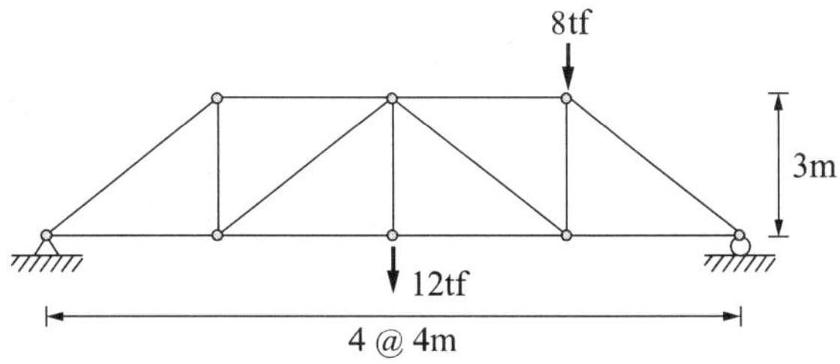

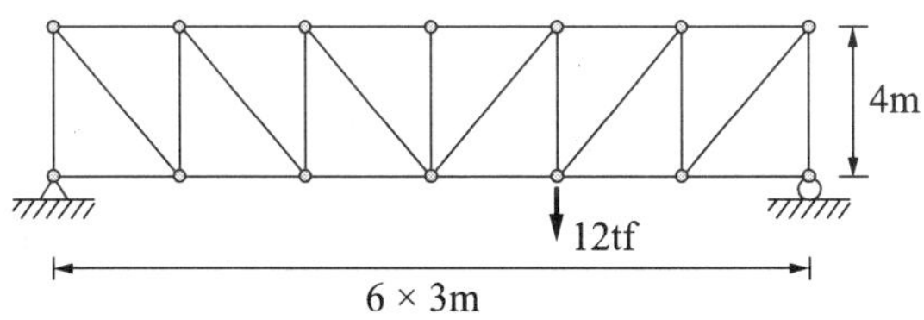

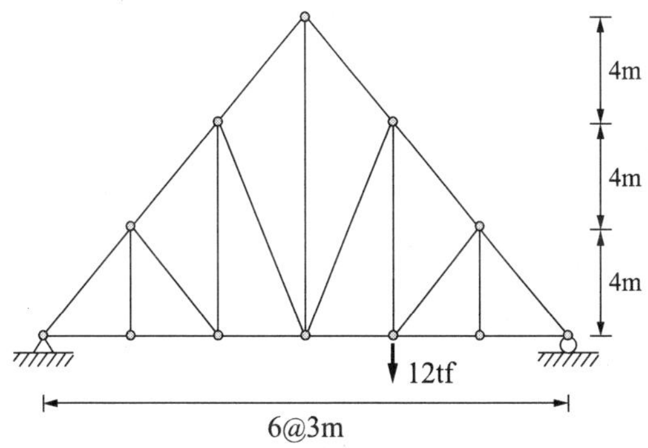

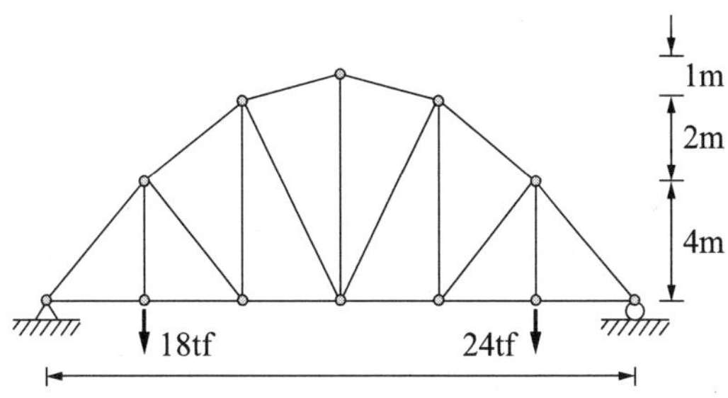

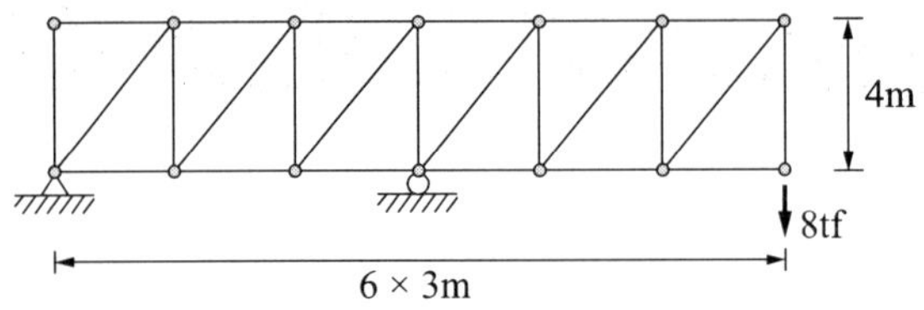

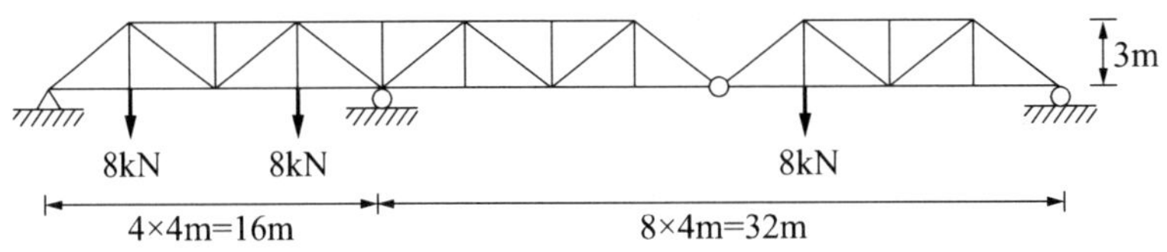

4.2 그림의 각 트러스에 대하여 단면법을 사용하여 부재 1, 2, 3의 부재력을 구하시오.

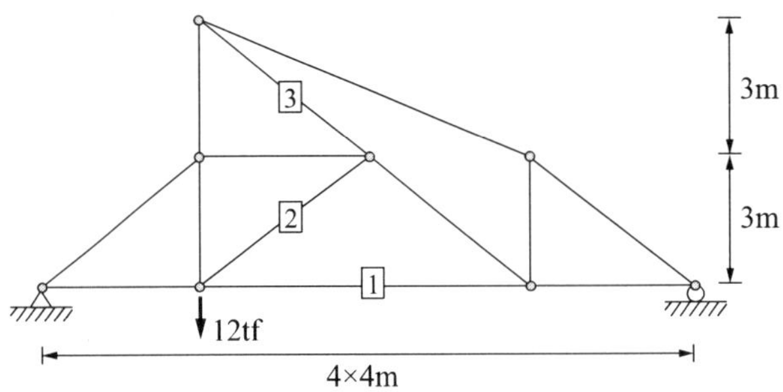

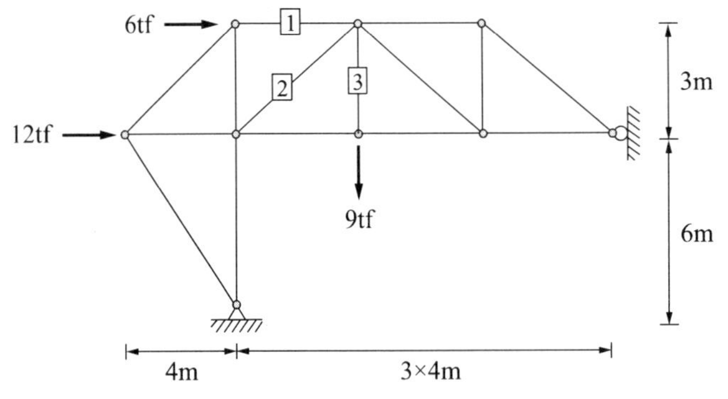

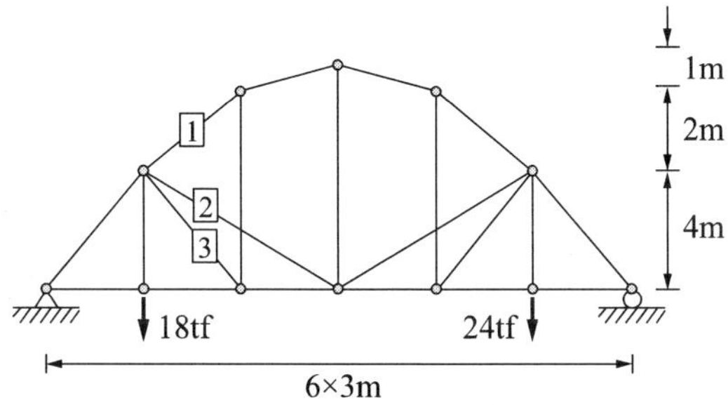

4.3 다음 그림의 트러스를 해석하시오.

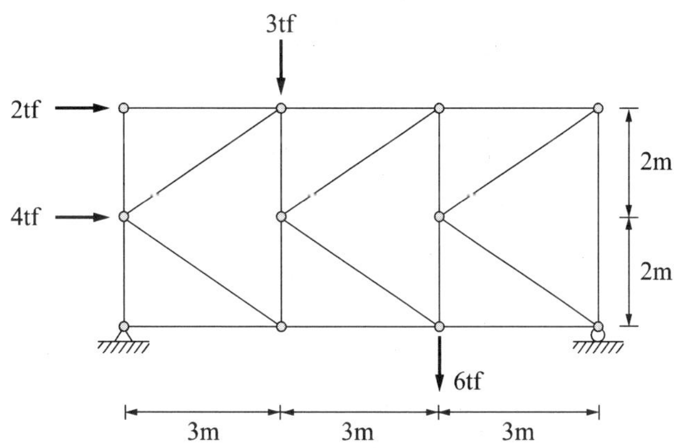

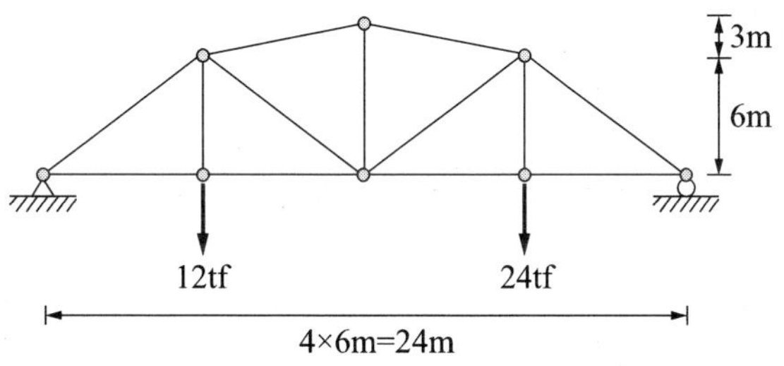

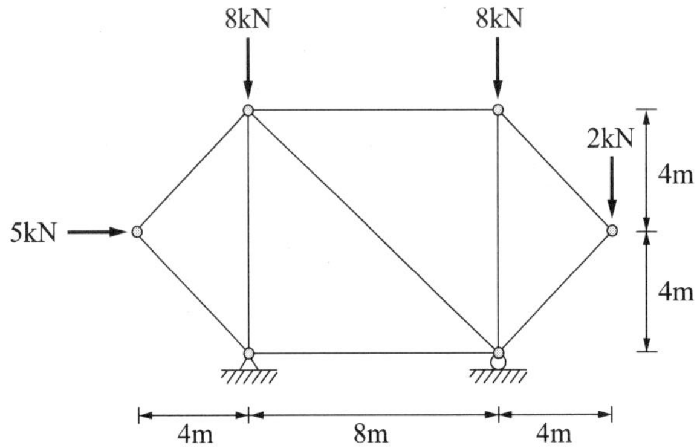
8kN
8kN
2kN
4m
5kN
4m
4m
8m
4m

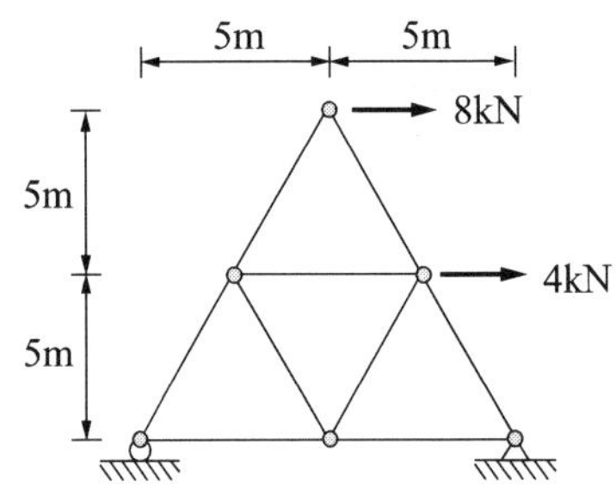
5m
5m
8kN
5m
4kN
5m

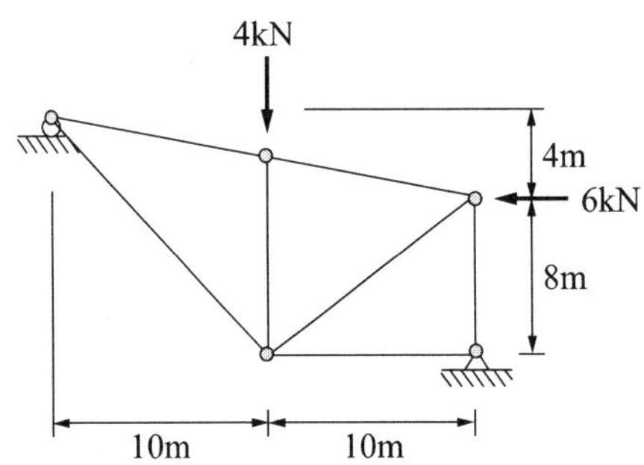
4kN
4m
6kN
8m
10m
10m

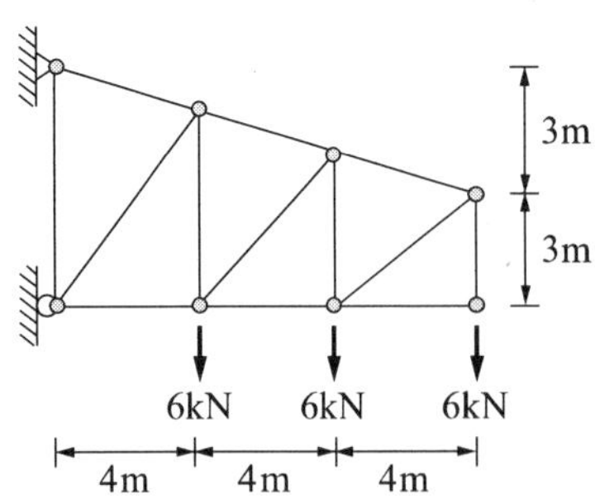
3m
3m
6kN
6kN
6kN
4m
4m
4m

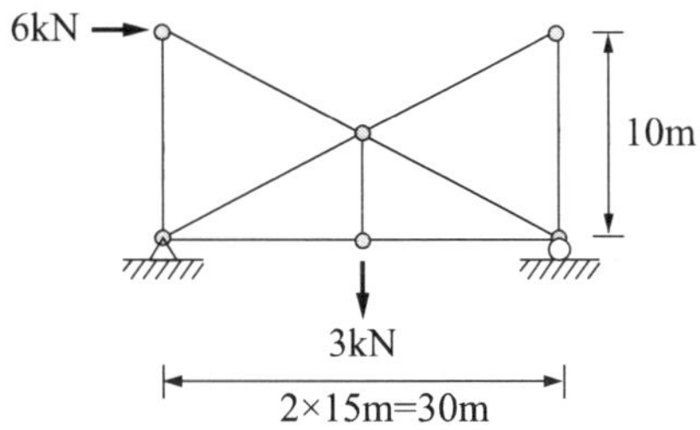
6kN
10m
3kN
2×15m=30m

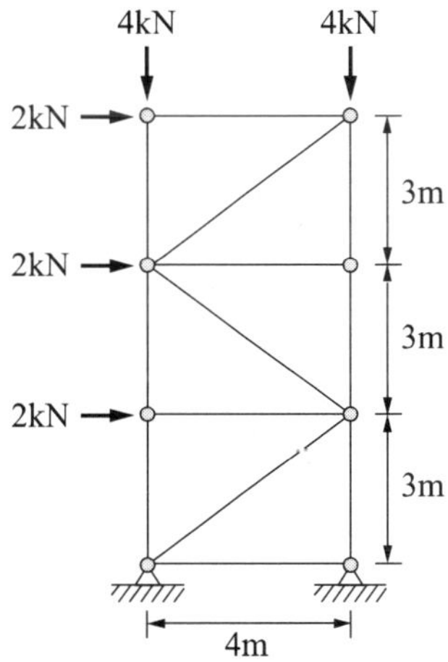
4kN
4kN
2kN
2kN
2kN
3m
3m
3m
4m

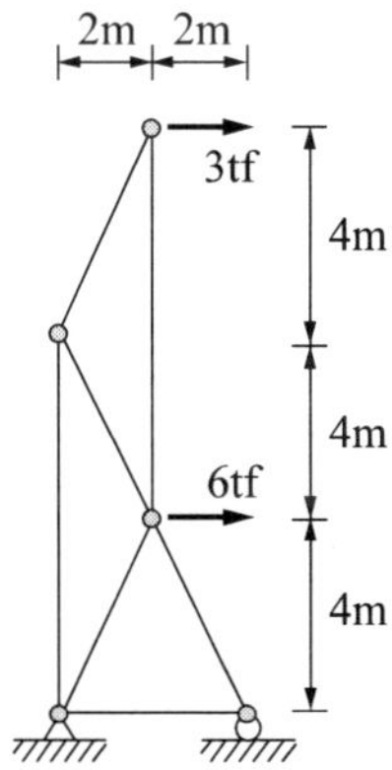
2m
2m
3tf
4m
4m
6tf
4m

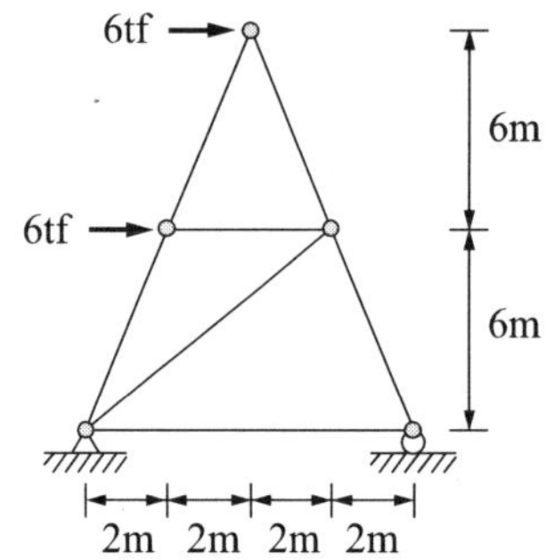

6tf
6tf
6m
6m
2m
2m
2m
2m

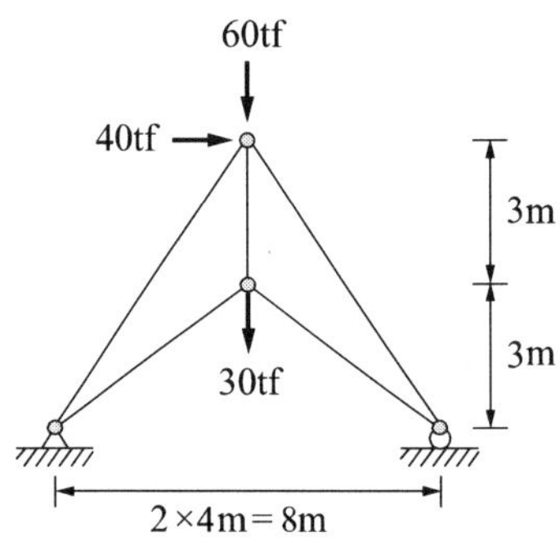

60tf
40tf
30tf
3m
3m
2×4m=8m

제 5 장

보의 영향선

교량을 지나가는 차량하중과 같이 이동하중이 재하된 보의 반력과 단면력은 하중의 위치에 따라 변하게 된다. 따라서 이동하중에 의한 반력이나 단면력의 변화를 한눈에 표현할 수 있는 방법이 필요하다. 영향선은 이러한 목적에 어울리는 도구이다. '단위하중이 구조물을 이동하는 동안 구조물의 반력이나 단면력의 크기를 종거로 나타낸 선도'를 영향선이라 한다. 영향선은 주로 최대 부재력을 발생시키는 활하중의 위치를 결정할 때 사용된다. 또한 그 부재력의 크기를 산출하는 데에도 사용된다.

5.1 반력의 영향선

반력 V_A 영향선을 개략적으로 그리기 위해 단위하중이 A점에 위치했을 때의 반력 $V_A = 1.0$, 단위하중이 보의 중앙에 있을 때의 반력 $V_A = 0.5$, 단위하중이 B점에 위치했을 때의 반력 $V_A = 0$을 구해 직선으로 연결하여 그리면 다음과 같다. 반력 V_B의 영향선도 유사하게 구할 수 있다.

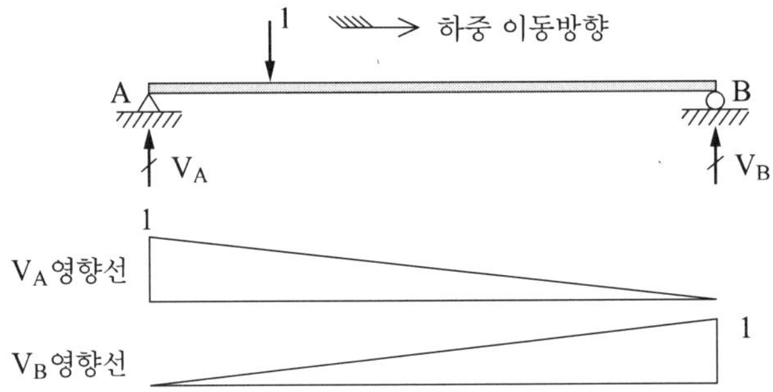

V_A의 영향선을 자유물체도를 사용하여 체계적으로 구하는 과정은 다음과 같다.

1) 자유물체도

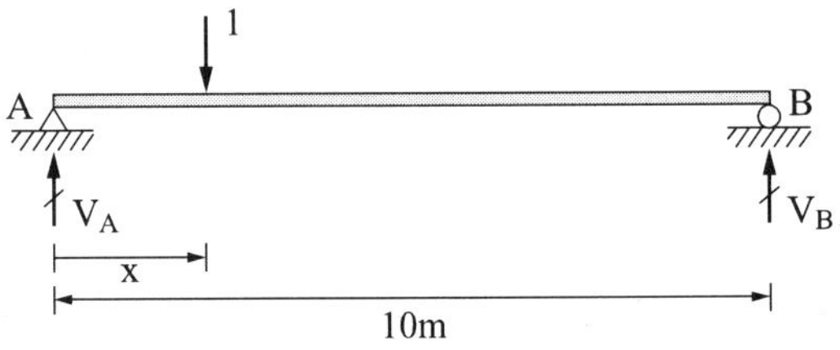

2) 평형방정식

$$\sum M_{at\,B} = V_A \times 10 - 1 \times (10 - x) = 0$$

$$\therefore\ V_A = 1 - 0.1x$$

구해진 위의 식을 그림으로 표현하면 앞서 간략히 구한 그림과 동일하다.

참고

① 간편하게 반력 영향선 그리는 법

영향선을 구하고자 하는 반력이 발생하게 하는 지점의 구속을 풀고, 반력방향으로 1만큼 보를 들어올릴 때 보의 위치가 영향선이 된다. 이때 다른 지점 구속은 그대로 둔다.

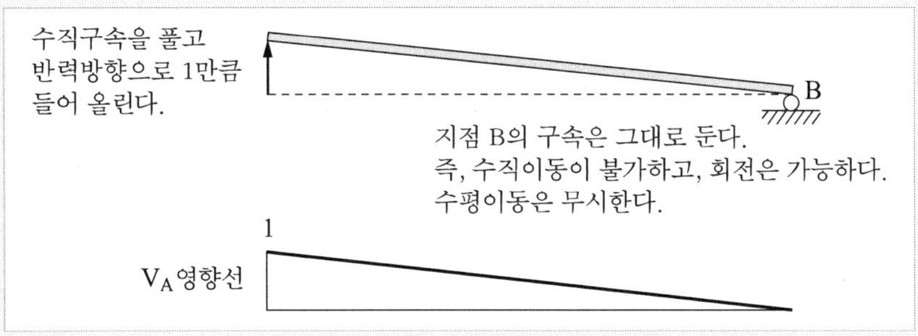

② 캔틸레버보 반력 V_A의 영향선을 간편하게 그리기

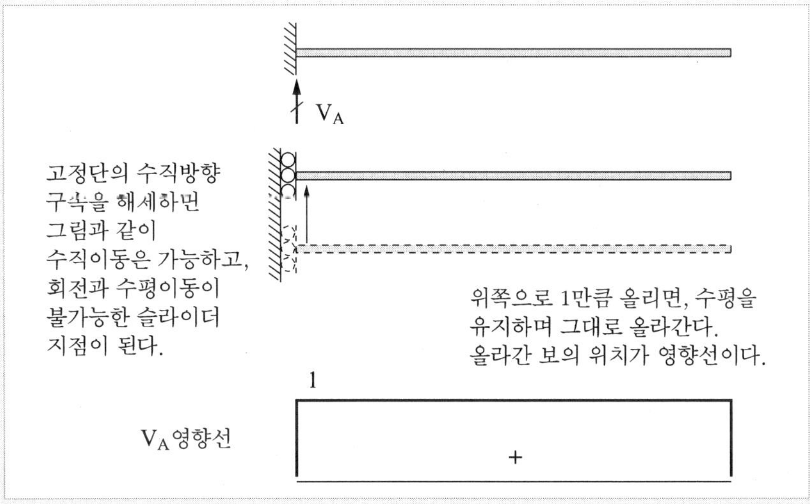

③ 내민보의 반력 영향선 그리기

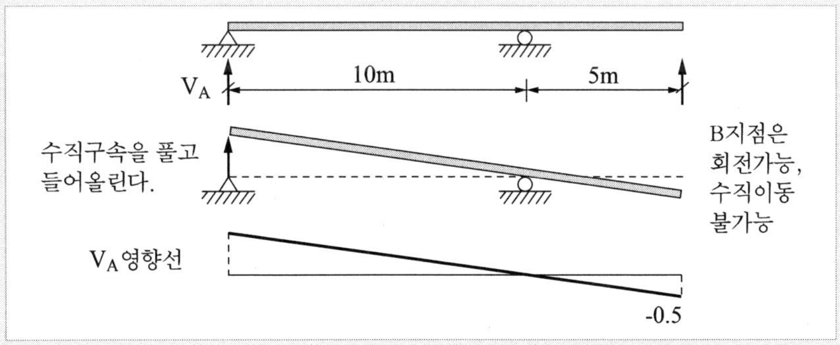

④ 겔버보의 수직반력(V_A) 영향선 그리기 1

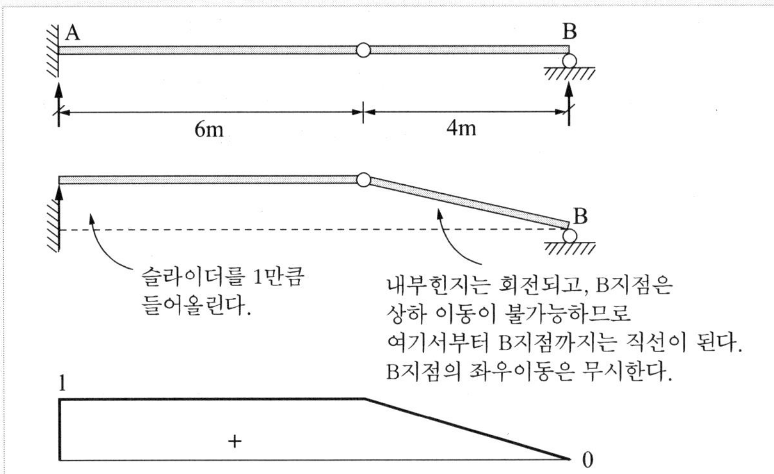

⑤ 겔버보의 반력(V_A) 영향선 그리기 2

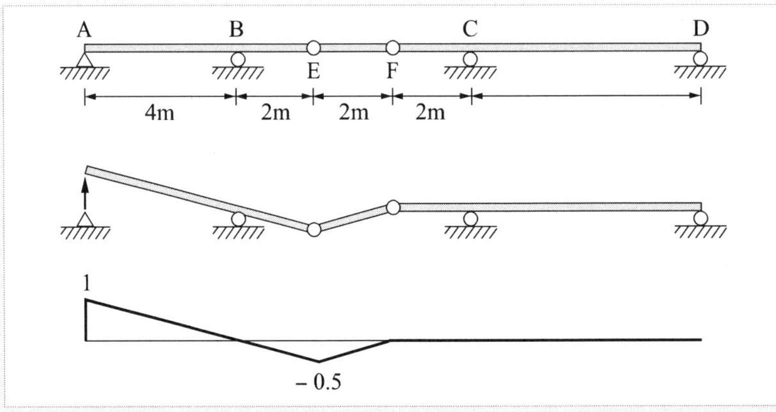

5.2 전단력의 영향선

전단력의 영향선은 이동하는 단위하중의 위치에 해당 전단력 값을 종거로 표시한 것이다. 단순보의 전단력(V_C)의 영향선은 다음과 같이 구한다.

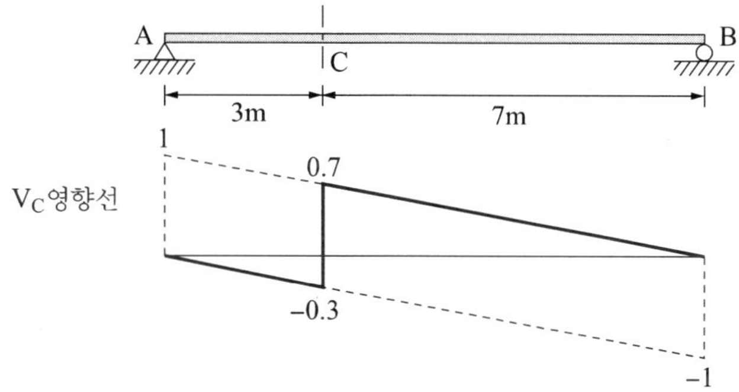

위의 단순보에서 몇 개의 중요 지점에 단위하중을 위치시키고 해당 전단력(V_C)을 구해 보면 영향선의 개략적인 모양을 알 수 있다. 단위하중이 지점 A에 있을 때의 $V_C = 0$, 단위하중이 단면 C의 바로 왼쪽에 있으면 $V_C = -0.3$, 단위하중이 단면 C의 바로 오른쪽에 있으면 $V_C = 0.7$, 단위하중이 지점 B에 있을 때는 $V_C = 0$이 되므로 위의 그림과 같은 영향선이 그려진다.

V_C의 영향선을 자유물체도를 사용하여 체계적으로 구하는 과정은 다음과 같다.

① 단위하중이 AC구간에 있을 때의 자유물체도

반력은 전체 구조에 대한 자유물체도에서 먼저 구한다.

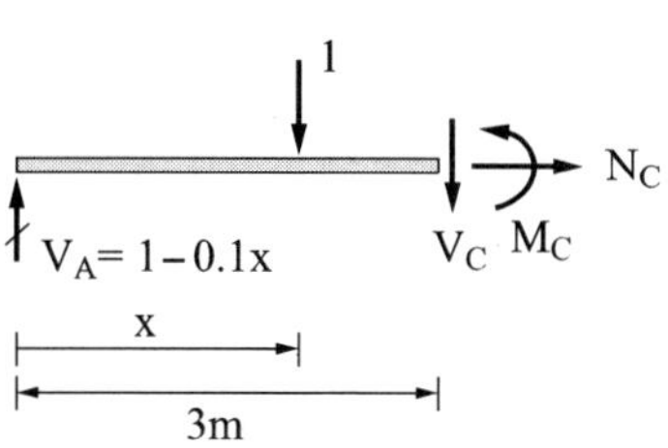

• 평형방정식 : $\sum F_V = 1 - 0.1x - 1 - V_C = 0$

$\therefore V_C = -0.1x$

② 단위하중이 CB구간에 있을 때의 오른쪽 부분 자유물체도

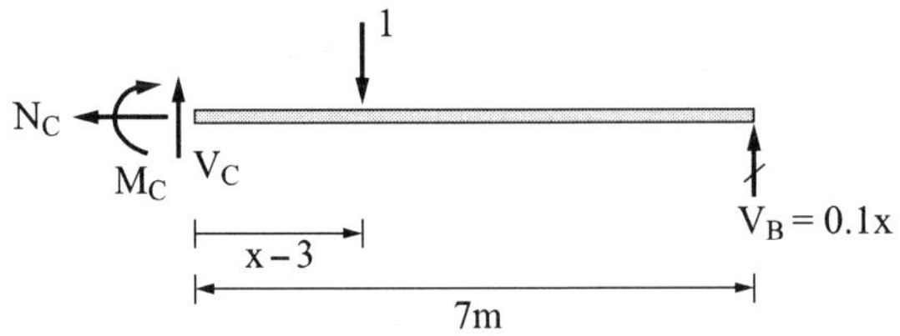

• 평형방정식 : $\sum F_V = V_C - 1 + 0.1x = 0$

$\therefore\ V_C = 1 - 0.1x$

위에서 구간별로 구한 전단력 식을 좌표축에 그리면 앞서 그린 그림과 동일하다.

참고

① 간편하게 전단력 영향선 그리는 법

전단력 영향선을 살펴보면, 단면 C의 왼쪽과 오른쪽의 기울기가 같고, 직선의 연장선의 종거가 지점에서 1이나 −1이 됨을 알 수 있다. 또한 단면 C의 바로 왼쪽과 오른쪽의 차이가 1임을 알 수 있다. 이러한 현상은 보의 전단력의 영향선에서 보편적으로 나타나는 형태이다. 이러한 내용을 근거로 전단력 영향선을 간편하게 그리는 방법을 정리하였다.

➡ 전단력 영향선을 구하고자 하는 단면을 잘라, 단면 왼쪽 보는 내리고 오른쪽은 올려서 그 차이가 1이 되고 서로 평행하게 만든다. 이때, 보의 지점 조건은 그대로 살려서 보를 움직이고, 보는 강체라고 가정한다.

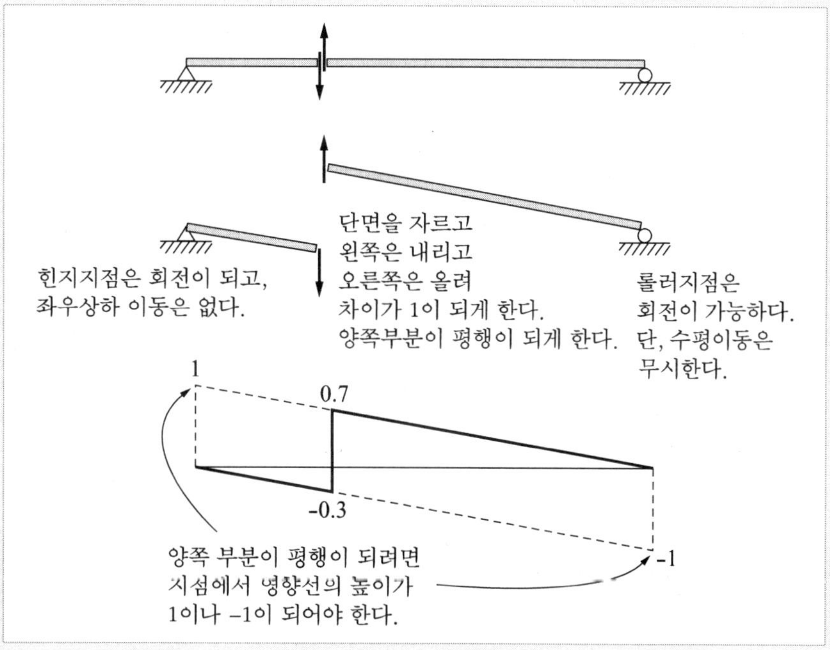

② 캔틸레버보의 전단력(V_C) 영향선을 간편하게 그리기

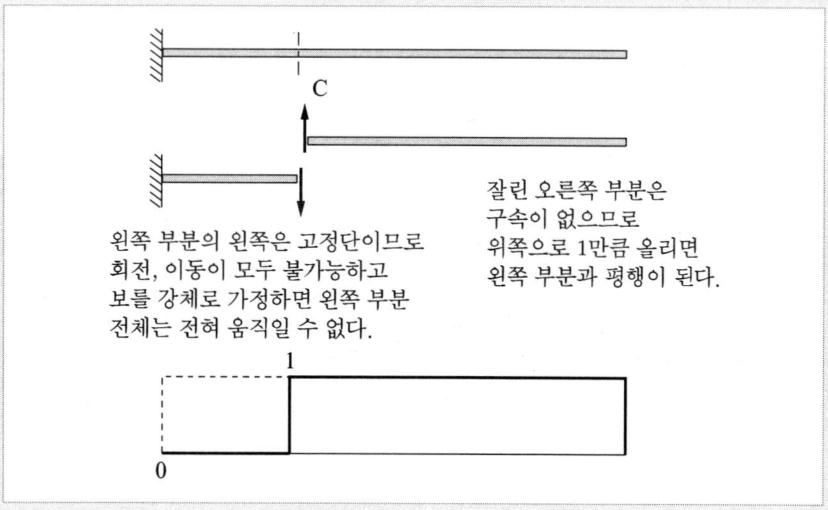

③ 내민보의 전단력(V_C) 영향선

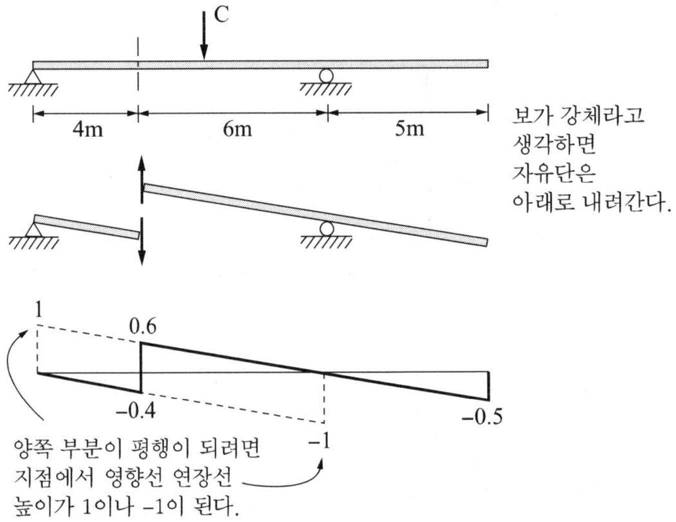

④ 겔버보의 전단력(V_C) 영향선

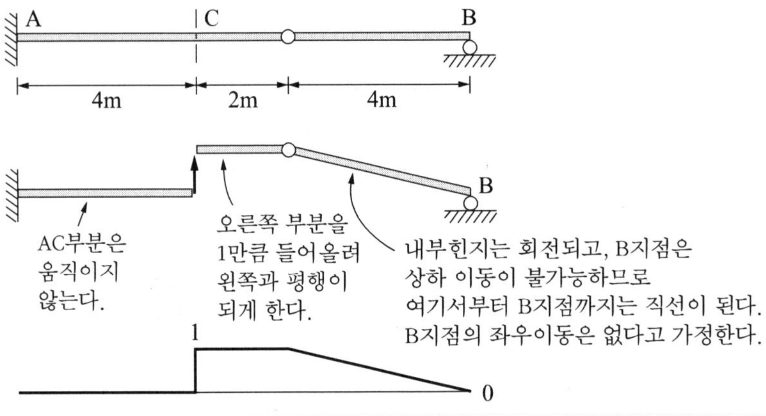

⑤ 겔버보의 전단력(V_F) 영향선

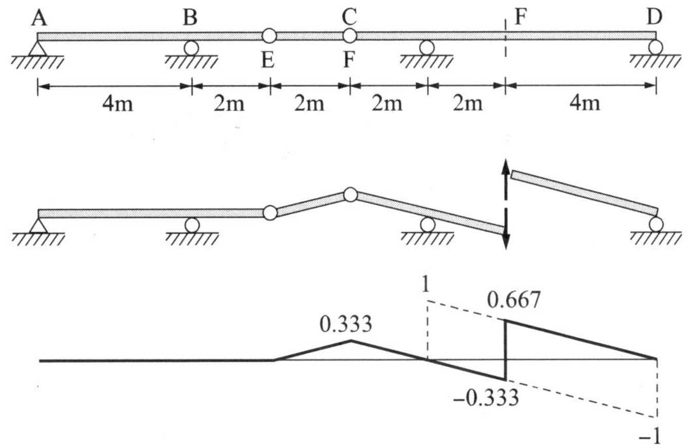

5.3 휨모멘트의 영향선

어떤 단면 C의 휨모멘트의 영향선은 이동하는 단위하중의 위치에 해당 단면의 휨모멘트 값을 표시한 것이다. 단순보를 예로 들어 설명한다. 단순보에서 몇 개의 중요 지점에 단위하중을 위치시키고 해당 휨모멘트(M_C)를 구해보면 영향선의 개략적인 모양을 알 수 있다. 단위하중이 지점 A에 있을 때의 $M_C = 0$, 단위하중이 단면 C에 있으면 $M_C = \frac{ab}{L}$, 단위하중이 지점 B에 있을 때는 $M_C = 0$이 되므로 위의 그림과 같은 영향선이 그려진다.

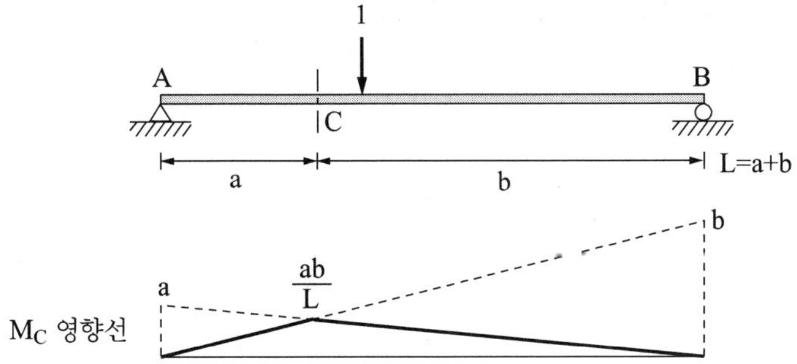

M_C의 영향선을 자유물체도와 평형조건으로 구하는 과정은 전단력의 경우와 유사하다.

1) 단위하중이 AC구간에 있을 때의 자유물체도

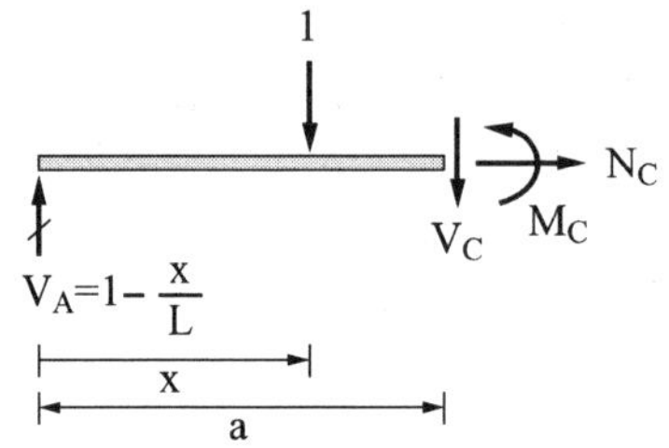

• 평형방정식 : $\sum M_{at\,C} = \left(1-\frac{x}{L}\right)a - 1\times(a-x) - M_C = 0$

$$\therefore M_C = \frac{b}{L}x$$

2) 단위하중이 CB구간에 있을 때의 오른쪽 부분 자유물체도

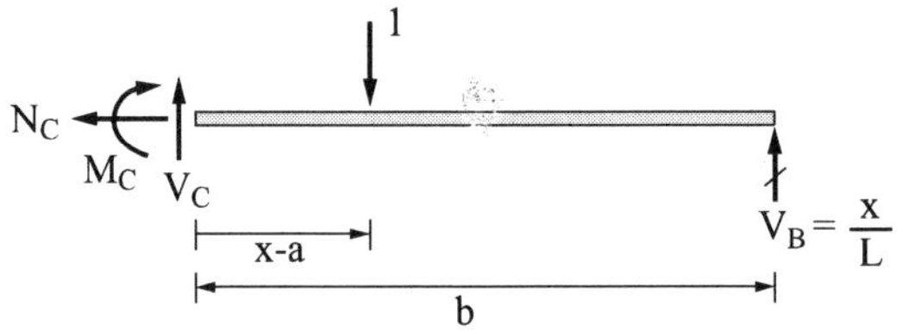

• 평형방정식 : $\sum M_{at\,C} = M_C + (x-a) - \frac{x}{L}\times b = 0$

$$\therefore M_C = a - \frac{a}{L}x$$

위의 결과를 그리면 앞서 그린 그림과 동일하다.

참고

① 간편하게 휨모멘트 영향선 그리는 법

휨모멘트 영향선을 구하고자 하는 단면에 가상의 내부힌지를 넣은 것 같이 꺾는다. 꺾었을 때 왼쪽 부분의 연장선에서 오른쪽 부분과 이루는 각이 시계방향이 되게 한다. 각도의 크기는 오른쪽 부분의 끝에서 왼쪽 부분 연장선과의 종거가 오른쪽 부분의 길이와 같도록 한다. 이때 보의 지점 조건은 그대로 살려서 보를 움직이고, 보는 강체라고 가정한다.

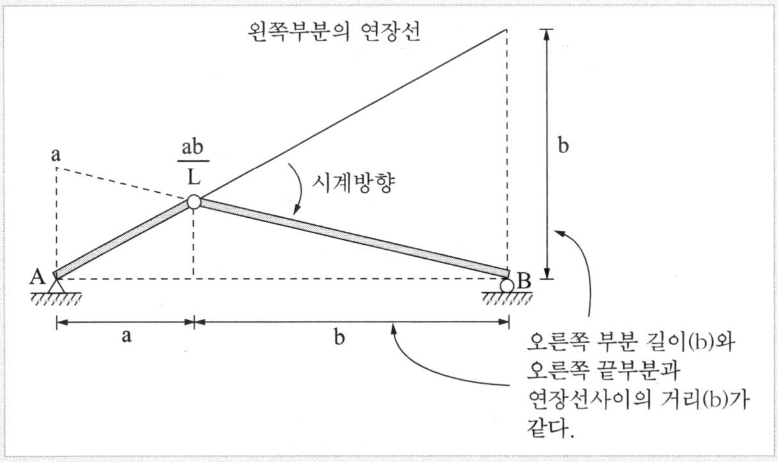

② 캔틸레버보의 휨모멘트(M_C) 영향선을 간편하게 그리기

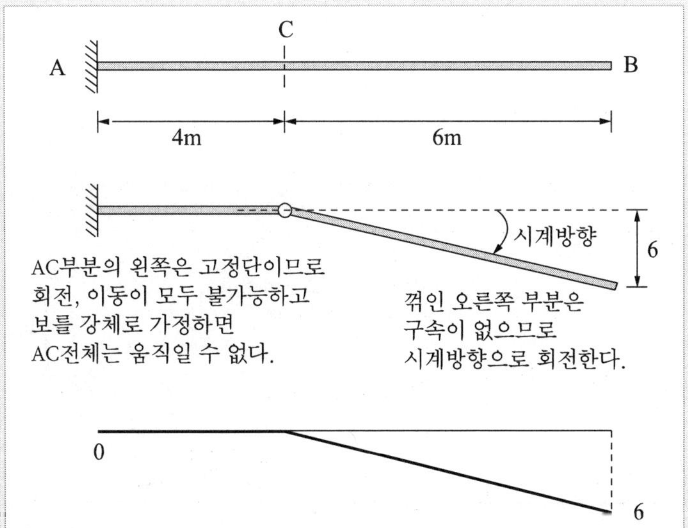

③ 내민보의 휨모멘트(M_C) 영향선

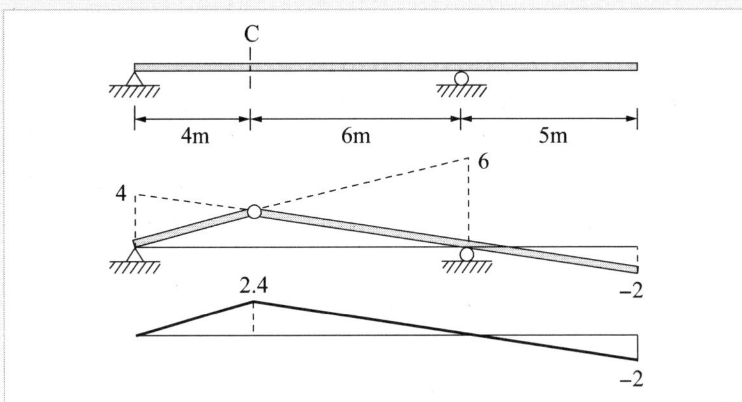

④ 겔버보의 휨모멘트(M_C) 영향선

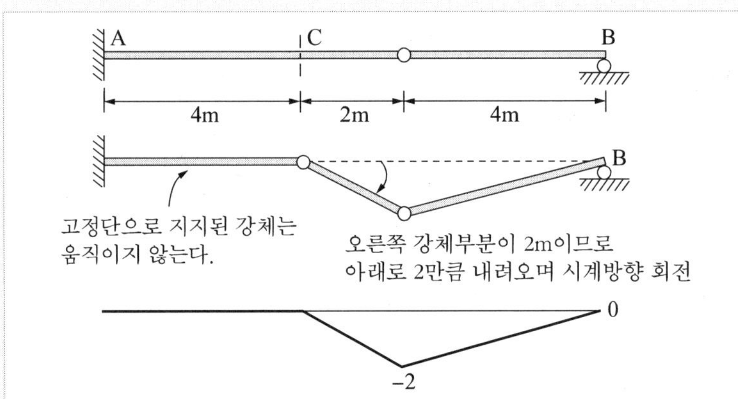

⑤ 겔버보의 휨모멘트(M_F) 영향선

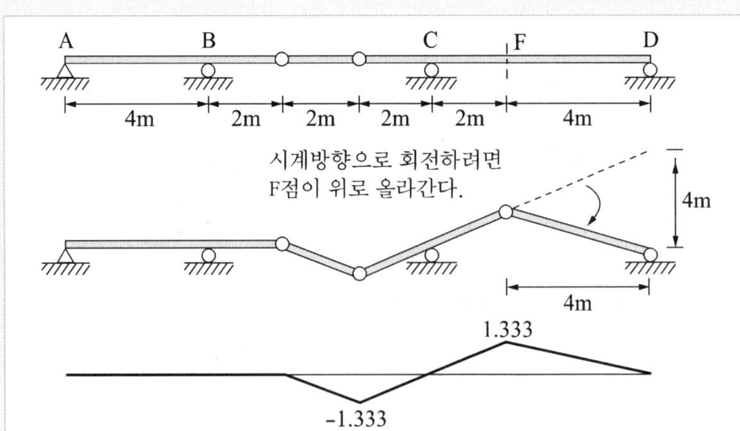

5.4 영향선의 활용

1) 집중하중에 대한 반력과 단면력의 산출

영향선을 활용하여 반력과 단면력을 계산할 수 있다. 집중하중의 경우 하중위치의 영향선 값에 하중을 곱하면 구할 수 있다. 여러 개의 집중하중은 겹침의 원리에 의해 합산할 수 있다.

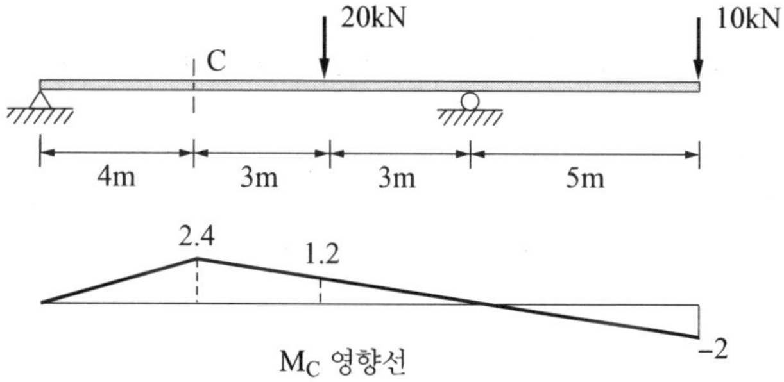

위의 그림과 같이 M_C의 영향선을 이용하면 위와 같은 하중상태에서 단면 C의 휨모멘트 M_C를 구할 수 있다.

$$M_C = 20 \times 1.2 + 10 \times (-2) = 4\text{kN} \cdot \text{m}$$

2) 등분포하중에 대한 반력과 단면력의 산출

등분포하중의 경우에는 등분포하중이 재하된 부분에 해당하는 영향선의 면적과 등분포하중의 크기를 곱하여 영향을 구할 수 있다.

$$V_C = (\text{영향선 면적}) \times (\text{등분포하중 크기}) = 2 \times 4 = 8\text{tf}$$

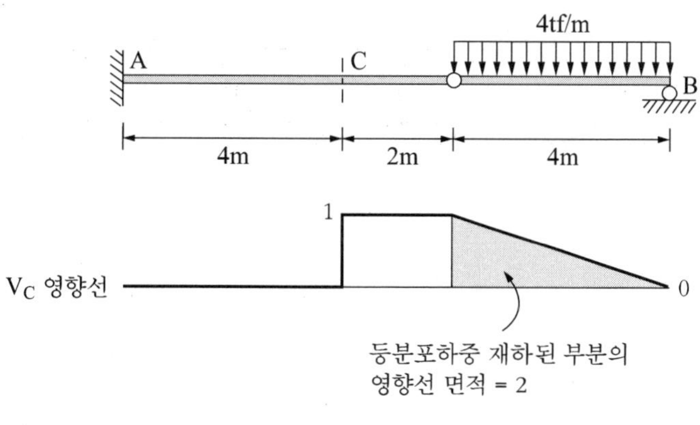

▌연습문제 ▌

5.1 다음 그림의 보에서 지점의 수직반력, 단면 C의 전단력, 휨모멘트의 영향선을 구하시오.

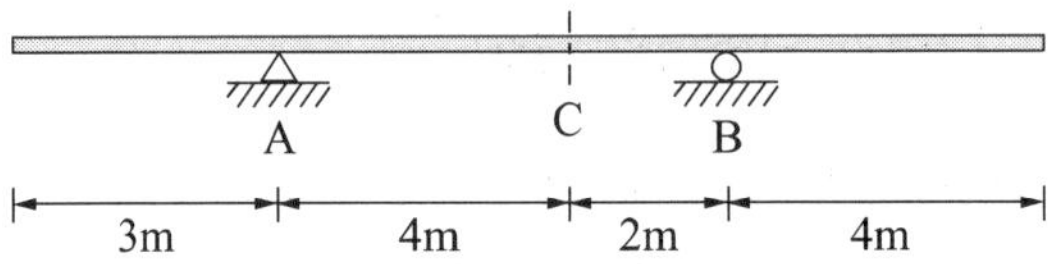

5.2 다음 그림의 보에서 지점의 수직반력, 단면 G의 전단력, 휨모멘트의 영향선을 구하시오.

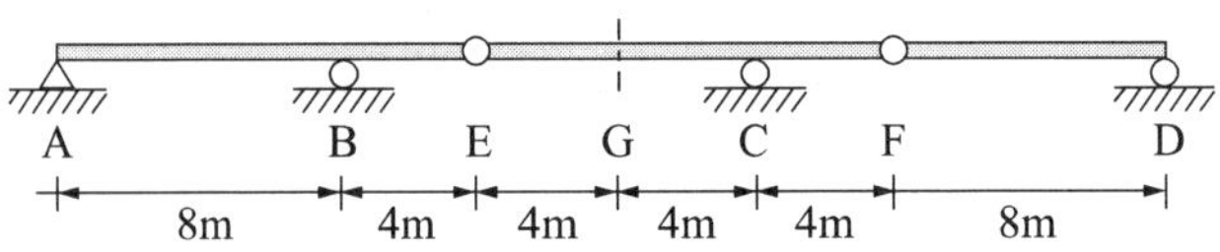

5.3 다음 그림의 보에서 A지점의 수직반력, 단면 D의 전단력, 휨모멘트를 영향선을 이용하여 구하시오.

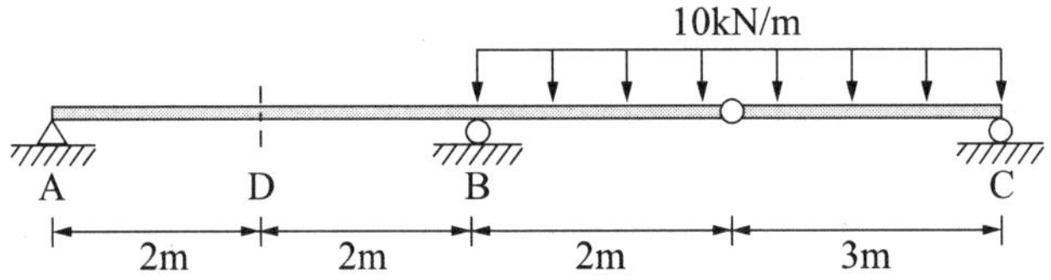

5.4 다음 그림의 보에서 A지점의 수직반력, 단면 D의 전단력을 영향선을 이용하여 구하시오.

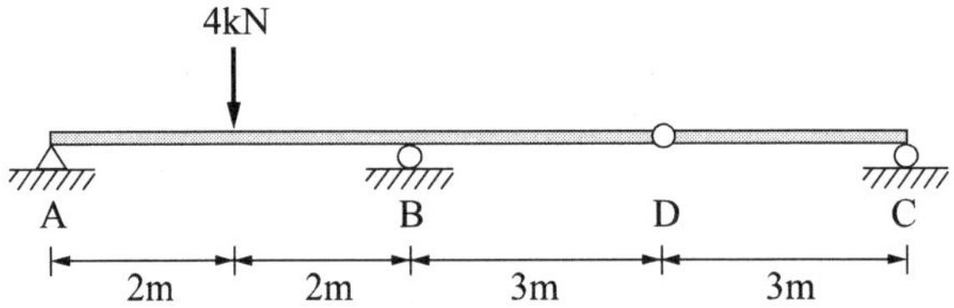

제 6 장

처짐과 처짐각
- 모멘트 면적법

물체가 힘을 받을 때 변형되면 변형체, 변형되지 않으면 강체로 구별한다. 실제로는 모든 물체는 변형체라 할 수 있다. 토목, 건축, 조선, 항공 구조물 등 대부분의 구조물은 변형이 발생한다. 일부 기계 구조물에서 변형을 무시하고 해석하는 것이 편리할 때 강체라고 가정한다. 구조물이 변형이 되면 구조물의 각 질점은 변위가 발생한다. 토목·건축 구조물의 하중의 주성분은 하향이므로 변위도 하향 변위가 크다. 그래서 변위 대신 처짐이라는 용어를 사용한다. 처짐을 구하는 방법은 크게 기하학적인 방법과 에너지 방법으로 분류된다. 기하학적인 방법으로는 모멘트면적법, 탄성하중법, 공액보법 등이며, 에너지 방법으로는 단위하중법, 최소일의 방법 등이 있다.

처짐과 처짐각은 중립축의 변위를 기준으로 한다. 이때 중립축의 처짐곡선을 탄성곡선이라 한다.

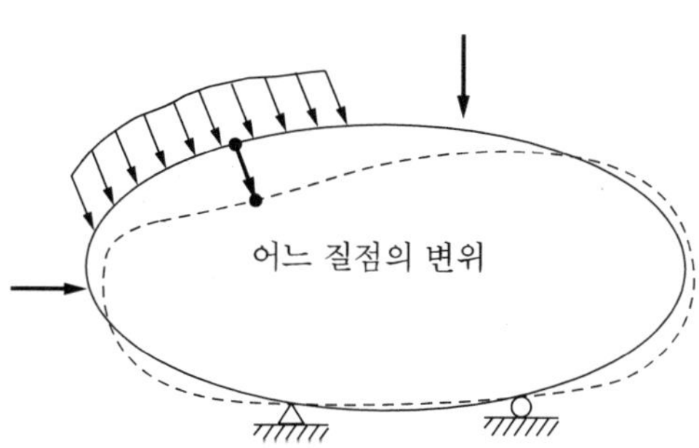

그림 6.1 물체의 변형과 변위

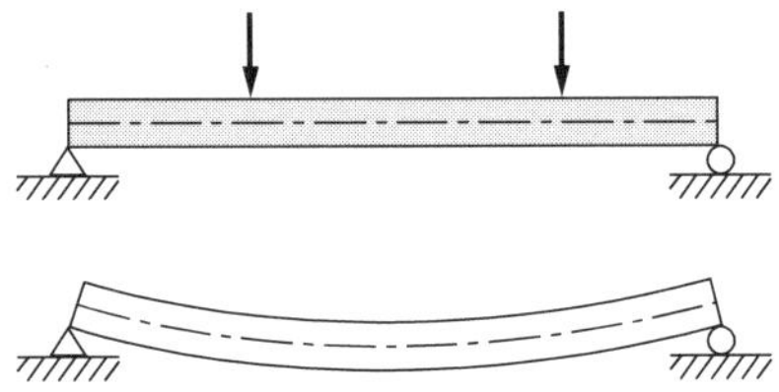

그림 6.2 변형과 중립축

6.1 모멘트 면적 정리

모멘트 면적법은 캔틸레버보의 처짐과 처짐각을 구하는 데 유용한 방법이다. 그림 6.3은 임의 구조물의 처짐곡선과 M/EI도를 그린 것이다.

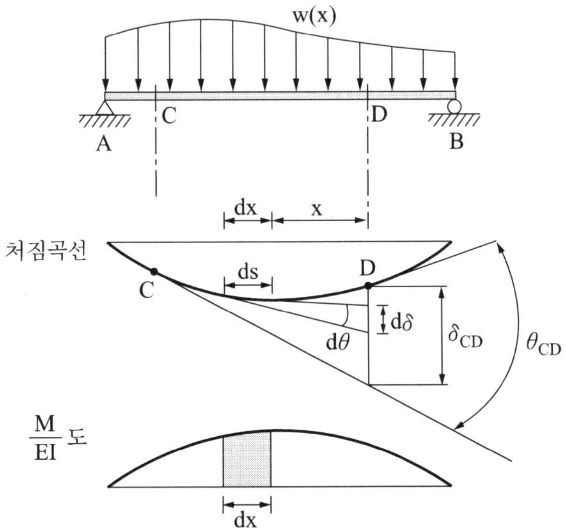

그림 6.3 모멘트 면적법

모멘트 곡률관계로부터 미소구간 ds와 $d\theta$의 다음 관계를 추출할 수 있다.

$$\frac{1}{\rho} = \frac{d\theta}{ds} = \frac{M}{EI} \tag{6.1}$$

변형이 미소하다면 $dx \fallingdotseq ds$ 이므로

$$d\theta = \frac{M}{EI} dx \tag{6.2}$$

이 식을 적분으로 표현하면

$$\theta_{CD} = \int_C^D \frac{M}{EI} dx \tag{6.3}$$

참고 모멘트 면적 제1정리

$$\theta_{CD} = \int_C^D \frac{M}{EI} dx$$

탄성곡선 두 점에서 그은 접선 사이의 처짐각 변화량은 $\frac{M}{EI}$도의 두 점 사이의 면적과 같다.

그림 6.3에 있는 미소구간 ds의 양끝 접선과 D점을 통과하는 상하직선과의 교섬사이의 거리 $d\delta$는 다음과 같다.

$$d\delta = x d\theta$$

여기에, 식 (6.3)을 대입

$$d\delta = x \frac{M}{EI} dx$$

그림의 탄성곡선위의 점 D와 C의 접선의 수직거리 δ_{CD}는 아래와 같이 적분으로 표현된다.

$$\delta_{CD} = \int_C^D x \frac{M}{EI} dx \tag{6.4}$$

참고 모멘트 면적 제2정리

$$\delta_{CD} = \int_C^D x \frac{M}{EI} dx$$

탄성곡선 위의 한 점에서의 접선과 탄성곡선 위의 다른 점의 수직거리는 처짐을 구하고자 하는 점에서 취한 두 점 사이의 $\frac{M}{EI}$도의 모멘트와 같다.

6.2 도형의 중심과 면적

모멘트 면적 정리를 살펴보면 $\frac{M}{EI}$도의 면적과 도심까지의 거리가 자주 사용된다. 집중하중에 작용하는 보의 모멘트도는 직선이 되므로 면적과 도심 계산은 간단하다. 등분포하중의 경우에는 2차 곡선이 되므로 적분 없이 간편하게 모멘트 면적정리를 사용하려면 도심과 면적을 공식화하면 편리하다. 다른 도형은 부록 B에 수록하였다.

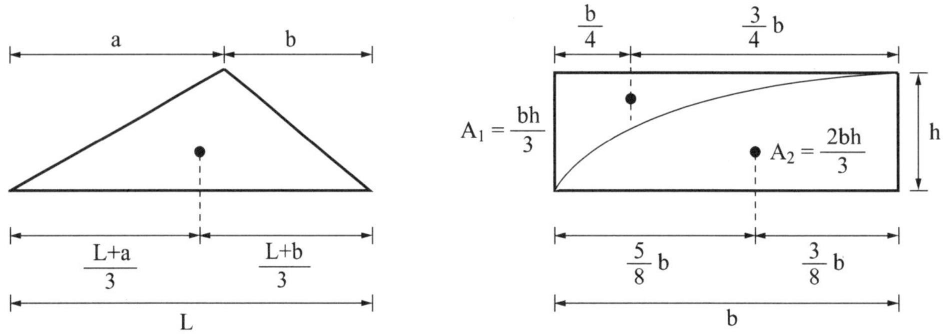

(a) 삼각형의 도심 (b) 2차곡선의 도심

그림 6.4 도형의 도심과 면적

6.3 모멘트 면적법의 적용

모멘트 면적법은 탄성곡선상의 어느 점에서의 접선이 평행이 될 때, 그 점이 기준점이 되므로 다른 점의 처짐과 처짐각을 구하기 쉽다. 캔틸레버보가 이러한 조건을 만족하는 가장 좋은 구조이다. 휨강성(EI)이 일정한 아래의 캔틸레버보의 고정단에서 탄성곡선의 접선은 평행이므로 자유단의 처짐각은 $\theta_B = \theta_{AB}$이 된다. 또한 자유단의 처짐은 $\delta_B = \delta_{AB}$이 된다.

$$\theta_B = \theta_{AB} = \left(\frac{M}{EI}\text{도의 AB구간 면적}\right)$$

$$= \frac{PL^2}{2EI}$$

$$\delta_B = \delta_{AB} = \left(\frac{M}{EI}\text{도의 AB구간 면적}\right) \times (\text{B점에서 도심까지의 거리})$$

$$= \frac{PL^2}{2EI} \times \frac{2L}{3} = \frac{PL^3}{3EI}$$

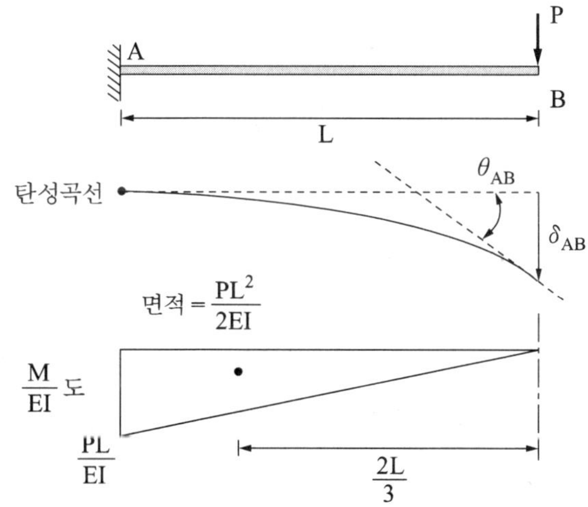

그림 6.5 캔틸레버보의 모멘트면적 정리 적용

예제 6.1 등분포하중을 받는 캔틸레버보에서 자유단의 처짐과 처짐각을 구하시오.

$$\theta_B = \theta_{AB} = \left(\frac{M}{EI}\text{도의 AB구간 면적}\right) = \frac{wL^3}{6EI}$$

$$\delta_B = \delta_{AB} = \left(\frac{M}{EI}\text{도의 AB구간 면적}\right) \times (\text{B점에서 도심까지의 거리})$$

$$= \frac{wL^3}{6EI} \times \frac{3L}{4} = \frac{wL^4}{8EI}$$

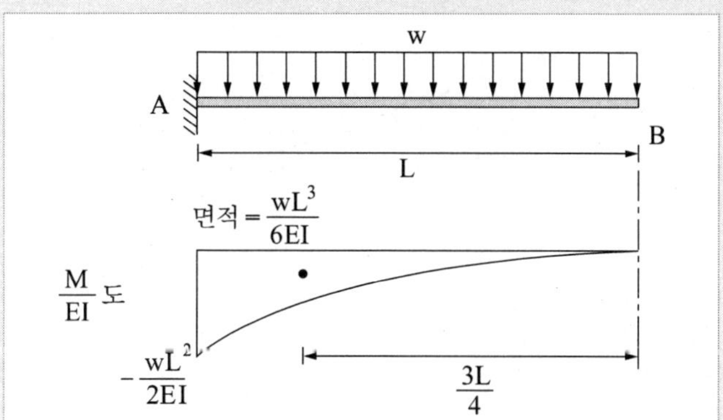

예제 6.2 휨강성(EI)이 변하는 캔틸레버보의 처짐과 처짐을 구하시오.

$$\theta_B = \theta_{AB} = \frac{PL^2}{4EI} + \frac{PL^2}{16EI} = \frac{5PL^2}{16EI}$$

$$\delta_B = \delta_{AB} = \frac{PL^2}{4EI} \times \frac{2L}{3} + \frac{PL^2}{16EI} \times \frac{L}{3} = \frac{9PL^2}{48EI}$$

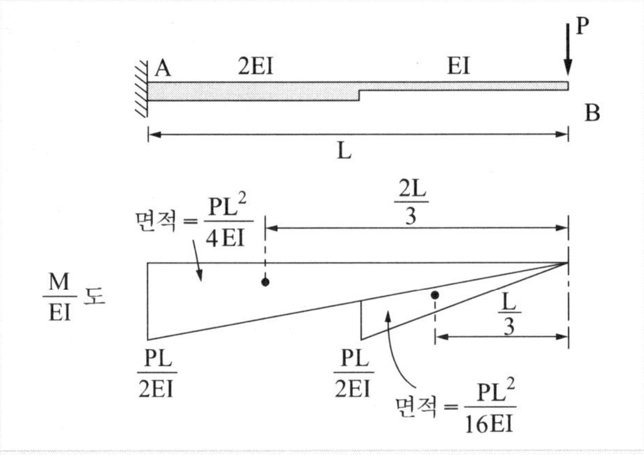

예제 6.3 단순보의 양 지점에서 처짐각과 최대처짐을 구하시오.

A점의 접선과 B점과의 거리는 θ_A가 미소하다고 가정하면 $\Delta_{AB} = \theta_A \times L$로 계산가능하다. 그런데 Δ_{AB}는 모멘트 면적법 제2정리로 부터 AB구간의 $\frac{M}{EI}$도를 B점에서 취한 모멘트이다.

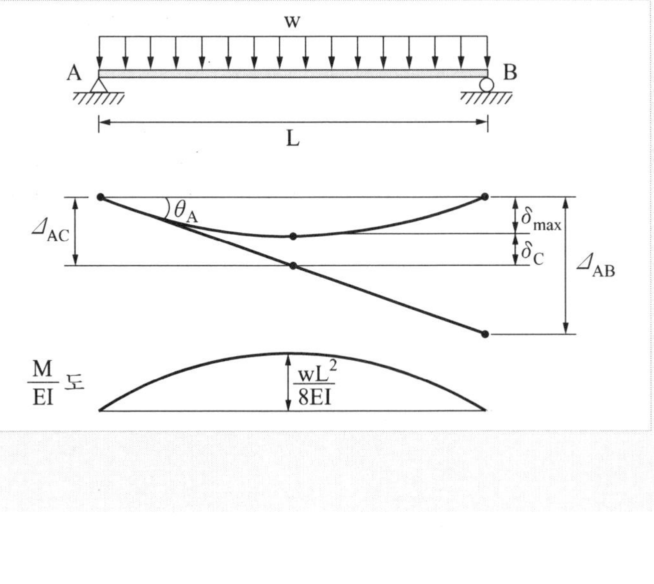

$$\Delta_{AB} = \left(\frac{M}{EI}\text{도 AB구간의 면적}\right) \times (\text{B점에서 도심거리})$$

$$= \left(\frac{2}{3}\frac{wL^2}{8EI}L\right) \times \frac{L}{2} = \frac{wL^4}{24EI}$$

$$\therefore \theta_A = \frac{\Delta_{AB}}{L} = \frac{wL^3}{24EI}$$

단순보는 탄성곡선 중앙점의 접선이 평행이 되므로 중앙점(C점)에서 최대처짐이 발생한다. 이 최대처짐은 아래 그림과 같이 $\delta_{max} = \Delta_{AC} - \delta_C$ 관계로부터 구할 수 있다. 이때 $\Delta_{AC} = \theta_A \times \frac{L}{2} = \frac{wL^4}{48EI}$이고, δ_C는 A점의 접선과 탄성곡선위의 C점사이의 거리이므로 모멘트 면적 제2정리로부터 다음과 같이 구할 수 있다.

$$\delta_C = \left(\frac{M}{EI}\text{도의 AC구간 면적의 C점에 대한 모멘트}\right)$$

$$= \left(\frac{2}{3}\frac{wL^2}{8EI}\frac{L}{2}\right) \times \left(\frac{3}{8}\frac{L}{2}\right)$$

$$= \frac{wL^4}{128EI}$$

$$\therefore \delta_{max} = \Delta_{AC} - \delta_C$$

$$= \frac{wL^4}{48EI} - \frac{wL^4}{128EI}$$

$$= \frac{5wL^4}{384EI}$$

이상에서 알 수 있듯이, 캔틸레버보와는 달리 단순보에서는 처짐각과 처짐을 계산하는 과정이 좀 번거로운 과정을 수반한다. 따라서, 모멘트 면적법은 비교적 간편하지만 캔틸레버보와 같이 고정단에서 탄성곡선의 접선이 평행한 특별한 경우를 중심으로 적용하는 것이 바람직하다.

예제 6.4 자유단에 우력 M_0이 재하된 캔틸레버보의 처짐 및 처짐각을 구하시오.

모멘트 면적 정리로부터

$$\theta_B = \theta_{AB} = \frac{M_0L}{EI}$$

$$\delta_B = \delta_{AB} = \frac{M_0L}{EI} \times \frac{L}{2} = \frac{M_0L^2}{2EI}$$

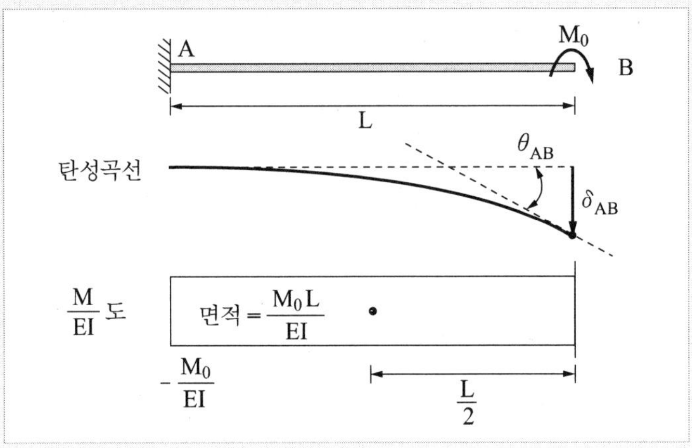

A
M_0
B
L
탄성곡선
θ_{AB}
δ_{AB}
$\frac{M}{EI}$ 도
면적 = $\frac{M_0 L}{EI}$
$-\frac{M_0}{EI}$
$\frac{L}{2}$

▌연습문제 ▌

6.1 다음 캔틸레버보에서 자유단의 처짐각과 처짐을 모멘트면적법으로 구하시오(EI = 일정).

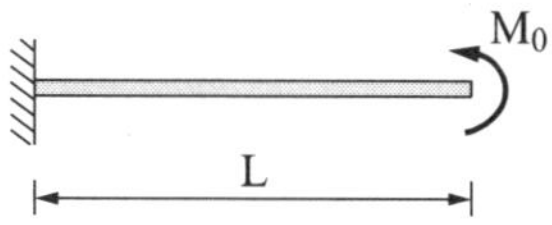

6.2 다음 캔틸레버보에서 자유단의 처짐각을 모멘트면적법으로 구하시오(EI = 일정).

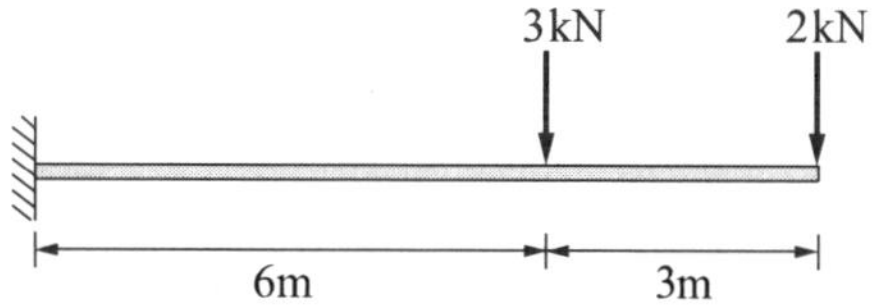

6.3 다음 캔틸레버보에서 자유단의 처짐각을 모멘트면적법으로 구하시오(EI = 일정).

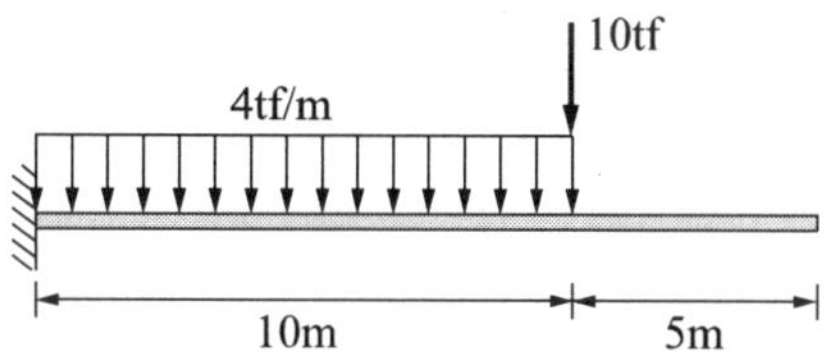

6.4 다음 캔틸레버보에서 자유단의 처짐각과 처짐을 모멘트면적법으로 구하시오(EI = 일정).

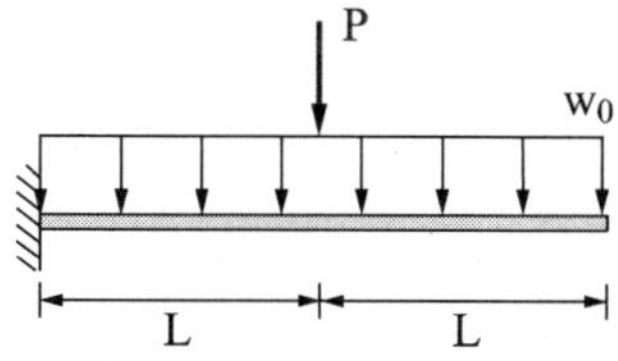

6.5 다음 내민보에서 자유단의 처짐을 모멘트면적법으로 구하시오(EI = 일정).

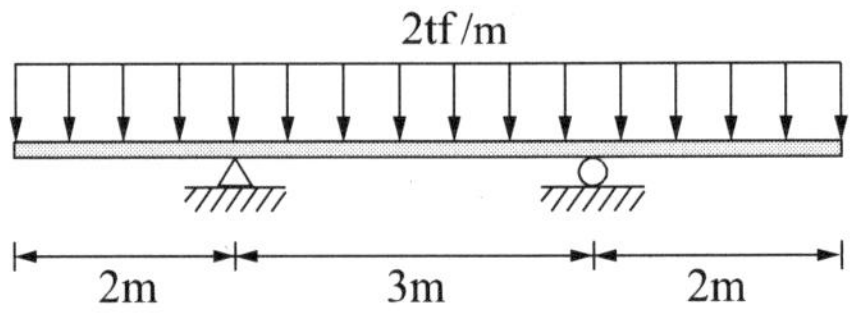

제 7 장

공액보법

7.1 탄성하중법

처짐곡선의 곡률과 휨모멘트는 다음과 같은 관계가 있다(이 식은 9장에서 유도된다).

$$\frac{d^2y}{dx^2} = \frac{M(x)}{EI}$$

여기에, 처짐곡선의 기울기는 처짐각이므로 $\frac{dy}{dx} = \theta$를 위의 식에 대입한면

$$\frac{d\theta}{dx} = \frac{M(x)}{EI}$$

위의 식과 3장에서 유도된 하중, 전단력 관계식 $\frac{dV}{dx} = -w$을 비교해보면 $\frac{M(x)}{EI}$는 w와, θ는 전단력 V와 대응한다. 따라서, $\frac{M(x)}{EI}$를 하중으로 재하한 가상보의 전단력은 실제보의 처짐각 θ가 된다.

이와 비슷하게 $\frac{dy}{dx} = \theta$와 전단력과 휨모멘트의 관계식 $\frac{dM}{dx} = V$의 대응관계를 살펴보면 $\frac{M(x)}{EI}$를 하중으로 재하한 가상보의 휨모멘트는 실제보의 처짐 y가 된다. $\frac{M}{EI}$을 '탄성하중'이라 한다. $\frac{M}{EI}$도를 하중으로 재하한 보를 '탄성하중보'라고 한다.

참고 탄성하중법

1. 단순보 탄성곡선의 임의점에서 처짐각은 $\frac{M}{EI}$도를 하중으로 생각하고 재하한 단순보에서 해당 점의 전단력과 같다. (+전단력은 시계방향 처짐각)
2. 단순보 탄성곡선의 임의점에서 처짐은 $\frac{M}{EI}$도를 하중으로 생각하고 재하한 단순보에서 해당 점의 휨모멘트와 같다. (+휨모멘트는 하향 처짐)

예제 7.1 집중하중을 받는 단순보의 양단과 하중이 작용하는 점에서 처짐과 처짐각을 구하시오.

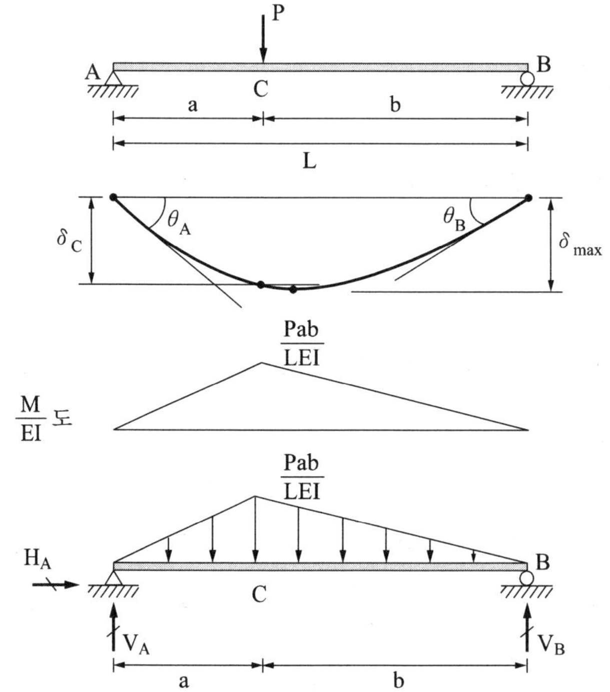

탄성하중보의 반력을 구하면 $H_A = 0$, $V_A = \frac{Pab}{6EIL}(L+b)$, $V_B = \frac{Pab}{6EIL}(L+a)$이다.

탄성하중보의 C점의 전단력과 휨모멘트를 구하면 $V_C = \frac{Pab}{3EIL}(b-a)$, $M_C = \frac{Pa^2b^2}{3EIL}$이다. 따라서, 양지점의 처짐각과 처짐은

$$\theta_A = \frac{Pab}{6EIL}(L+b) \quad (\text{시계방향})$$

$$\theta_B = \frac{Pab}{6EIL}(L+a) \quad (\text{반시계방향})$$

C점의 처짐각과 처짐은

$$\theta_C = \frac{Pab}{3EIL}(b-a) \quad (b \geq a \text{ 이면 시계방향})$$

$$\delta_C = \frac{Pa^2b^2}{3EIL} \quad (\text{하향처짐})$$

예제 7.2 등분포하중을 받는 단순보 양단의 처짐각과 중앙점에서 처짐을 구하시오.

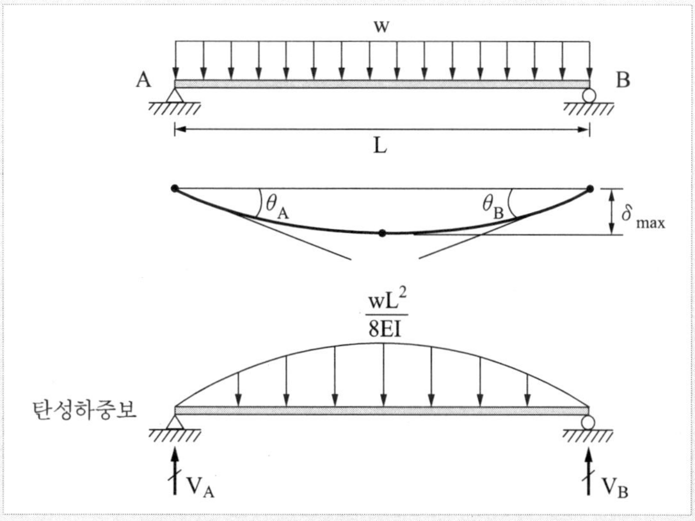

탄성하중보의 자유물체도를 그리고 반력을 구한다.

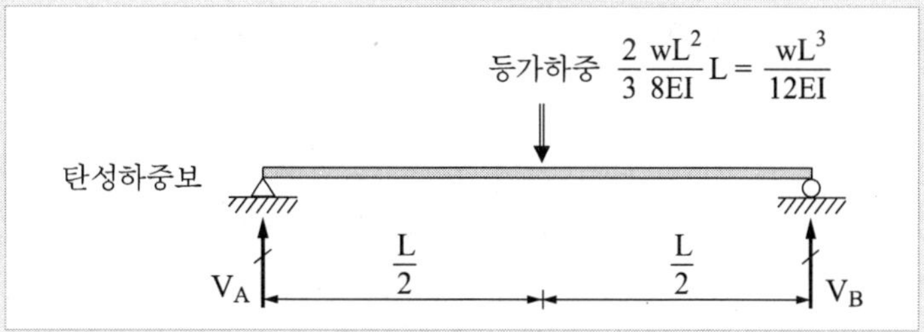

대칭 관계에 의해 $V_A = V_B = \frac{1}{2}\left(\frac{wL^3}{12EI}\right) = \frac{wL^3}{24EI} = \theta_A = \theta_B$

• 탄성하중보의 중앙단면 왼쪽 자유물체도

(탄성하중보에서는 수평힘에 해당하는 수평반력과 축력은 고려하지 않는다)

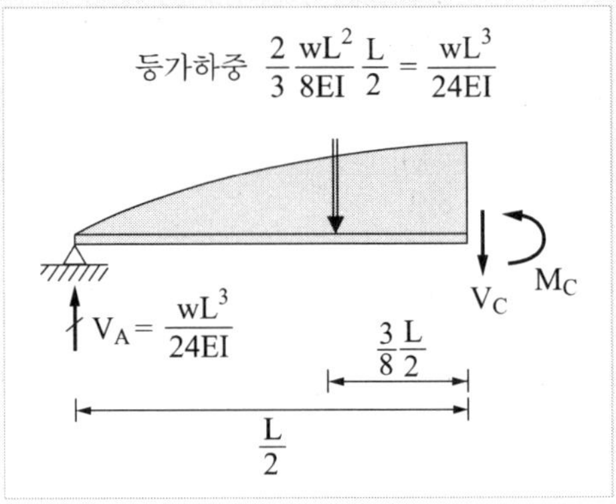

• 평형방정식

$$\sum F_V = \frac{wL^3}{24EI} - \frac{wL^3}{24EI} - V_C = 0 \qquad \therefore V_C = 0$$

$$\sum M_{at\ C} = \frac{wL^3}{24EI}\frac{L}{2} - \frac{wL^3}{24EI}\frac{3}{8}\frac{L}{2} - M_C = 0 \qquad \therefore M_C = \frac{5wL^4}{384EI} = \delta_C$$

예제 7.3 변분포 하중이 작용하는 단순보 양단의 처짐각, 최대처짐을 구하시오(EI = 일정).

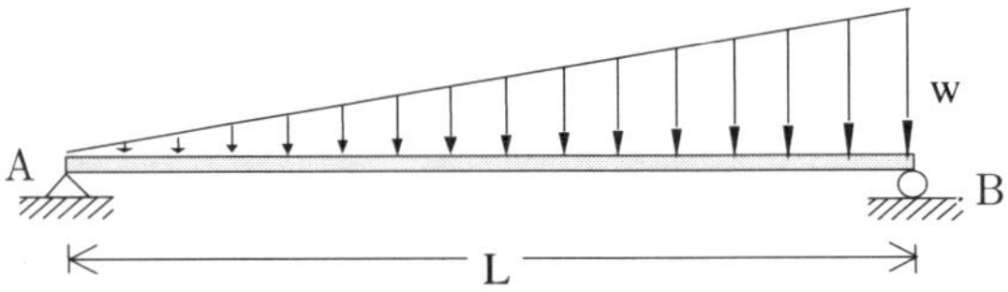

제5장에서 구한 휨모멘트도를 사용하여 탄성하중보를 구성

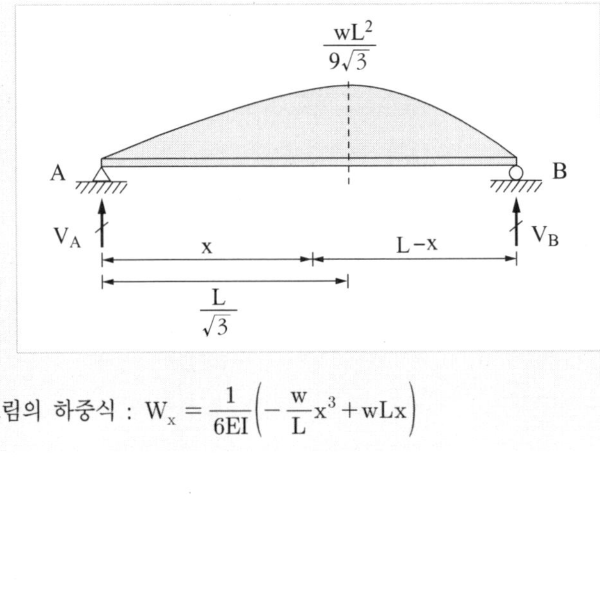

• 위의 그림의 하중식 : $W_x = \frac{1}{6EI}\left(-\frac{w}{L}x^3 + wLx\right)$

• 평형방정식

$$\sum M_{at\ B} = V_A L - \int_0^L W_x (L - x) = 0$$

$$\therefore V_A = \frac{1}{L}\int_0^L \frac{1}{6EI}(-\frac{w}{L}x^3 + wLx)(L-x)\,dx = \frac{7wL^3}{360EI}$$

$$\sum M_{at\ A} = \int_0^L (W_x \cdot x)\,dx - V_B L = 0$$

$$\therefore V_B = \frac{8wL^3}{360EI}$$

그러므로 $\therefore \theta_A = \frac{7wL^3}{360EI}$ (시계방향), $\theta_B = -\frac{8wL^3}{360EI}$ (반시계방향)

A지점에서 거리 x의 임의 단면의 전단력은 하중식을 적분하고 지점조건을 사용하여 적분상수를 구하면 된다.

$$\therefore V_x = \int -W_x dx = \int \frac{1}{6EI}\left(\frac{w}{L}x^3 - wLx\right)dx$$

$$= \frac{1}{6EI}\left(\frac{wx^4}{L4} - \frac{wLx^2}{2}\right) + C_1$$

여기서, $V_A = \frac{7wL^3}{360EI} \Rightarrow V_{x=0} = \frac{7wL^3}{360EI}$이므로 $C_1 = \frac{7wL^3}{360EI}$

$$\therefore V_x = \frac{1}{6EI}\left(\frac{wx^4}{4L} - \frac{wLx^2}{2} + \frac{7wL^3}{60}\right)$$

탄성하중보의 휨모멘트(실제보의 처짐)가 최대가 되는 곳은 전단력이 0인 곳이므로

$\frac{1}{6EI}\left(\frac{wx^4}{4L} - \frac{wLx^2}{2} + \frac{7wL^3}{60}\right) = 0$을 풀면

$$x_0 = 0.52L$$

탄성하중보 임의 단면의 휨모멘트(실제보의 처짐)는 전단력을 적분하고 지점조건을 사용하여 적분상수를 구하면 된다.

$$M_x = \int \frac{1}{6EI}\left(\frac{wx^4}{4L} - \frac{wLx^2}{2} + \frac{7wL^3}{60}\right)dx$$

$$= \frac{w}{6EI}\left(\frac{x^5}{20L} - \frac{wLx^3}{6} + \frac{7wL^3}{60}x\right) + C_2$$

단순보의 지점에서는 $M = 0$이므로 $C_2 = 0$

$$\therefore M_x = \frac{w}{6EI}\left(\frac{x^5}{20L} - \frac{wLx^3}{6} + \frac{7wL^3}{60}x\right)$$

• 최대처짐 : $\delta_{max} = M_{x=0.52L} = \dfrac{0.00652wL^4}{EI}$

예제 7.4 우력을 받는 단순보 양단의 처짐각, 중앙점에서 처짐, 최대처짐을 구하시오. (EI = 일정)

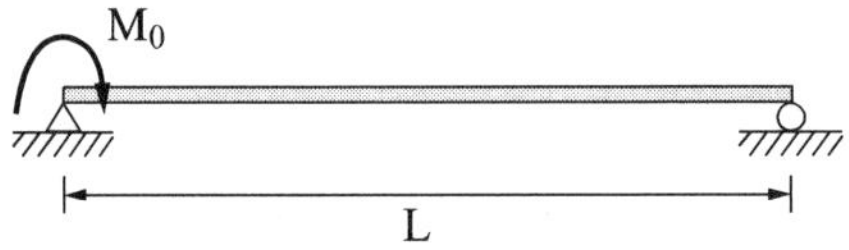

① 처짐곡선

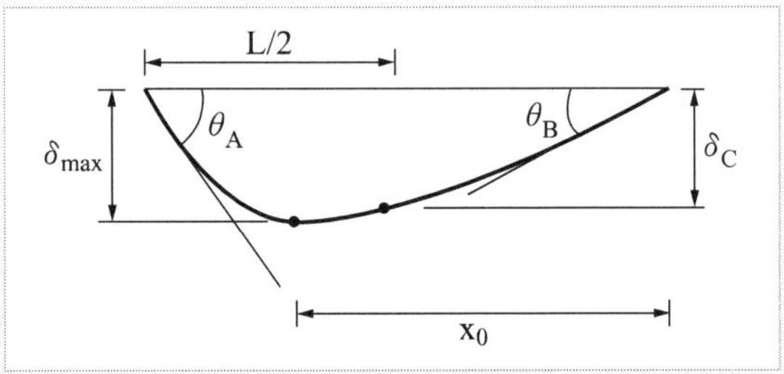

② 탄성하중보

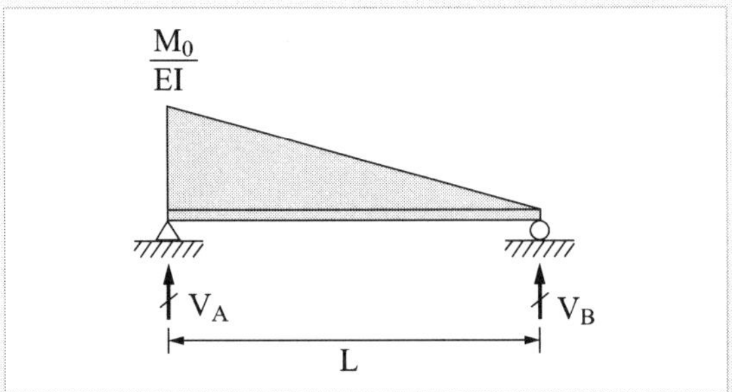

③ 평형방정식을 적용

$$V_A = \frac{M_0L}{2EI}\frac{2}{3} = \frac{M_0L}{3EI} \quad \Leftrightarrow \quad \theta_A$$

$$V_B = \frac{M_0L}{2EI}\frac{1}{3} = \frac{M_0L}{6EI} \quad \Leftrightarrow \quad \theta_B$$

탄성하중보의 B지점을 원점으로 왼쪽으로 x 떨어진 단면의 자유물체도

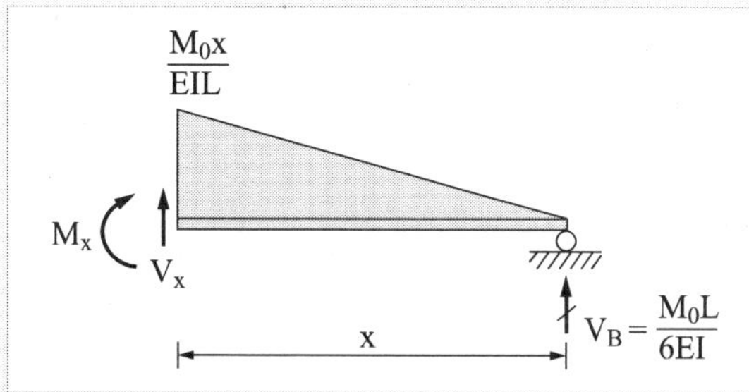

④ 평형방정식

$$\sum F_V = V_x - \frac{M_0x^2}{2EIL} + \frac{M_0L}{6EI} = 0$$

$$\therefore V_x = \frac{M_0x^2}{2EIL} - \frac{M_0L}{6EI}$$

$$\sum M_{at\ x} = M_x + \frac{M_0x^2}{2EIL}\frac{x}{3} - \frac{M_0L}{6EI}x = 0$$

$$\therefore M_x = -\frac{M_0x^3}{6EIL} + \frac{M_0L}{6EI}x$$

• 중앙점의 처짐각 : $V_{x=\frac{L}{2}} = -\frac{M_0L}{24EI}$ (반시계방향)

• 중앙점의 처짐 : $M_{x=\frac{L}{2}} = \frac{3M_0L^2}{48EI}$

• 최대처짐의 위치 : $V_x = \frac{M_0x^2}{2EIL} - \frac{M_0L}{6EI} = 0$을 만족하는 $x = \frac{L}{\sqrt{3}}$ 에서 발생

• 최대처짐 : $M_{x=\frac{L}{\sqrt{3}}} = \frac{M_0L^2}{9\sqrt{3}\,EI}$

7.2 공액보법

탄성하중법은 단순보에 대하여 개발되었으므로 캔틸레버보, 내민보, 겔버보 등의 보에 탄성하중법을 적용하기 위해서는 탄성하중법을 확장해야 한다. 실제보의 처짐각은 탄성하중보의 전단력이고, 실제보의 처짐은 탄성하중보의 휨모멘트가 되려면 다음과 같이 실제보의 지점을 바꾸어야 한다. 이렇게 지점을 변경한 가상보를 공액보라 한다.

실제보	공액보
	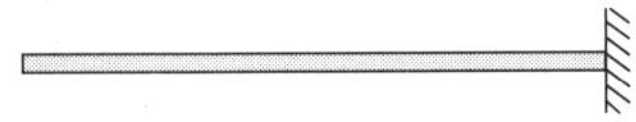

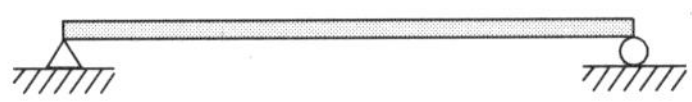	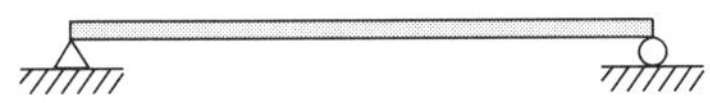
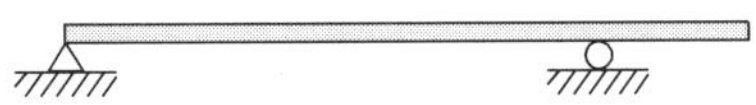	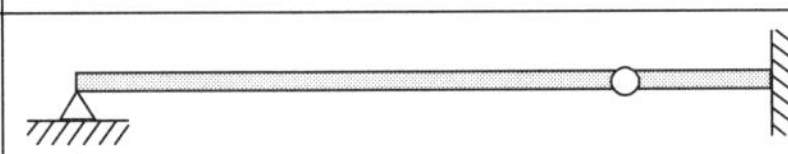
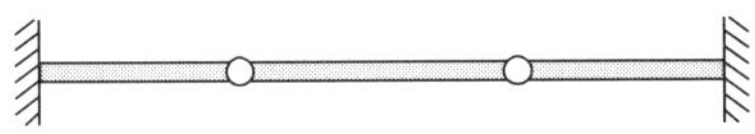	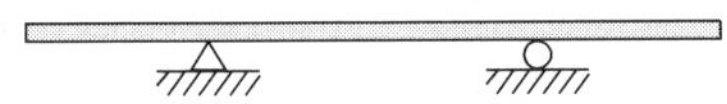
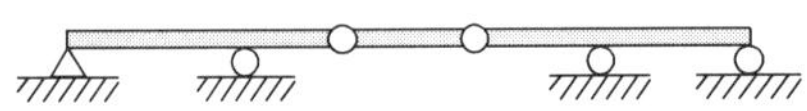	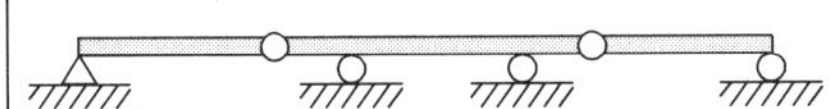

1) 자유단

실제보의 자유단에서는 처짐각과 처짐이 모두 발생한다. 따라서, 공액보에서 전단력과 휨모멘트가 존재해야 한다. 이 조건을 만족하는 지점은 고정단이다. 그러므로 실제보의 자유단은 공액보에서 고정단이 된다.

2) 고정단

실제보의 고정단에서는 처짐과 처짐이 모두 0이다. 따라서 공액보에서 전단력과 휨모멘트가 0이 되어야 한다. 이 조건을 만족하는 지점은 자유단이다.

3) 단순지지단(핀지점, 롤러지점)

실제보의 핀지점이나 롤러지점에서는 처짐은 0이고 처짐각은 존재한다. 따라서 공액보에서 전단력은 존재하고 휨모멘트는 0이 되어야 한다. 이 조건을 만족하는 지점은 단순지지단이다. 그러므로 핀지점이나 롤러지점은 핀지점이나 롤러지점이 된다.

4) 내부힌지

실제보의 내부힌지에서는 처짐각(내부힌지 좌우 처짐각은 서로 다름)과 처짐이 발생하므로 공액보에서 전단력과 모멘트가 존재한다. 따라서, 실제보의 내부힌지는 공액보에서 중간 단순지점(좌우의 전단력은 서로 다름)이 된다.

5) 중간 단순지점

실제보의 핀지점이나 롤러지점으로 된 중간지점에서는 처짐각은 있고, 처짐은 없다. 따라서 공액보에서 전단력은 있고, 휨모멘트는 0인 지점이 필요하다. 이러한 지점은 지지점이 없는 내부힌지이다.

예제 7.5 다음 캔틸레버보 자유단의 처짐과 처짐각을 구하시오.

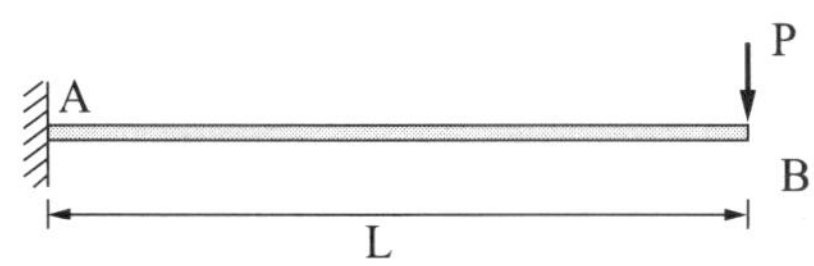

① 공액보

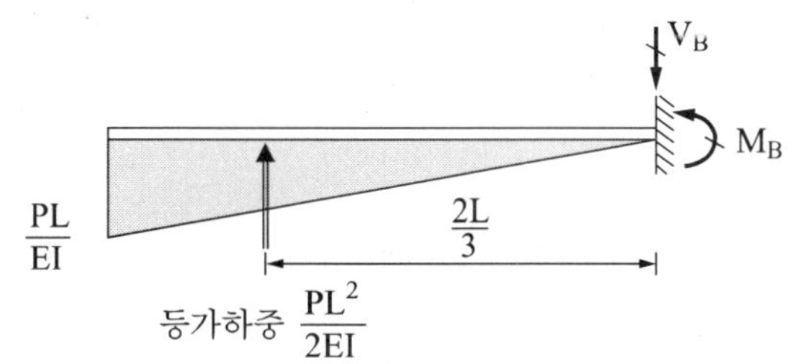

② 평형방정식

$$\sum F_V = \frac{PL^2}{2EI} - V_B = 0$$

$$\therefore\ V_B = \frac{PL^2}{2EI} \Rightarrow \theta_B = \frac{PL^2}{2EI}\ (\text{시계방향})$$

$$\sum M_{at\,B} = \frac{PL^2}{2EI}\frac{2L}{3} - M_B = 0$$

$$\therefore\ M_B = \frac{PL^3}{3EI} \Rightarrow \delta_B = \frac{PL^3}{3EI}$$

예제 7.6 다음 내민보 A, B지점의 처짐각, 자유단의 처짐과 처짐각을 구하시오(EI = 일정).

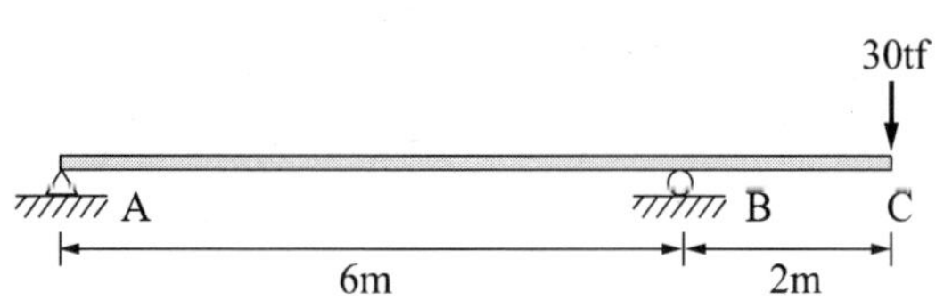

① 처짐곡선

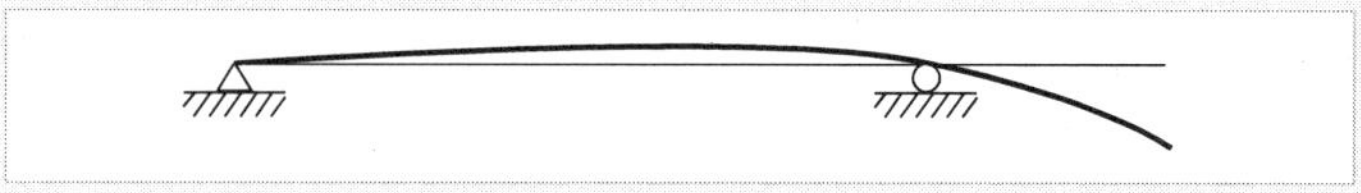

② 공액보

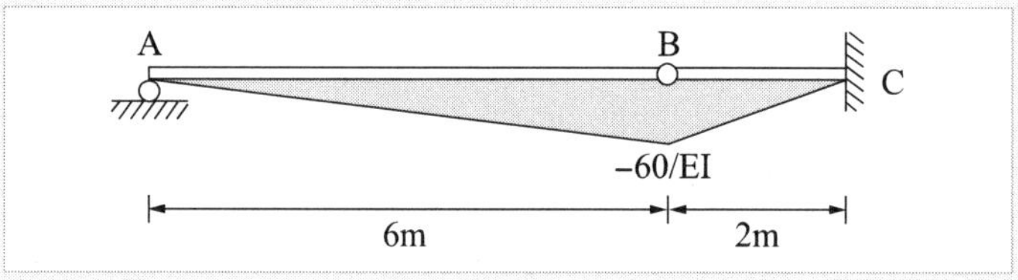

③ 내부힌지 B를 자른 좌우 자유물체도

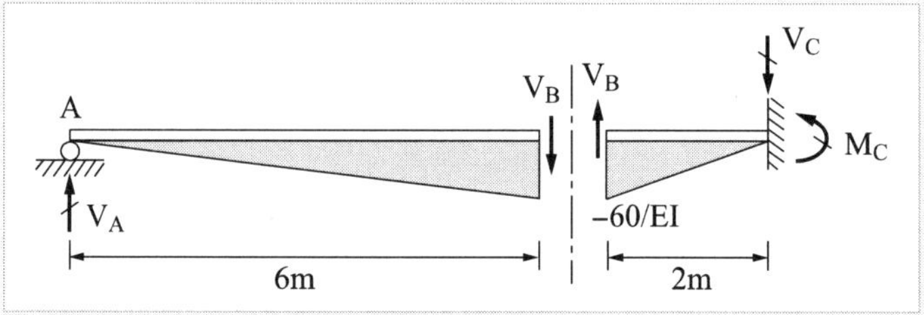

왼쪽 자유물체도에서 분포하중을 등가집중하중으로 치환하고 평형방정식을 적용

$$\sum M_{at\,B} = V_A \times 6 + \frac{180}{EI} \times 2 = 0$$

$$\therefore V_A = -\frac{60}{EI} \quad \Rightarrow \quad \theta_A \quad (\text{반시계방향})$$

$$\sum F_V = -\frac{60}{EI} + \frac{180}{EI} - V_B = 0$$

$$\therefore V_B = \frac{120}{EI} \quad \Rightarrow \quad \theta_B \quad (\text{시계방향})$$

오른쪽 자유물체도에서 분포하중을 등가집중하중으로 치환하고 평형방정식을 적용

$$\sum F_V = \frac{120}{EI} + \frac{60}{EI} - V_C = 0$$

$$\therefore V_C = \frac{180}{EI} \quad \Rightarrow \quad \theta_C \quad (\text{시계방향})$$

$$\sum M_{at\,C} = \frac{120}{EI} \times 2 + \frac{60}{EI} \times \frac{4}{3} - M_C = 0$$

$$\therefore M_C = \frac{320}{EI} \quad \Rightarrow \quad \delta_C \quad (\text{하향처짐})$$

예제 7.7 다음 겔버보의 점 B의 처짐각 및 D의 처짐을 구하시오(EI=일정).

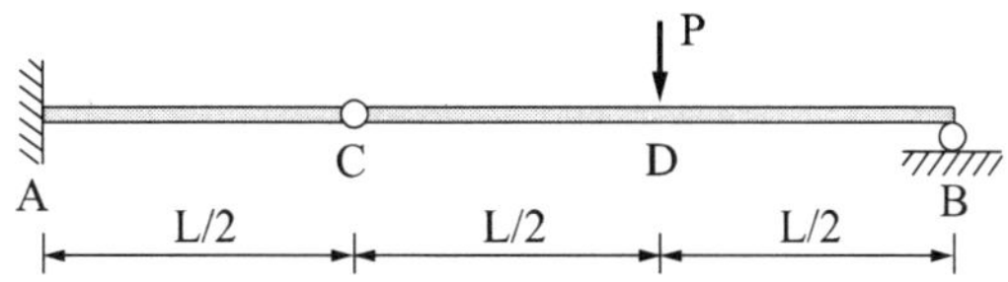

① 처짐곡선

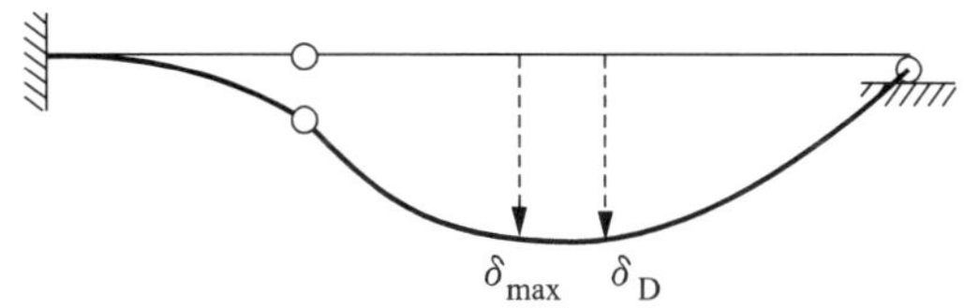

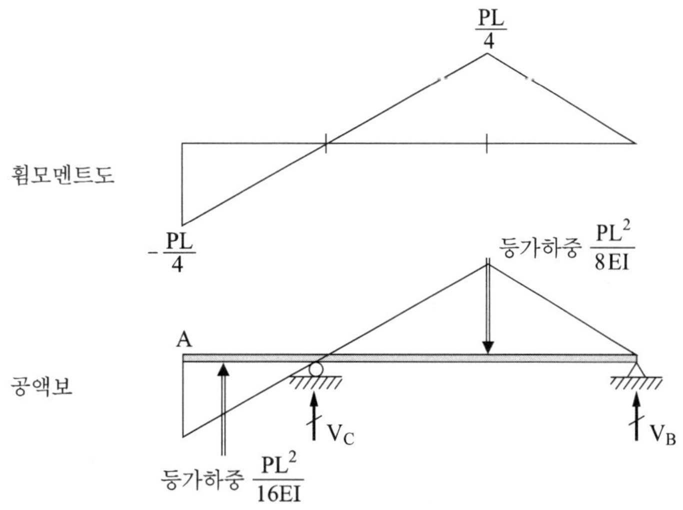

$$\sum M_{at\,C} = \frac{PL^2}{16EI}\frac{L}{3} + \frac{PL^2}{8EI}\frac{L}{2} - LV_B = 0$$

$$\therefore V_B = \frac{PL^2}{12EI} \quad \Rightarrow \quad \theta_B$$

$$\sum F_V = \frac{PL^2}{16EI} + V_C - \frac{PL^2}{8EI} + \frac{PL^2}{12EI} = 0$$

$$\therefore V_C = -\frac{PL^{?}}{48EI}$$

② D단면 우측 자유물체도

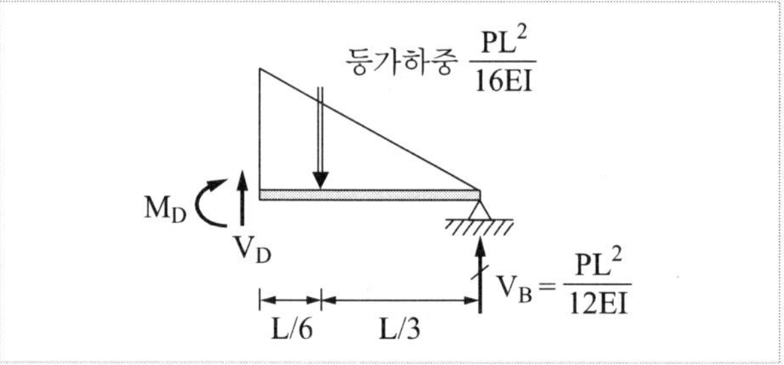

$$\sum M_{at\,D} = M_D + \frac{PL^2}{16EI}\frac{L}{6} - \frac{PL^2}{12EI}\frac{L}{2} = 0$$

$$\therefore M_D = \frac{PL^3}{32EI} \Rightarrow \delta_D \text{ (하향처짐)}$$

예제 7.8 다음 겔버보 E단면의 처짐을 구하시오(EI = 일정).

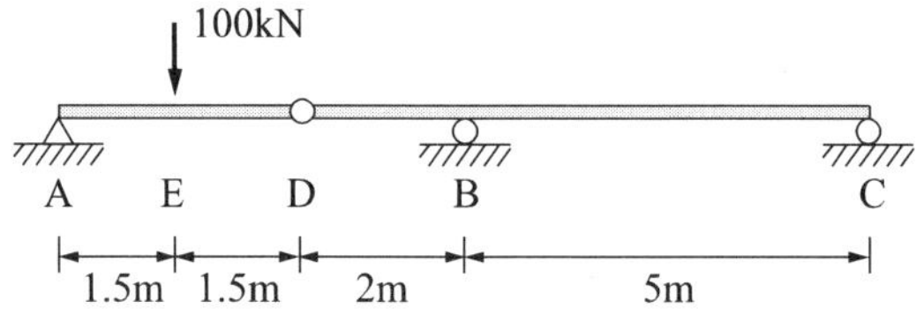

① 처짐곡선

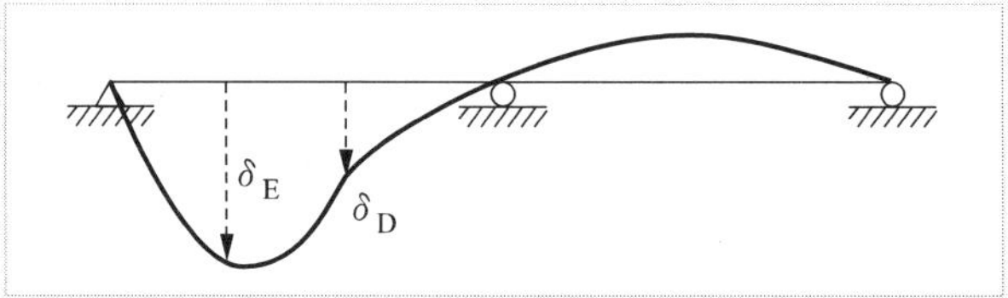

② 공액보 : 공액보에 EI는 포함하지 않고, 최종결과에서 나누어 주기로 한다.

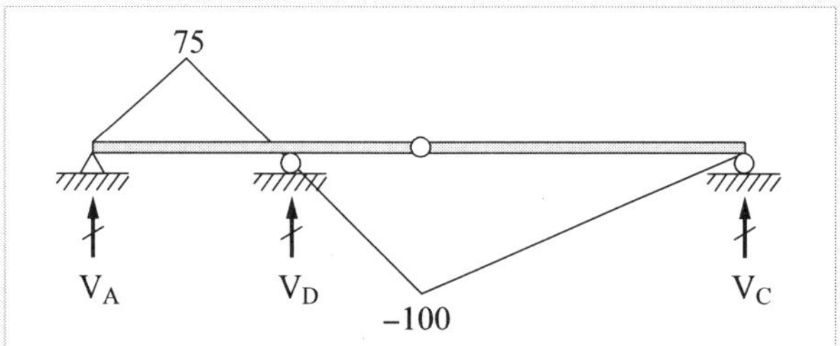

③ AD구간, DC구간 자유물체도

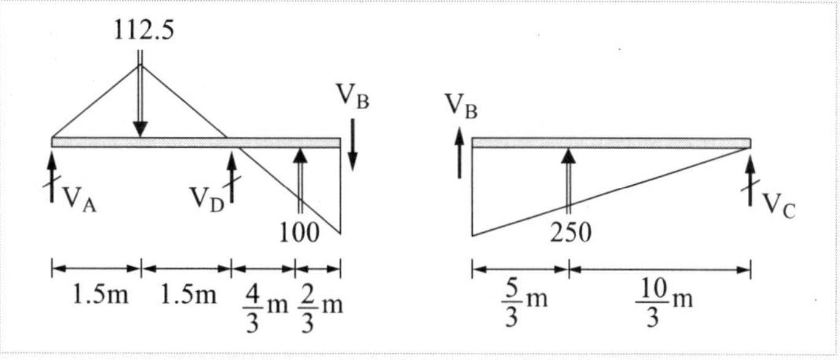

• DC구간 자유물체도에서

$$\sum M_{atB} = -250 \times \frac{5}{3} - \frac{15}{3} V_C = 0$$

$$\therefore V_C = -83.33$$

$$\sum F_V = V_B + 250 - 83.33 = 0$$

$$\therefore V_B = -167.67$$

• AD구간 자유물체도에서

$$\sum M_{atA} = 112.5 \times 1.5 - 3V_D - 100 \times \frac{13}{3} - 5 \times 167.67 = 0$$

$$\therefore V_D = -367.64$$

$$\sum F_V = V_A - 112.5 - 367.64 + 100 + 167.67 = 0$$

$$\therefore V_A = 212.47$$

④ AE구간 자유물체도

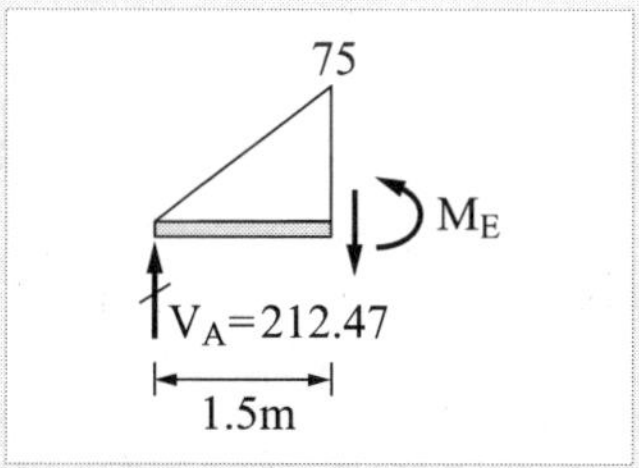

$$\sum M_{atE} = 212.47 \times 1.5 - 56.25 \times 0.5 - M_E = 0$$

$$\therefore M_E = 290.58$$

그러므로 $\delta_E = \frac{290.58}{EI}$ (하향처짐)

예제 7.9 다음 내민보에서 B점의 처짐각을 구하시오(EI=일정).

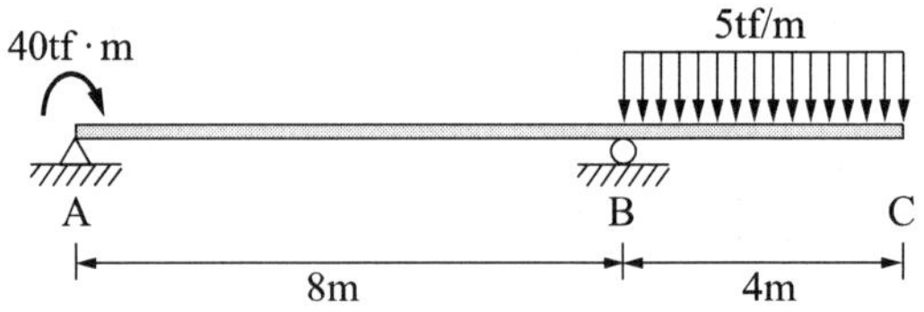

① 휨모멘트도

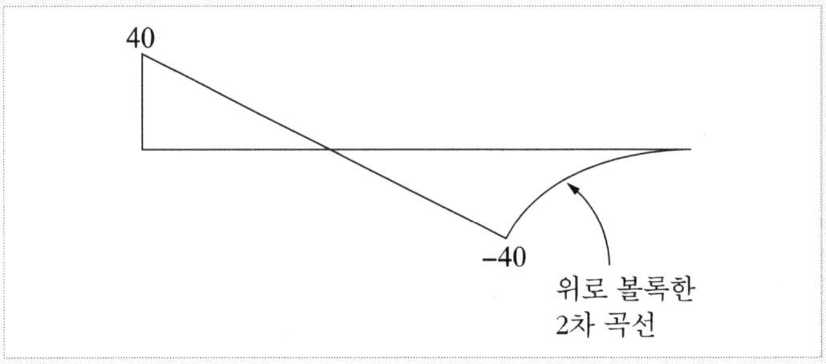

② 공액보

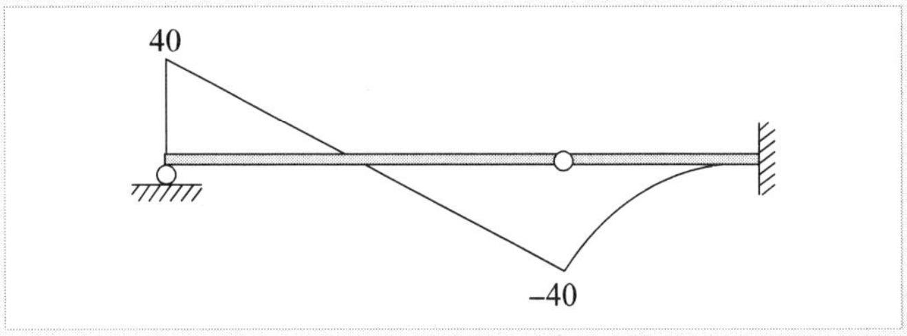

③ 자유물체도

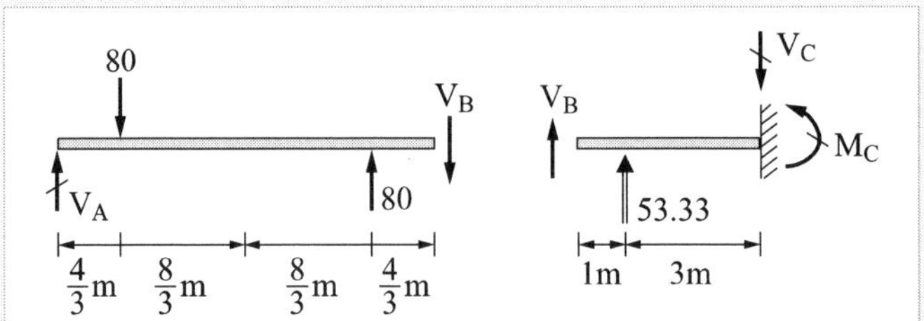

AB구간 자유물체도에서

$V_A = 53.33$, $V_B = 53.33$

그러므로 $\theta_B = \dfrac{53.33}{EI}$ (시계방향)

예제 7.10 다음 캔틸레버보의 B와 C의 처짐과 처짐각을 구하시오.

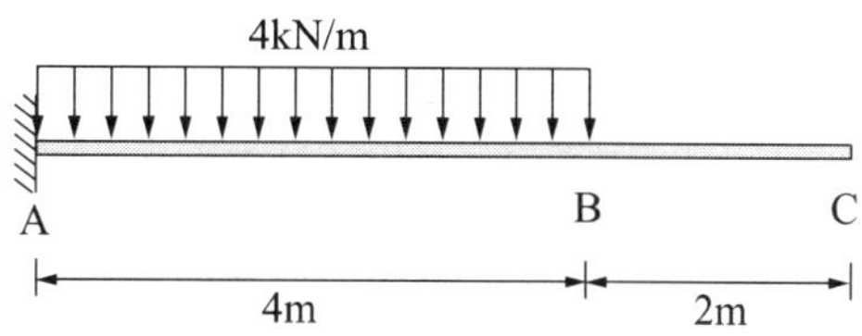

① 공액보

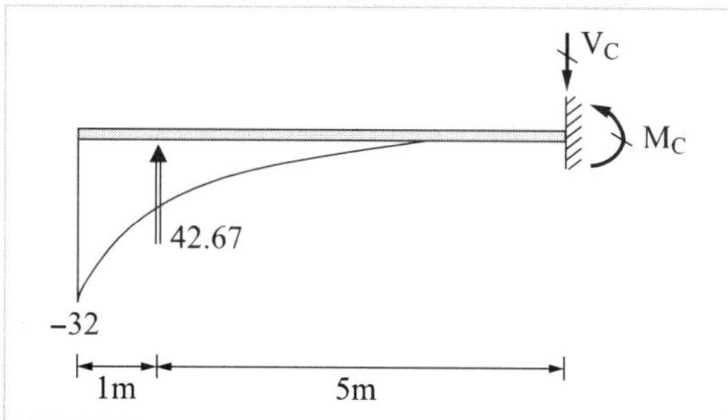

$\therefore V_C = 42.67\ ,\ M_C = 213.33$

그러므로 $\theta_C = \dfrac{42.67}{EI}$ (시계방향), $\delta_C = \dfrac{213.33}{EI}$ (하향처짐)

② B단면 우측 자유물체도

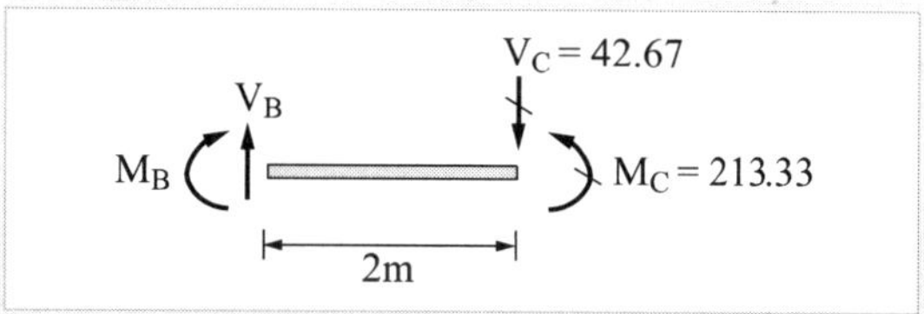

평형조건으로부터

$V_B = 42.67\ ,\ M_B = 213.33 - 42.67 \times 2 = 127.99$

그러므로 $\theta_B = \dfrac{42.67}{EI}$ (시계방향), $\delta_B = \dfrac{127.99}{EI}$ (하향처짐)

예제 7.11 7.11 다음 보의 자유단의 처짐각과 처짐을 구하시오(EI = 일정).

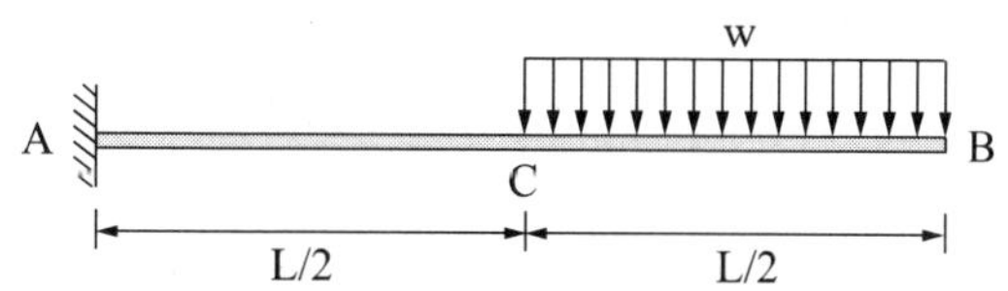

① 공액보

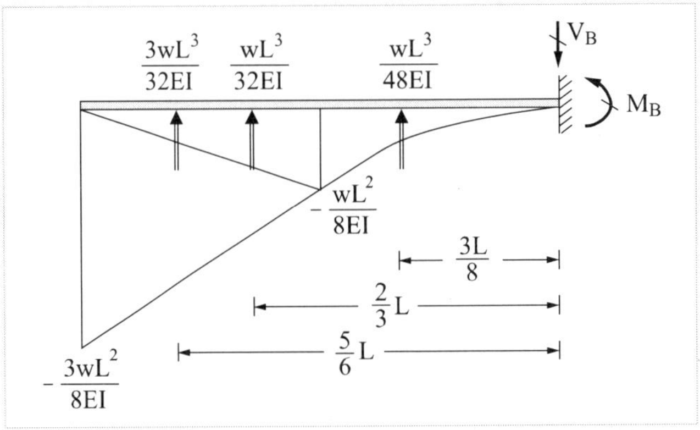

평형조건으로부터 $V_B = \frac{7wL^3}{48EI}$, $M_B = \frac{41wL^4}{384EI}$

따라서 $\theta_B = \frac{7wL^3}{48EI}$ (시계방향), $\delta_B = \frac{41wL^4}{384EI}$ (하향처짐)

예제 7.12 다음 내민보의 자유단의 처짐을 구하시오(EI = 일정).

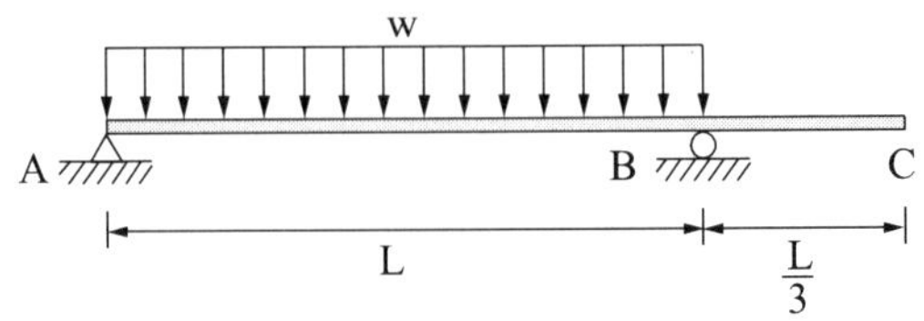

① 공액보

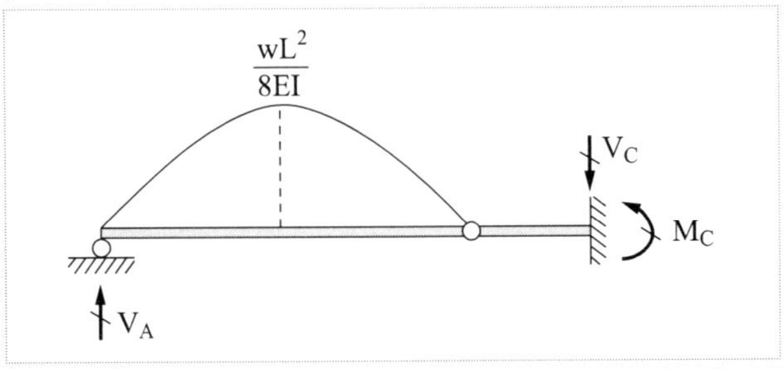

② 자유물체도

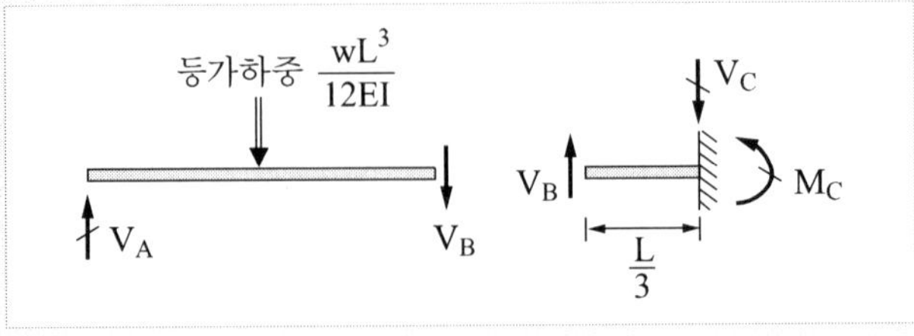

왼쪽 자유물체도에서 $V_B = -\frac{wL^3}{24EI}$

오른쪽 자유물체도에서 $M_C = -\frac{wL^3}{24EI}\frac{L}{3} = -\frac{wL^4}{72EI}$

$\therefore \delta_C = -\frac{wL^4}{72EI}$ (상향처짐)

예제 7.13 다음 부정정보의 중앙점의 처짐은?

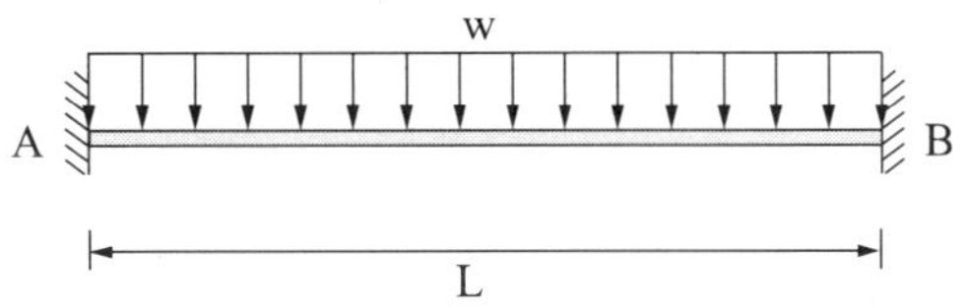

① 치환

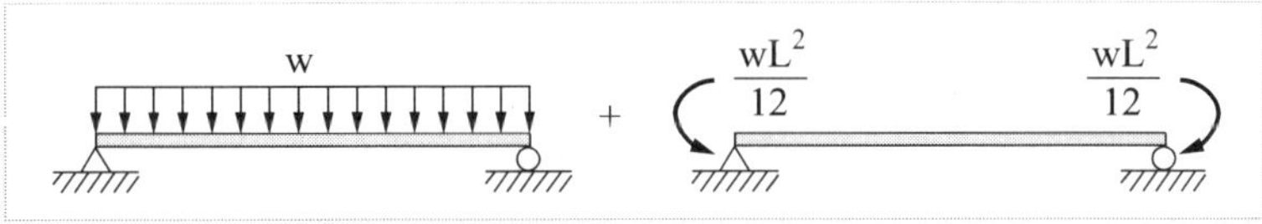

② 공액보

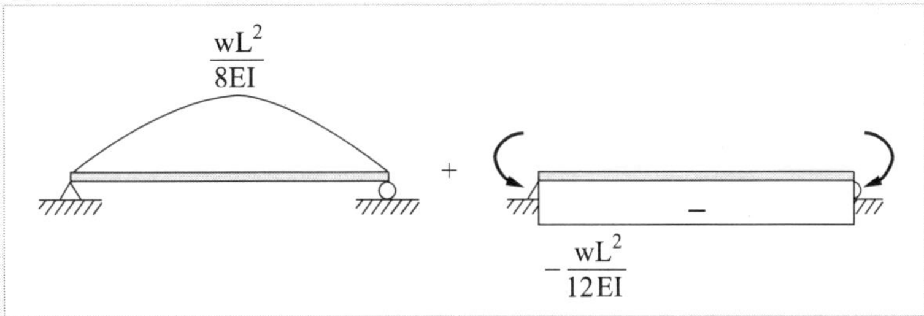

③ 자유물체도

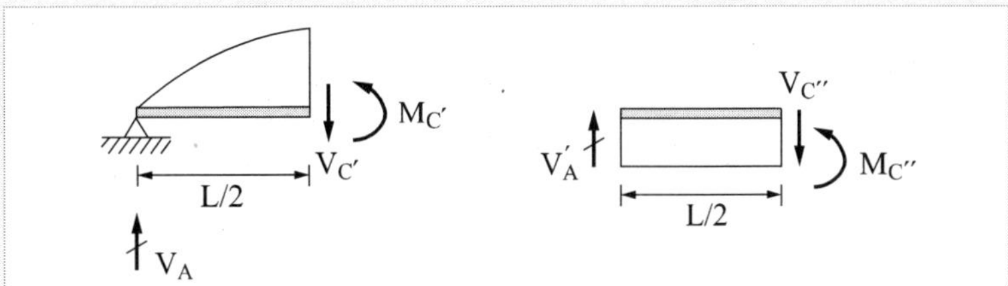

왼쪽 자유물체도에서

$$V_A = \frac{wL^3}{24EI}, \; M_{C'} = \frac{5wL^4}{384EI}$$

오른쪽 자유물체도에서

$$M_{C''} = -\frac{wL^4}{96EI}$$

$$\therefore M_C = M_{C'} + M_{C''} = \frac{wL^4}{384EI}$$

$$\therefore \delta_C = \frac{wL^4}{384EI} \text{ (하향처짐)}$$

예제 7.14 B점의 수직처짐을 중첩을 이용하여 구하시오(EI = 일정).

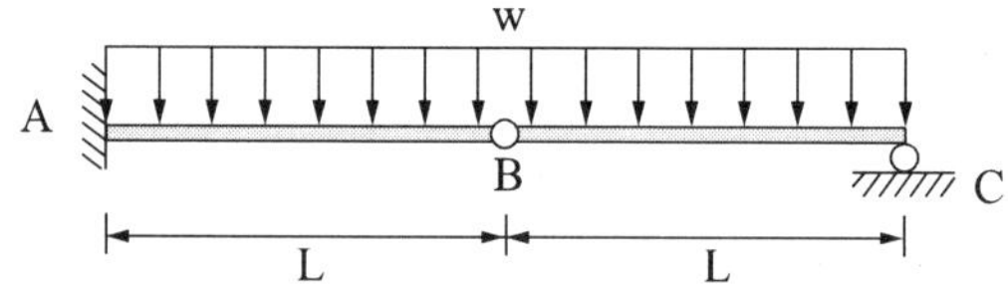

① 분해

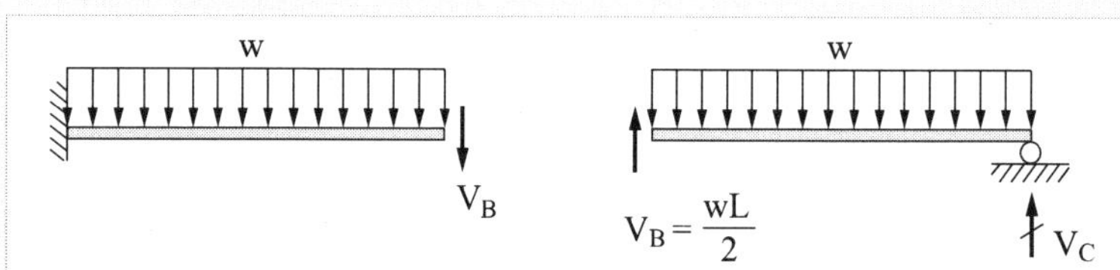

② 중첩

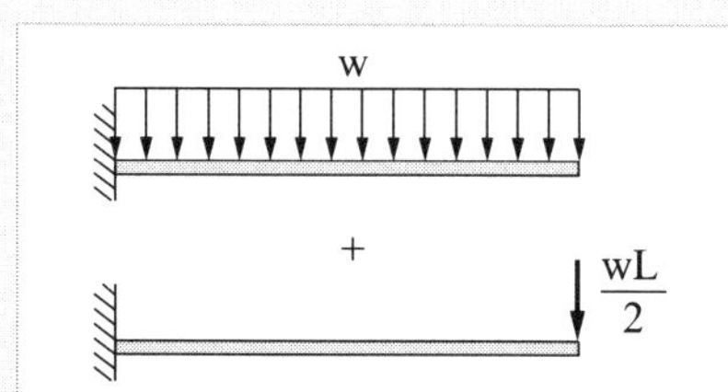

위의 구조에 대한 자유단의 처짐은 각각 $\frac{wL^4}{8EI}$, $\frac{wL^4}{6EI}$ 이므로 중첩하면

$$\therefore \delta_B = \frac{wL^4}{8EI} + \frac{wL^4}{6EI} = \frac{7wL^4}{24EI} \text{ (하향처짐)}$$

예제 7.15 C점의 처짐각을 공액보법으로 구하시오(EI = 일정).

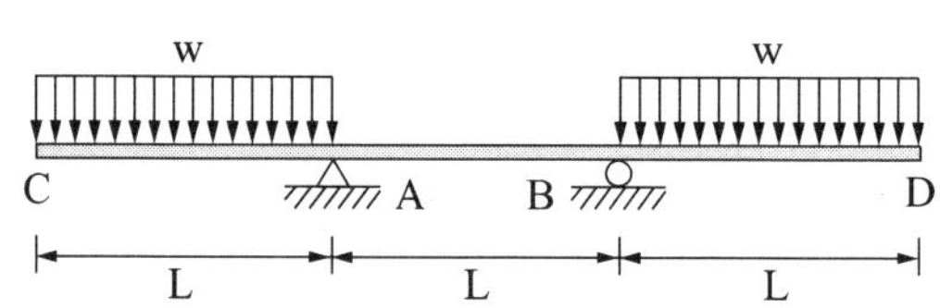

① 공액보

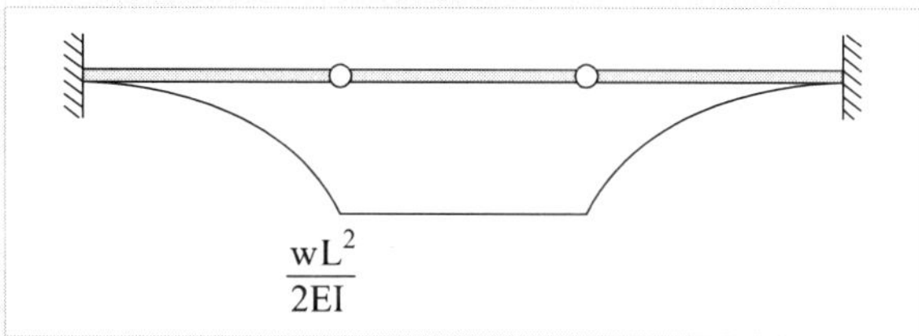

② CA자유물체도

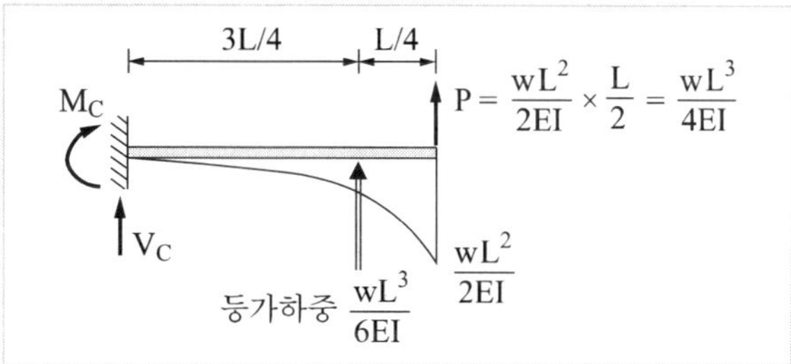

$$V_C = -\frac{5wL^3}{12EI}$$

$$\therefore \theta_C = -\frac{5wL^3}{12EI} \text{ (반시계방향)}$$

예제 7.16 다음 단순보의 지점의 처짐각을 구하시오.

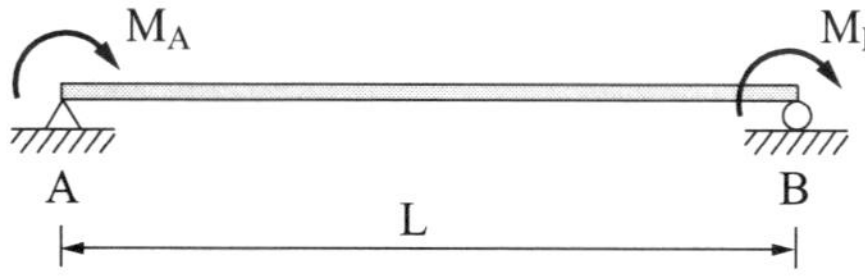

① 공액보

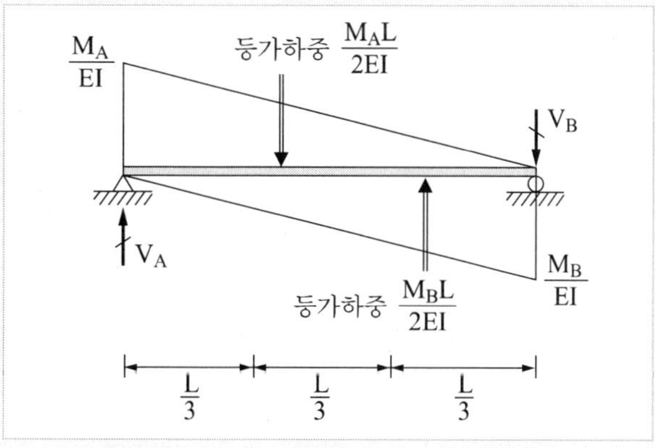

$$\sum M_{at\,A} = \frac{M_A L}{2EI}\frac{L}{3} - \frac{M_B L}{2EI}\frac{2L}{3} + LV_B = 0$$

$$\therefore V_B = -\frac{M_A L}{6EI} + \frac{M_B L}{3EI} \text{ (시계방향)}$$

$$\sum M_{at\,B} = LV_A - \frac{M_A L}{2EI}\frac{2L}{3} + \frac{M_B L}{2EI}\frac{L}{3} = 0$$

$$\therefore V_A = \frac{M_A L}{3EI} - \frac{M_B L}{6EI} \text{ (시계방향)}$$

예제 7.17 다음 보의 지점의 처짐각, 중앙점의 처짐을 구하시오(E = 일정).

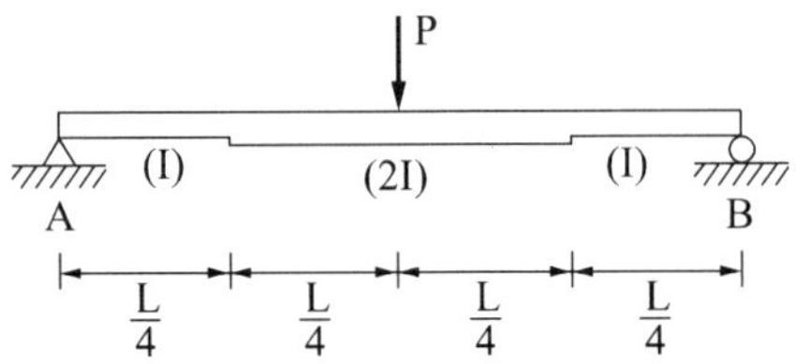

① 공액보

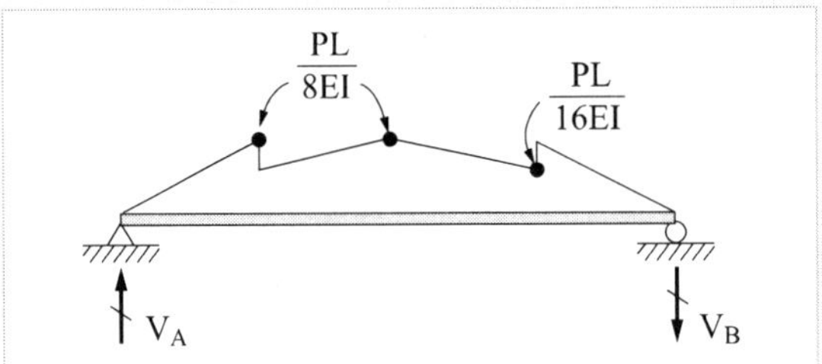

$$\therefore V_A = \frac{5PL^2}{128EI} \Leftrightarrow \theta_A \text{ (시계방향)}$$

$$\therefore V_B = -\frac{5PL^2}{128EI} \Leftrightarrow \theta_B \text{ (반시계방향)}$$

② 공액보 C단면 왼쪽 자유물체도

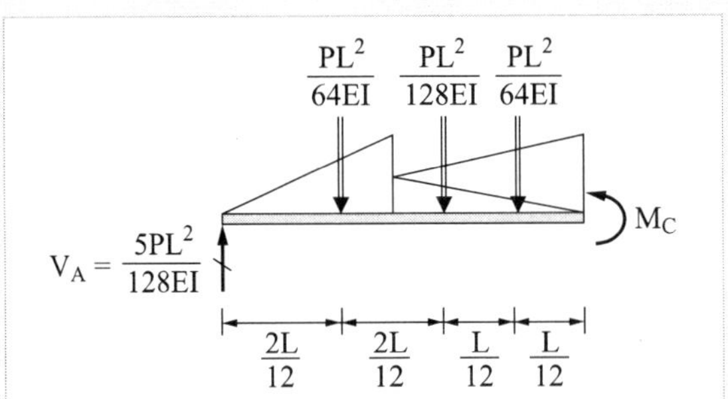

$$\therefore \delta_C = M_C = \frac{3PL^3}{256EI} \text{ (하향처짐)}$$

▌연습문제▐

7.1 다음 캔틸레버보에서 자유단의 처짐과 처짐각을 구하시오(EI = 일정).

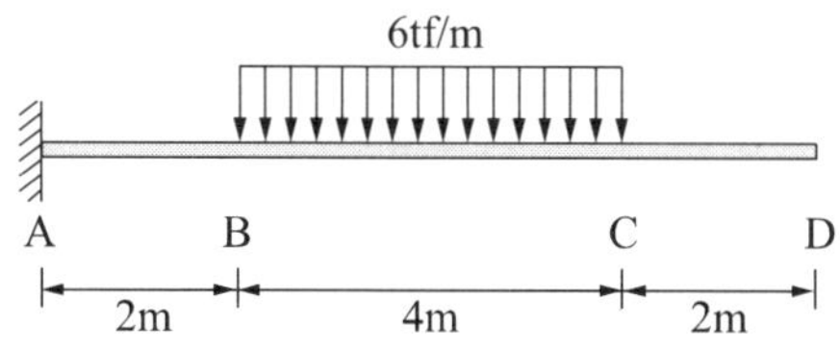

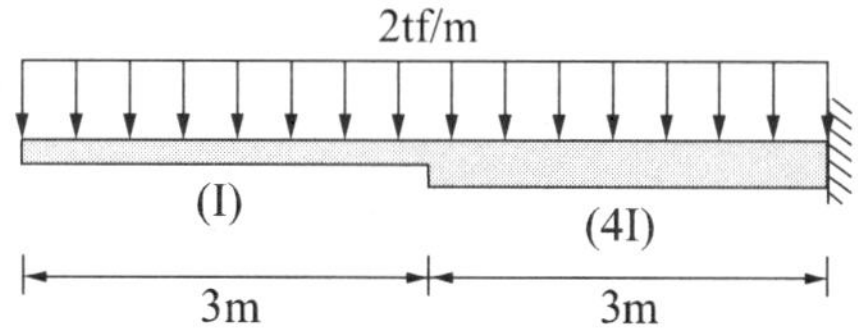

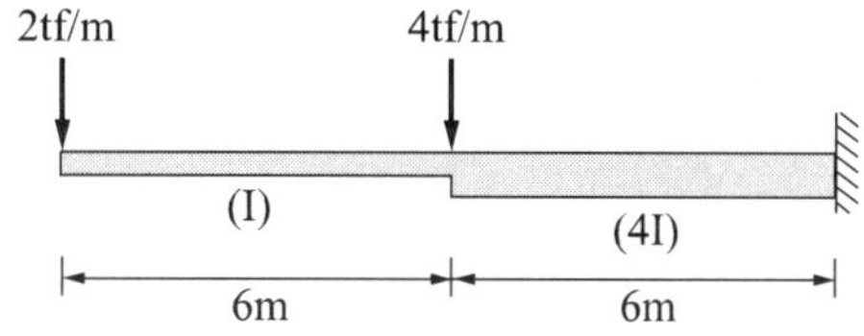

7.2 다음 보의 C점의 처짐과 처짐각을 구하시오. ($E = 2.0 \times 10^6 kgf/cm^2$)

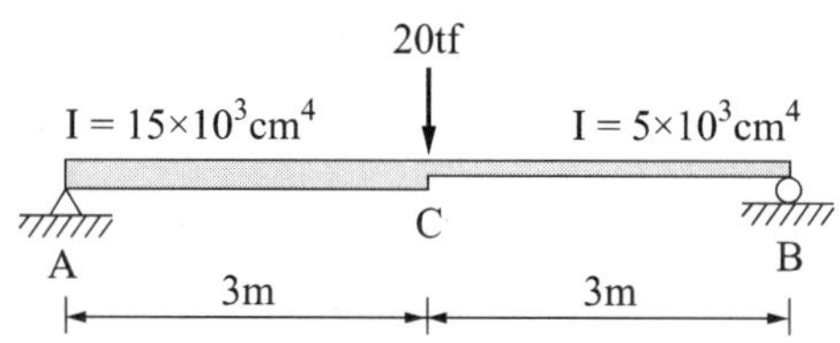

7.3 다음 보에서 C점의 처짐과 처짐각을 구하시오. ($E = 2.0 \times 10^6 kgf/cm^2$, $I = 5 \times 10^3 cm^4$)

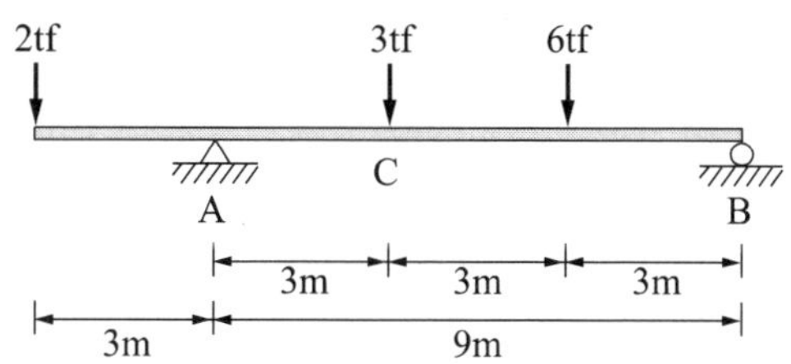

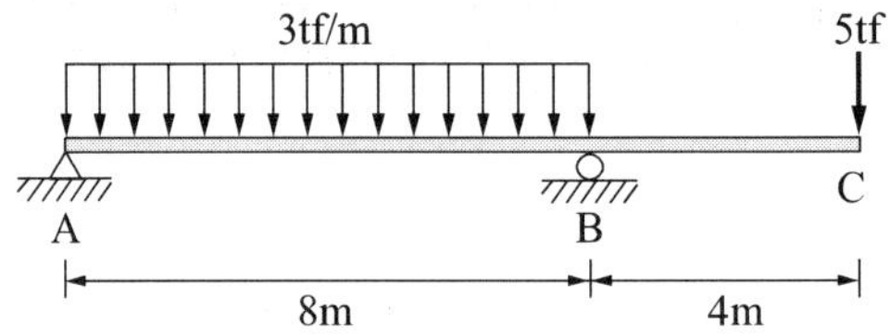

7.4 다음 보에서 내부힌지 C점의 처짐을 구하시오. ($E=2.0\times10^5$MPa, $I=2\times10^8$mm^4)

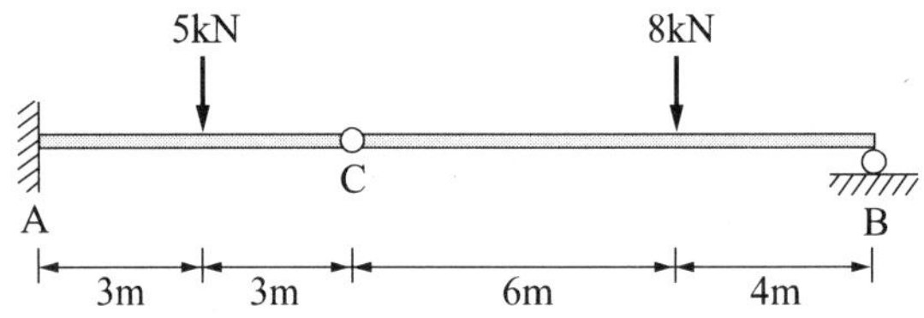

7.5 다음 보에서 D점의 처짐을 구하시오. ($E=2.0\times10^5$MPa, $I=3\times10^4$cm^4)

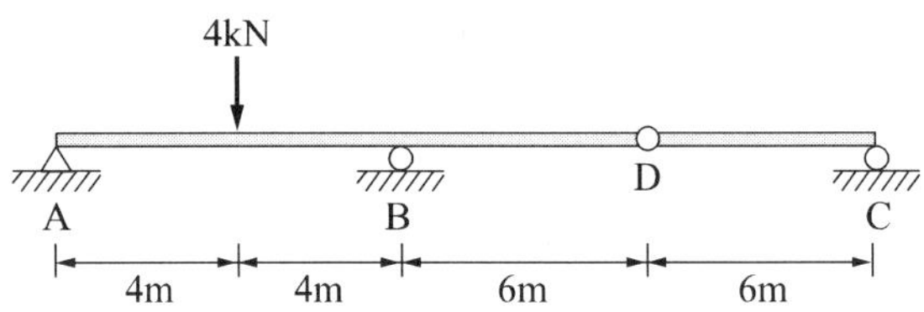

7.6 다음 보에서 A점의 처짐을 구하시오. ($E=1.5\times10^6$kgf/cm^2)

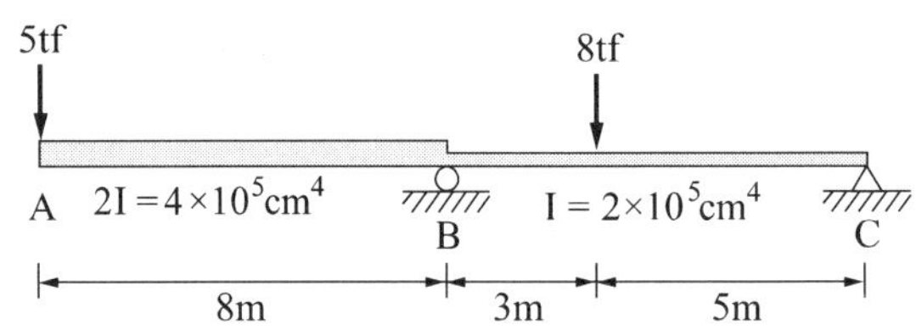

7.7 다음 보에서 C점의 처짐을 구하시오(EI = 일정).

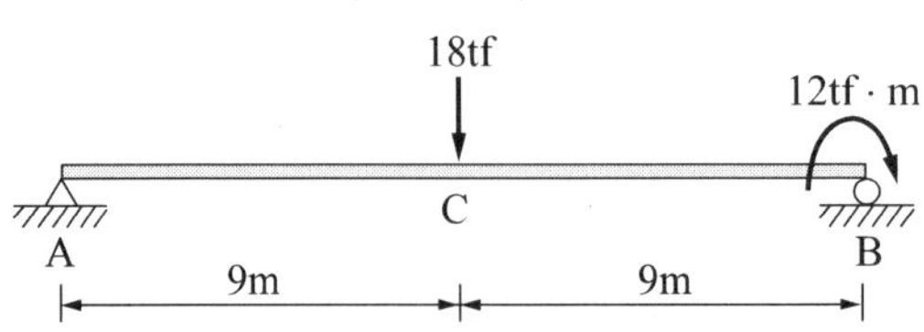

제 8 장

단위하중법 - 가상일의 원리

1717년 베르누이에 의해 소개된 가상일의 원리는 구조물의 처짐을 구하는 일반적인 해법으로서 다양한 구조에 적용 가능하여 유용한 방법이다. 실제 구조물에 하중에 의한 변형으로 실제 변위가 발생하고, 가상외력(단위하중)을 가했을 때 가상 내력이 발생한다. 이때, 가상 외부의 일과 가상 내부의 일이 동일하다는 것이 가상일의 원리이다.

가상 외부의 일 = 가상 내부의 일

위 식을 다시 쓰면

$$\sum(\text{가상외력} \times \text{실제의 외부변위}) = \sum(\text{가상내력} \times \text{실제의 변형})$$

위의 관계를 축변형만 고려한 트러스와 휨변형만 고려한 골조에 적용하면 아래와 같이 정리된다.

정리 단위하중법－트러스

$$\delta = \sum \frac{\mathrm{F\,f\,L}}{\mathrm{EA}}$$

여기서, F : 실제하중에 의한 부재력

f : 단위하중에 의한 부재력－단위하중은 처짐을 구하고자 하는 절점에 처짐 방향으로 작용시킨다.

정리 단위하중법－보와 골조

$$\delta = \sum \int \frac{Mm}{EI} dx$$

여기서, M : 실제하중에 의한 부재의 휨모멘트

m : 단위하중에 의한 부재의 휨모멘트－단위하중은 처짐을 구하고자 하는 절점에 처짐 방향으로 작용시킨다.

예제 8.1 다음 트러스 절점 F의 수직처짐을 구하시오(EA＝동일).

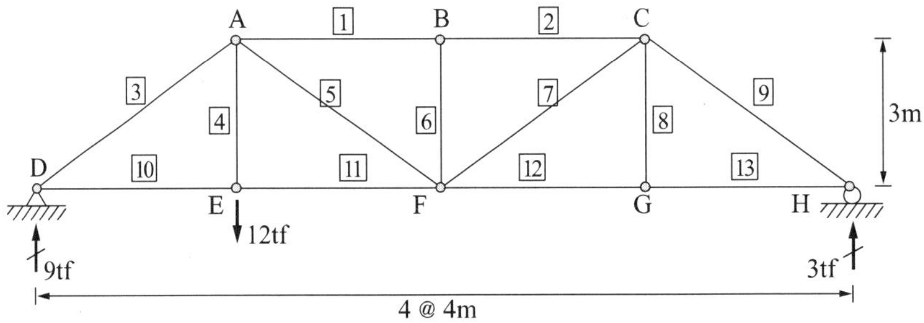

① 실제하중에 의한 부재력(F)

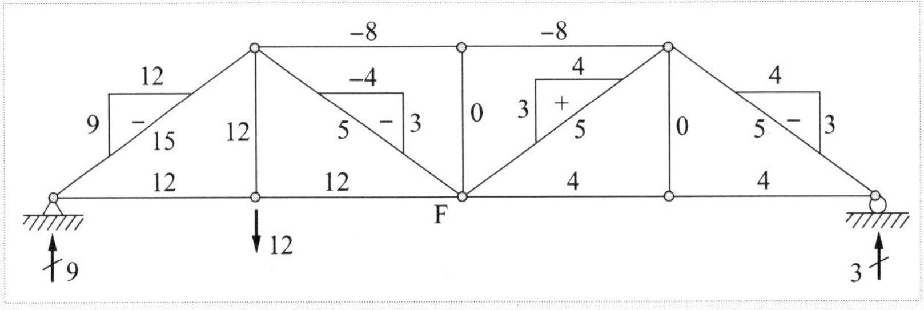

② 단위하중에 의한 부재력(f) : F절점에 수직방향 단위하중 작용시킴.

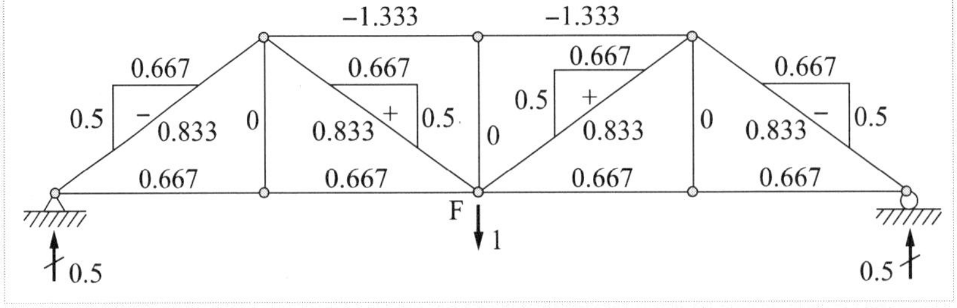

부재	F	f	L(m)	fFL
1	−8	−1.333	4	42.656
2	−8	−1.333	4	42.656
3	−15	−0.833	5	62.475
4	12	0	3	0
5	−5	0.833	5	−20.825
6	0	0	3	0
7	5	0.833	5	20.825
8	0	0	3	0
9	−5	−0.833	5	+20.825
10	12	0.667	4	32.016
11	12	0.667	4	32.016
12	4	0.667	4	10.672
13	4	0.667	4	10.672
합계				253.988

$$\therefore \delta_{F,\text{수직}} = \sum \frac{FfL}{EA} = \frac{253.988}{EA}\ [m]$$

절점 F의 수평 변위를 구하고자 할 경우에는 아래와 같이 단위하중을 F절점에 수평 단위하중을 작용시키고 단위하중법을 적용하면 된다.

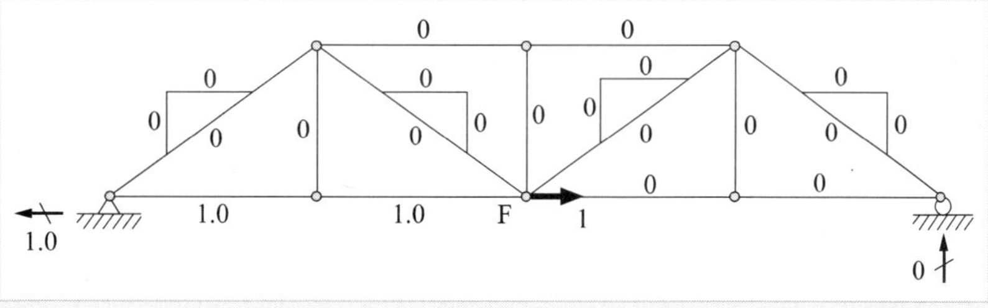

부재	F	f	L(m)	fFL
1	−8	0	4	0
2	−8	0	4	0
3	−15	0	5	0
4	12	0	3	0
5	−5	0	5	0
6	0	0	3	0
7	5	0	5	0
8	0	0	3	0

9	−5	0	5	0
10	12	1	4	48
11	12	1	4	48
12	4	0	4	0
13	4	0	4	0
합계				96

$$\therefore \delta_{F,\text{수평}} = \sum \frac{FfL}{EA} = \frac{96}{EA}$$

예제 8.2 다음 트러스의 절점에서 절점 E의 수직처짐을 구하시오(EA=동일).

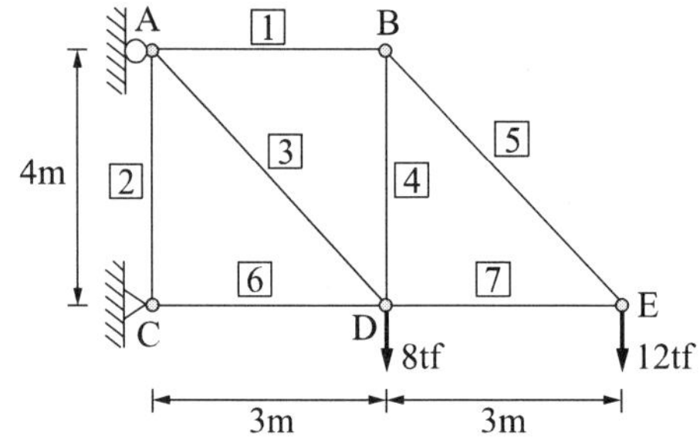

① 실제하중에 의한 부재력(F)

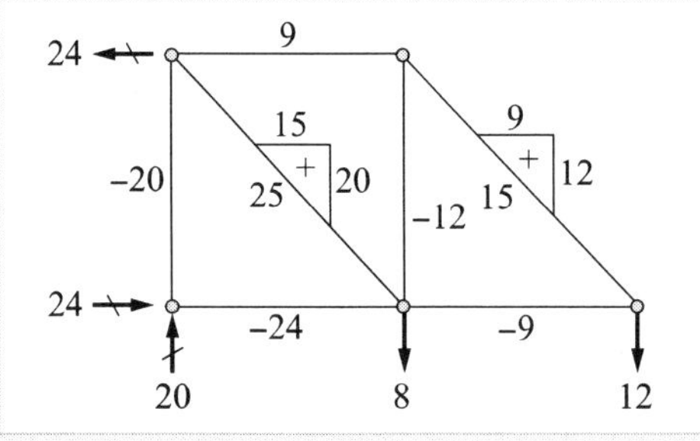

② 단위하중에 의한 부재력(f) : E절점에 수직방향 단위하중 작용시킴.

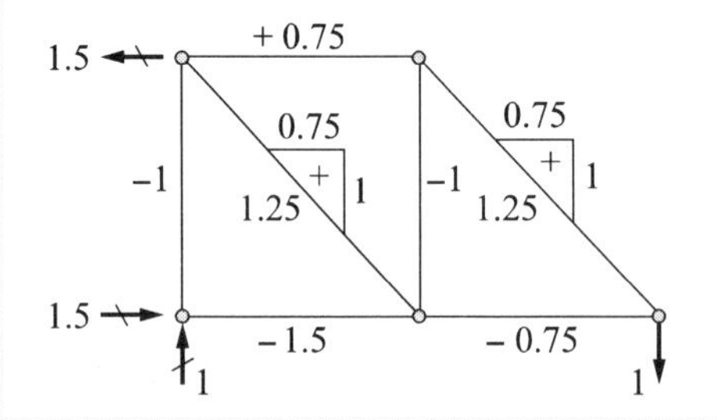

부재	F	f	L(m)	fFL
1	9	0.75	3	20.25
2	−20	−1	4	80
3	25	1.25	5	156.25
4	−12	−1	4	48
5	15	1.25	5	93.75
6	−24	−1.5	3	108
7	−9	−0.75	3	20.25
합계				526.5

$$\therefore \delta_{E,수직} = \sum \frac{FfL}{EA} = \frac{526.5}{EA} \text{ [m]}$$

예제 8.3 다음 트러스에서 절점 A의 수평처짐을 구하시오(EA = 40,000kN).

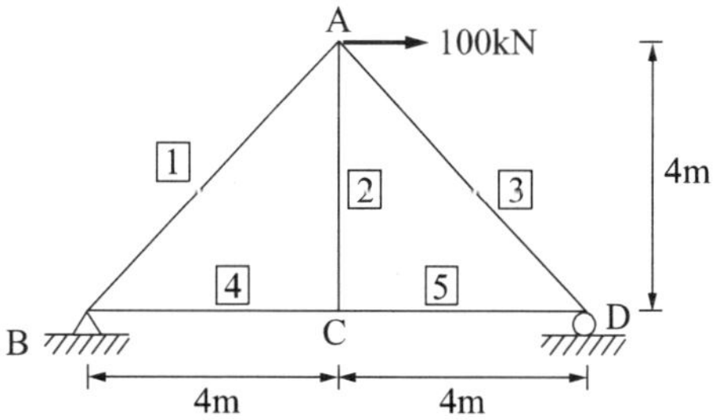

① 실제하중에 의한 부재력(F)

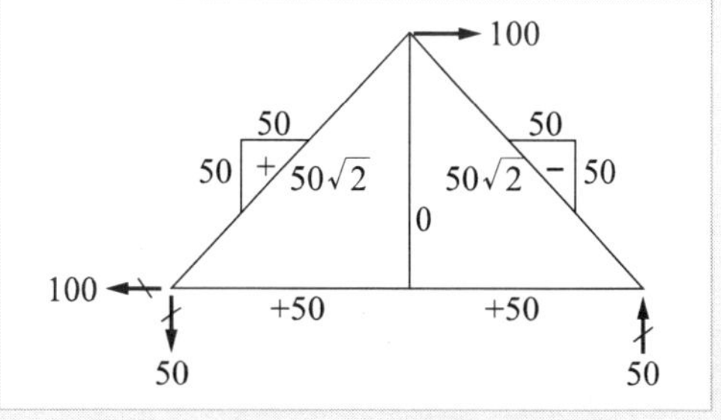

② 단위하중에 의한 부재력(f) : A절점에 수평방향 단위하중을 작용시킴.

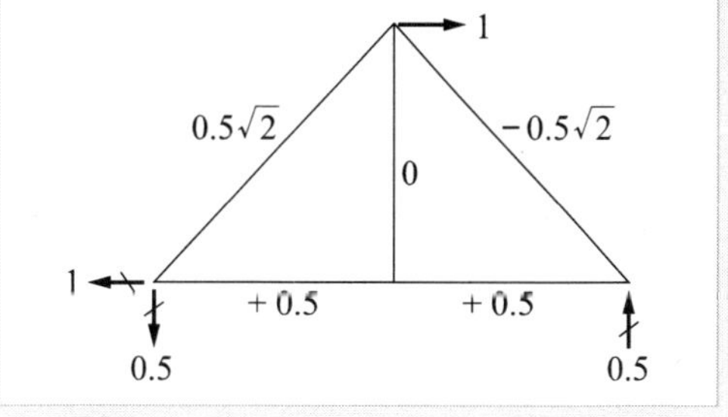

부재	F	f	L(m)	fFL
1	$50\sqrt{2}$	$+0.5\sqrt{2}$	$4\sqrt{2}$	$200\sqrt{2}$
2	0	0	4	0
3	$-50\sqrt{2}$	$-0.5\sqrt{2}$	$4\sqrt{2}$	$200\sqrt{2}$
4	50	0.5	4	100
5	50	0.5	4	100
합계				765.69

$$\therefore \delta_{A,수평} = \sum \frac{FfL}{EA} = \frac{765.69}{40,000} = 0.01914\,m = 1.914\,cm$$

예제 8.4 다음 캔틸레버보의 자유단의 처짐각과 처짐을 구하시오(EI = 일정).

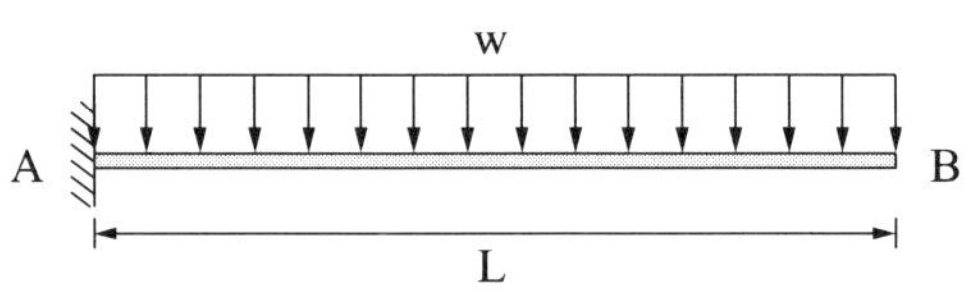

① 실제구조물 : $M = -\frac{wx^2}{2}$

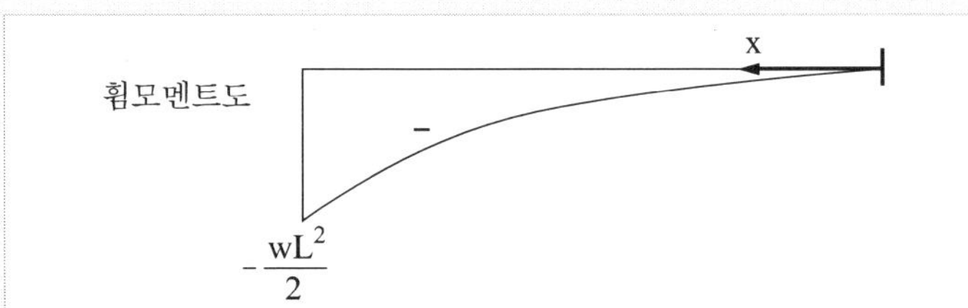

② 자유단 처짐각을 위한 가상 구조물 : m = −1

③ 단위하중법

$$\theta_B = \sum \int \frac{Mm}{EI} dx = \frac{1}{EI} \int_0^L \frac{wx^2}{2} dx = \frac{wL^3}{6EI}$$

④ 자유단 처짐을 위한 가상 구조 : $m = -x$

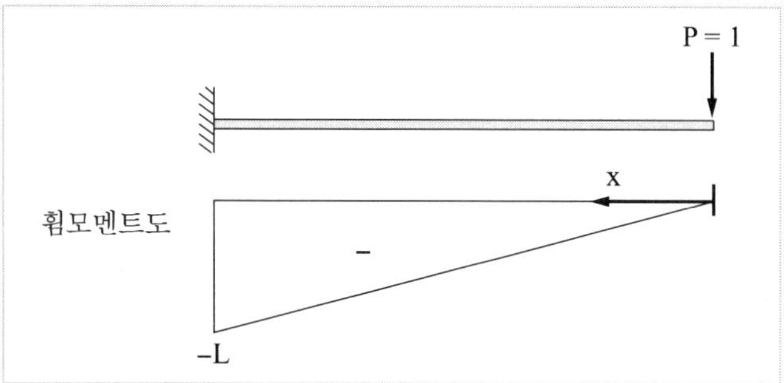

⑤ 단위하중법

$$\delta_B = \sum \int \frac{Mm}{EI} dx = \frac{1}{EI}\int_0^L \frac{wx^3}{2} dx = \frac{wL^4}{8EI}$$

예제 8.5 A의 수평 변위를 단위하중법으로 구하시오(EI = 일정).

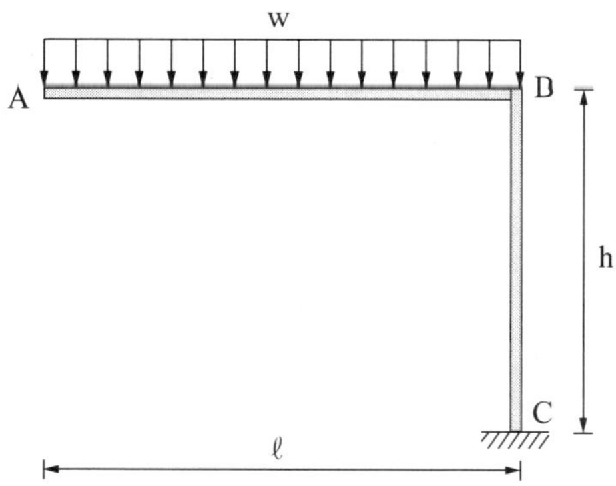

① 실제하중 휨모멘트도

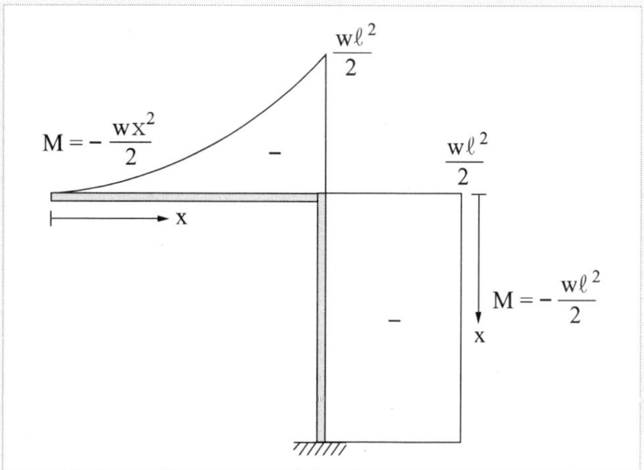

② 단위하중 휨모멘트도

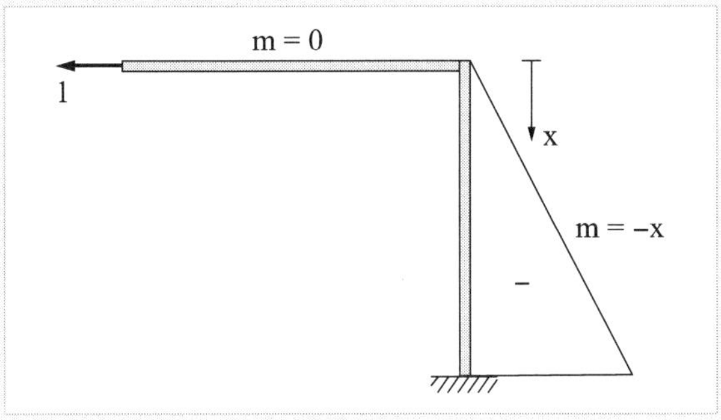

$$\delta_B = \sum \int \frac{Mm}{EI} dx = \frac{1}{EI} \int_0^h \frac{w\ell^2}{2} x\, dx = \frac{w\ell^2 h^2}{4EI}$$

예제 8.6 D의 수평처짐을 단위하중법으로 구하시오.

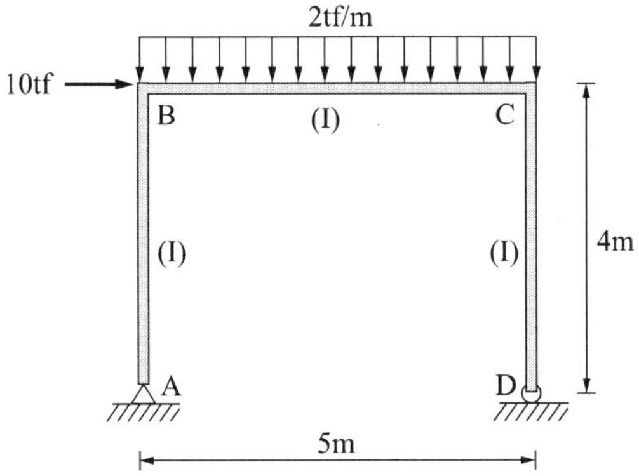

① 반력

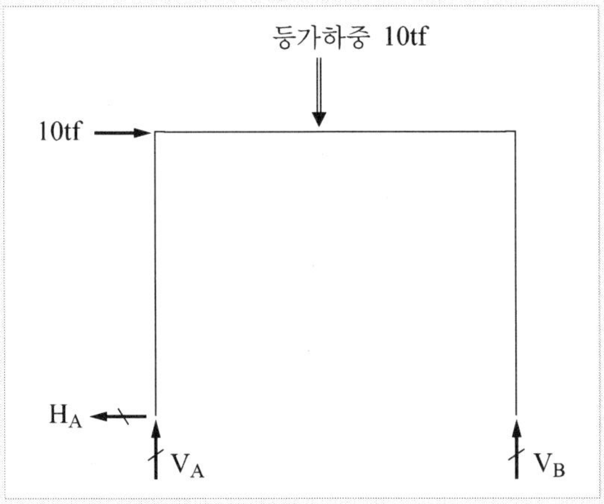

$$\sum M_{at\,A} = 10 \times 4 + 10 \times 2.5 - 5V_B = 0$$

$\therefore V_B = 13\,tf$

$\therefore V_A = -3\,tf$ (하향 반력)

$\therefore H_A = 10\,tf$

② 부재별 자유물체도

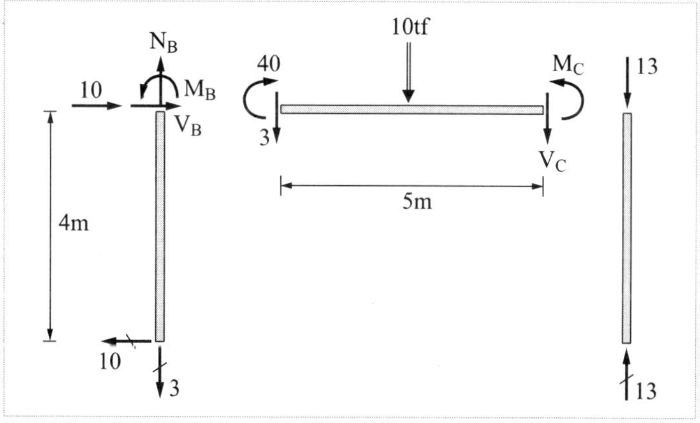

왼쪽 자유물체도에서

$N_B = 3$, $V_B = 0$, $M_B = 40$

중앙 자유물체도에서

$\sum F_V = -3 - 10 - V_C = 0$ $\quad\therefore V_C = -13$

$\sum M_{at\,C} = 40 - 5 \times 3 - 10 \times 2.5 - M_C = 0$ $\quad\therefore M_C = 0$

③ 전단력도

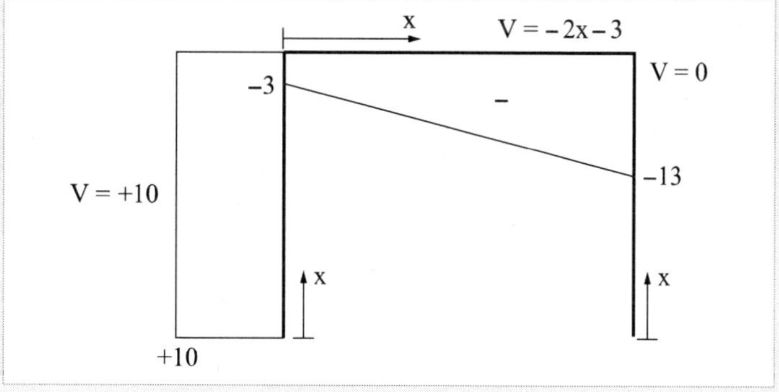

④ 휨모멘트도

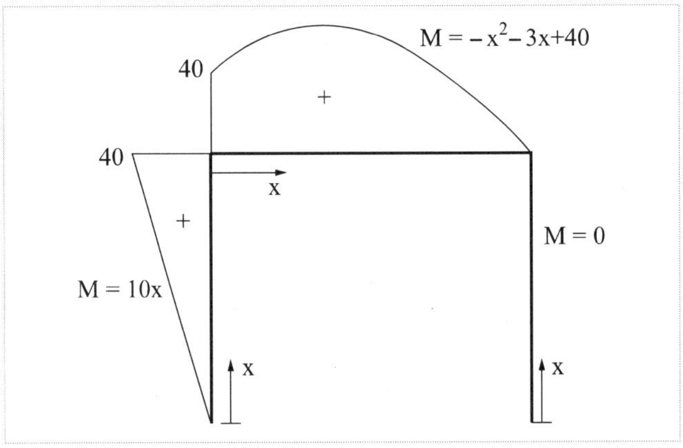

⑤ 가상역계

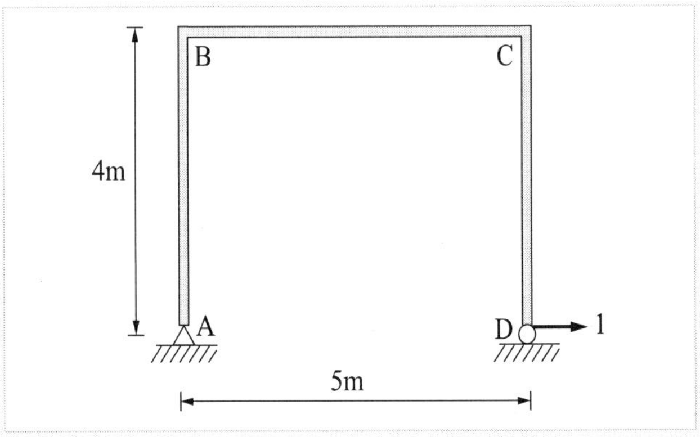

⑥ 가상역계 휨모멘트도

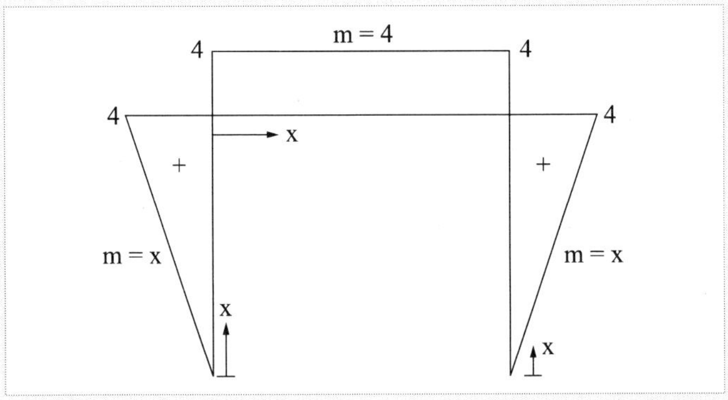

⑦ 단위하중법

$$\delta_B = \sum \int \frac{Mm}{EI} dx = \frac{1}{EI}\int_0^4 (10x)(x)dx + \frac{1}{EI}\int_0^5 4(-x^2-3x+40)dx$$
$$= \frac{696.67}{EI}$$

예제 8.7 다음 구조물의 C단면의 처짐은?

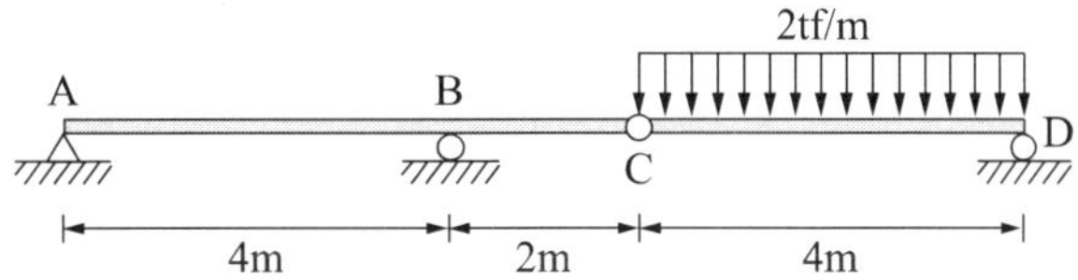

① 실제역계의 휨모멘트도

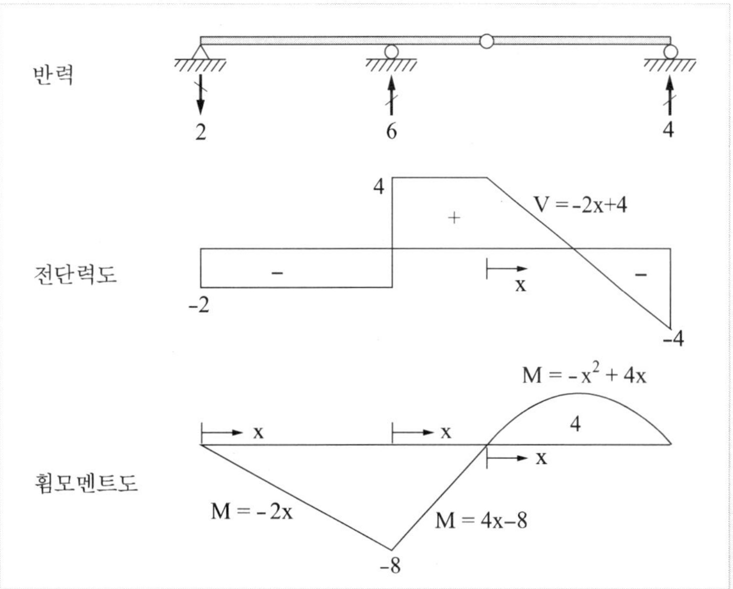

② 가상역계의 휨모멘트도

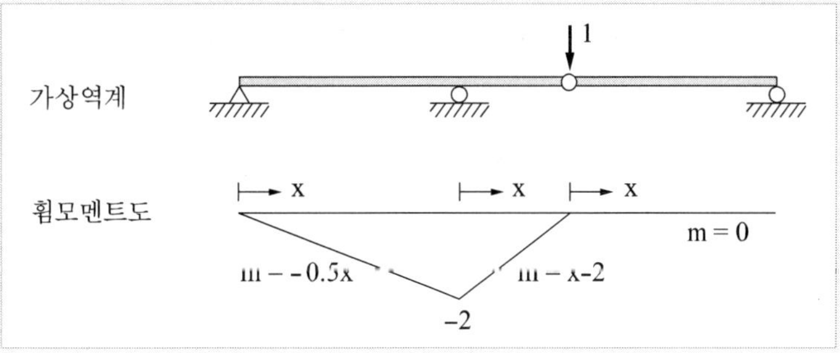

③ 단위하중법

$$\delta_B = \sum \int \frac{Mm}{EI} dx = \frac{1}{EI}\int_0^4 (-2x)(-0.5x)dx + \frac{1}{EI}\int_0^2 (+4x-8)(x-2)dx$$

$$= \frac{32}{EI}$$

예제 8.8 D점의 수직 처짐을 구하시오(EI = 일정).

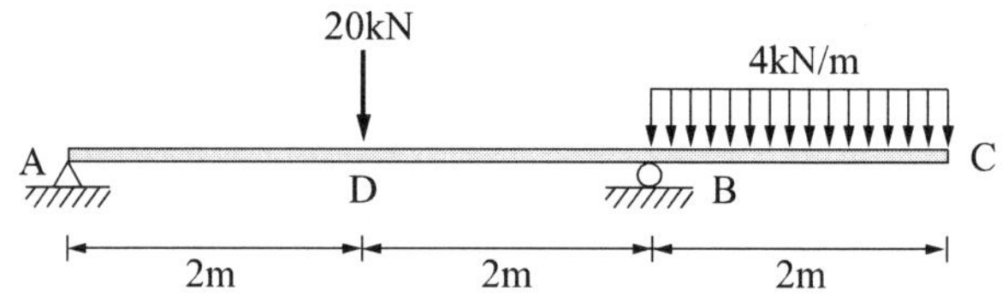

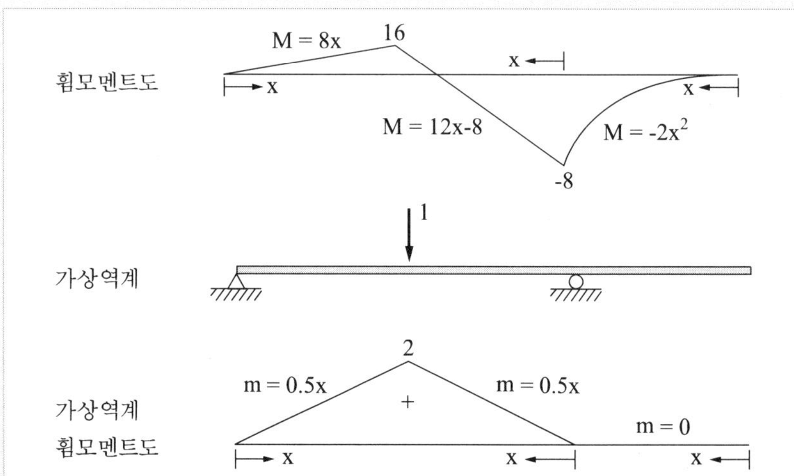

① 단위하중법

$$\delta_B = \sum \int \frac{Mm}{EI} dx = \frac{1}{EI}\int_0^2 (8x)(0.5x)dx + \frac{1}{EI}\int_0^2 (12x-8)(0.5x)dx$$

$$= \frac{18.67}{EI}$$

예제 8.9 다음 골조의 자유단의 수평변위를 구하시오.

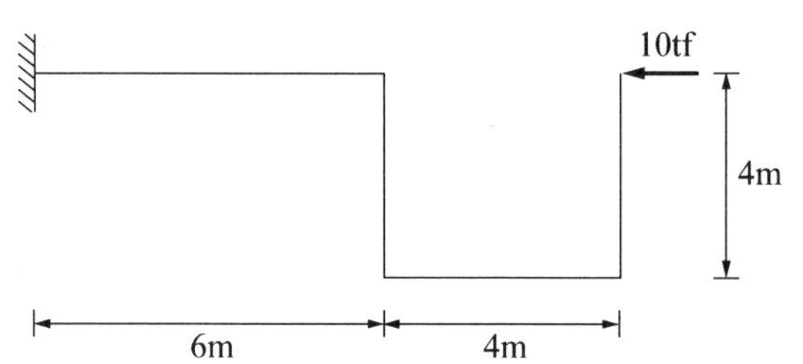

① 실제역계의 자유물체도

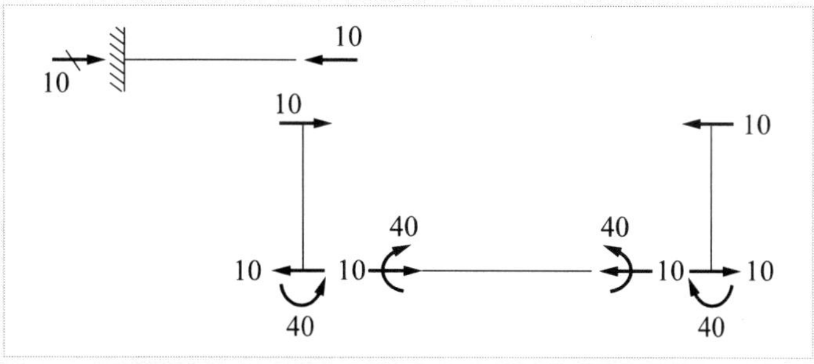

② 실제역계의 휨모멘트도

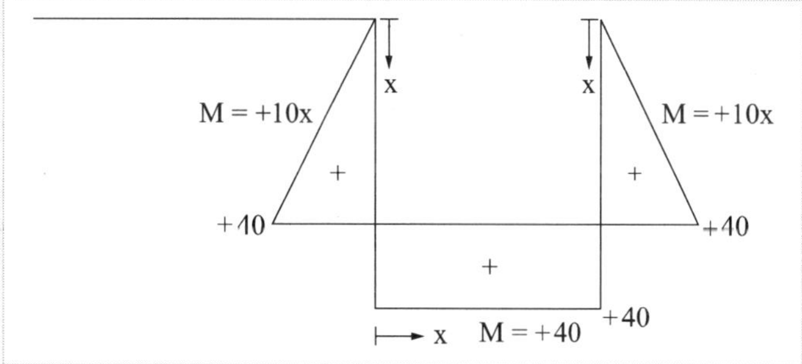

③ 가상역계 휨모멘트도 : 실제 역계의 1/10

④ 단위하중법

$$\delta_B = \sum\int \frac{Mm}{EI}dx = \frac{1}{EI}\int_0^4 (10x)(x) + (40)(4) + (10x)(x)dx$$

$$= \frac{1066.7}{EI}$$

예제 8.10 합성 구조 : 케이블로 지지된 보의 수직처짐 δ_D를 구하시오.

(단, $E = 2\times10^6 kgf/cm^2$, 보의 $I = 5\times10^5 cm^4$, 케이블의 $A = 10cm^2$)

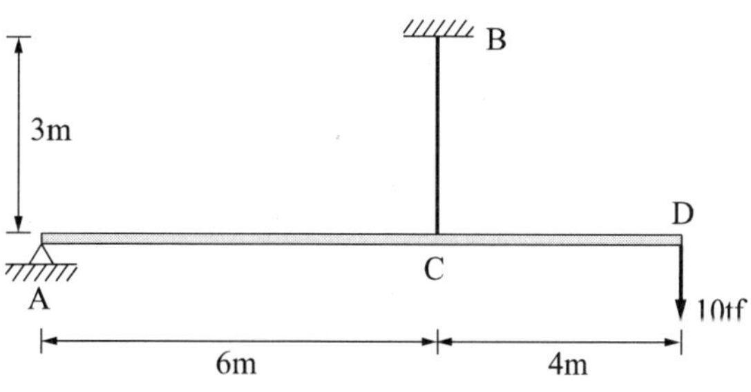

$EA = 2 \times 10^4 tf$

$EI = 1 \times 10^5 tf \cdot m^2$

① 실제역계의 반력

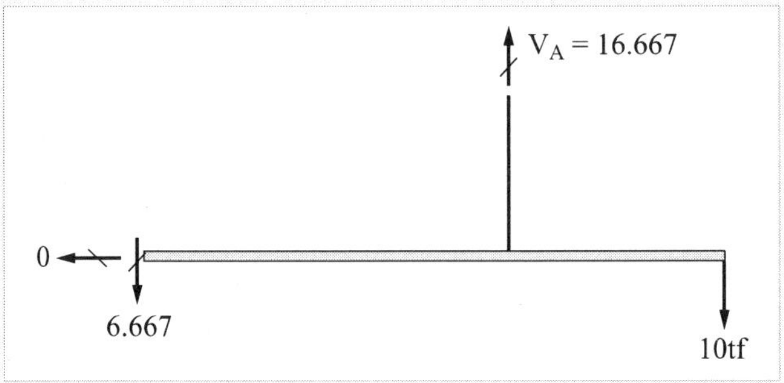

케이블의 부재력 $F = +16.667tf$

② 보의 휨모멘트도

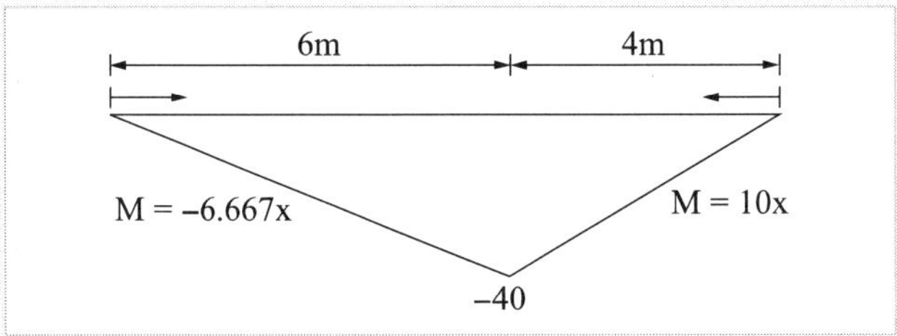

가상역계의 부재력과 휨모멘트는 실제역계의 1/10

$\therefore f = 1.667tf$

$\therefore m = -0.667x\ ,\ m = -x$

케이블은 축변형, 보는 휨변형만 한다고 가정하면 다음과 같은 식이 된다.

$$\delta_B = \sum \frac{FfL}{EA} + \sum \int \frac{Mm}{EI} dx$$

$$= \frac{(16.667)(1.667)(3)}{EA} + \frac{1}{EI}\left[\int_0^6 (-6.667x)(-0.667x)dx + \int_0^4 (10x)(x)dx\right]$$

$$= \frac{83.35}{EA} + \frac{533.37}{EI}$$

$$= \frac{83.35}{2 \times 10^4} + \frac{533.37}{1 \times 10^5} = 0.0095m = 0.95cm$$

▌연습문제▐

8.1 다음 트러스의 절점 D의 수직처짐을 구하시오(EA = 동일).

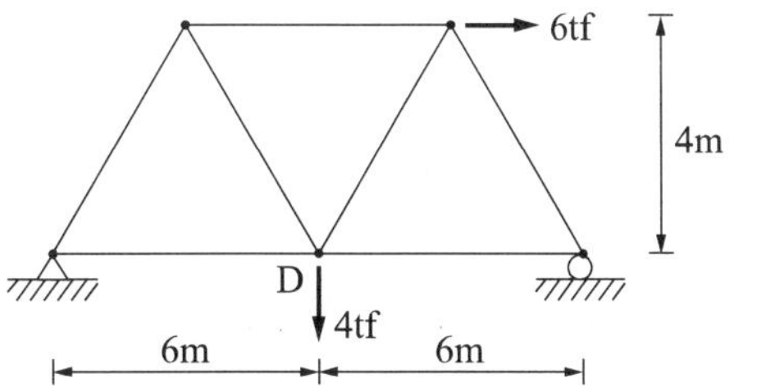

8.2 다음 구조에서 C점의 수직처짐을 구하시오(EI = 일정).

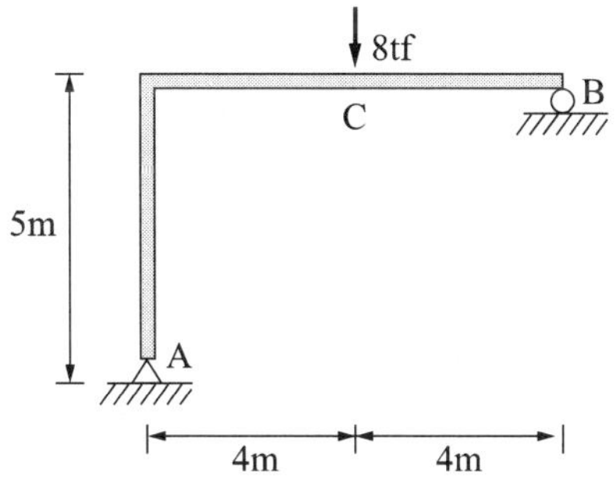

8.3 다음과 같이 케이블로 지지된 보의 절점 B의 수직처짐을 구하시오.
(단, $E = 2\times10^6\mathrm{kgf/cm^2}$, 보의 $I = 4\times10^5\mathrm{cm^4}$, 케이블의 $A = 10\mathrm{cm^2}$)

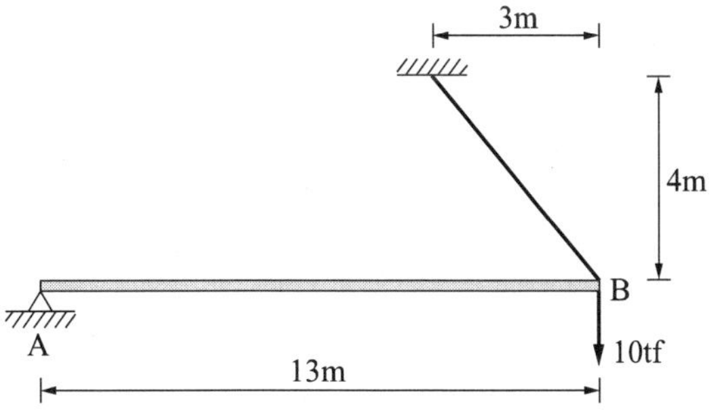

제 9 장

직접적분법

보의 곡률과 휨모멘트의 관계는 다음 식과 같다.

$$\frac{1}{\rho} = \frac{M(x)}{EI} \tag{9.1}$$

미적분학에서 임의의 점 (x,y)의 곡률은 다음과 같은 식으로 표시된다.

$$\frac{1}{\rho} = \frac{\dfrac{d^2y}{dx^2}}{\left[1+\left(\dfrac{dy}{dx}\right)^2\right]^{\frac{3}{2}}} \tag{9.2}$$

보의 처짐곡선의 기울기 $\dfrac{dy}{dx}$는 매우 작으며, 그 제곱인 $\left(\dfrac{dy}{dx}\right)^2$은 1보다 훨씬 작기 때문에 무시할 수 있다. 그러므로 위의 식의 분모는 1이 되어 다음과 같이 간략해진다.

$$\frac{1}{\rho} = \frac{d^2y}{dx^2} \tag{9.3}$$

이 식을 식 (9.1)에 대입하면 다음과 같이 된다.

$$\frac{d^2y}{dx^2} = \frac{M(x)}{EI} \tag{9.4}$$

위의 식이 탄성곡선에 대한 지배 미분방정식이다. EI는 휨강성(flexural rigidity)이라 하며,

휨에 대해 저항하는 척도를 나타내는 것으로, 재료적 성질(E)과 단면의 기하학적 성질(I)로 구성된다. 휨강성이 단면에 따라 변하지 않는 경우에는 아래와 같이 적분하여 위의 식을 표현할 수 있다.

$$EI\frac{dy}{dx} = \int_0^x M(x)dx + C_1 \tag{9.5}$$

여기서, C_1은 적분상수이다. 탄성곡선의 임의의 점에서 그 접선과 수평선이 이루는 라디안(radian) 단위의 각을 처짐각 $\theta(x)$라고 하고, 이 각이 매우 작음을 기억하면 다음과 같이 쓸 수 있다.

$$\frac{dy}{dx} = \tan\theta \simeq \theta(x) \tag{9.6}$$

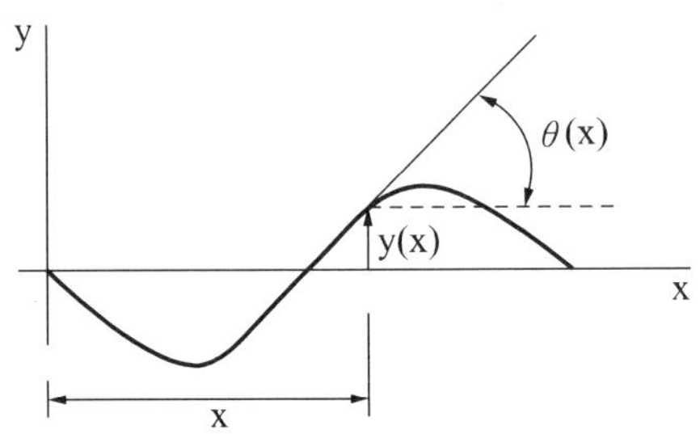

그림 9.1 탄성곡선이 처짐 및 처짐각

따라서 위 식을 다음과 같이 다른 형태로 쓸 수 있다

$$EI\theta(x) = \int_0^x M(x)dx + C_1 \tag{9.7}$$

식 (9.5)의 양변을 x로 적분하면 다음과 같이 된다.

$$\begin{aligned} EIy &= \int_0^x \left[\int_0^x M(x)dx + C_1 \right] dx + C_2 \\ &= \int_0^x \left[\int_0^x M(x)dx \right] dx + C_1x + C_2 \end{aligned} \tag{9.8}$$

적분상수 C_1과 C_2는 지점조건(경계조건)으로부터 결정된다. 따라서 구할 적분상수가 많은 구조계에서는 직접적분법이 번거로운 방법이다.

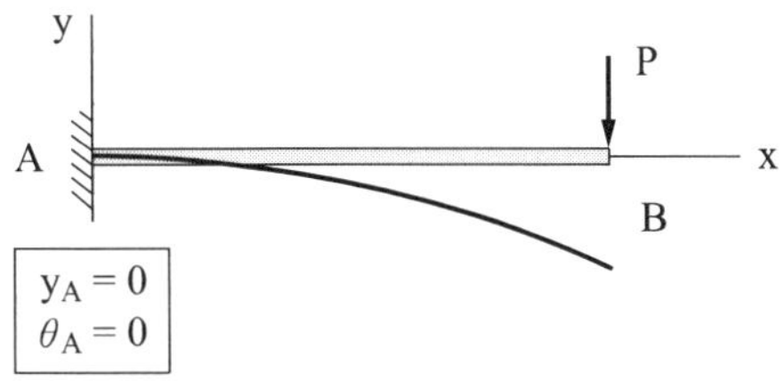

(a) 외팔보

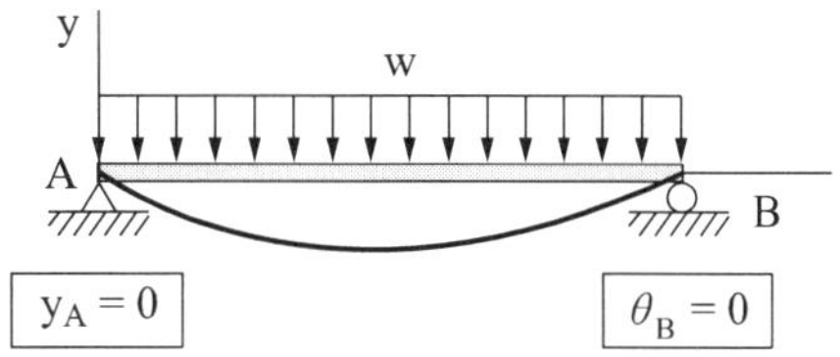

(b) 단순보

그림 9.2 보의 경계조건 예

식 (9.8)을 이용하여 보의 처짐을 구하는 과정은 직접적분법, 이중적분법, 탄성곡선식법 등으로 명명된다.

예제 9.1 아래와 같은 하중에 대하여 외팔보 자유단의 처짐각과 처짐을 구하시오(EI = 일정).

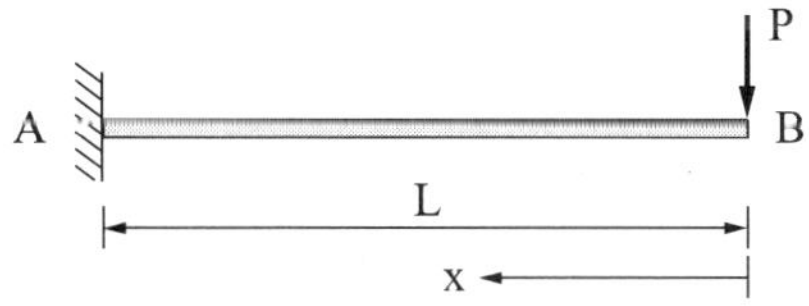

직접적분법은 휨모멘트식을 이용하므로 이 식이 간단히 표현되도록 자유단에서 원점을 취해 고정단 쪽으로 x축을 잡았다. 그러면 휨모멘트식이 아래와 같다.

$$M = -Px$$

탄성곡선 지배방정식은 아래와 같다.

$$EI\frac{d^2y}{dx^2} = -Px$$

이 식을 적분한다.

$$EI\frac{dy}{dx} = -\frac{Px^2}{2} + C_1$$

고정단 A에서 처짐각이 0이므로 $x = L$에서 $\frac{dy}{dx} = \theta(x) = 0$의 경계조건을 사용하면 $C_1 = \frac{PL^2}{2}$이다. 이 값을 대입하고 정리한다.

$$EI\frac{dy}{dx} = -\frac{Px^2}{2} + \frac{PL^2}{2}$$

이 식의 양변을 한 번 더 적분한다.

$$EIy = -\frac{Px^3}{6} + \frac{PL^2x}{2} + C_2$$

고정단 A에서 처짐이 0이므로 $x = L$에서 $y = 0$의 경계조건을 위 식에 대입한다.

$$0 = -\frac{PL^3}{6} + \frac{PL^3}{2} + C_2$$

$$C_2 = -\frac{PL^3}{3}$$

그러므로 탄성곡선식은 다음과 같다.

$$y = \frac{P}{6EI}(-x^3 + 3L^2x - 2L^3)$$

위의 식에 $x = 0$을 대입하면 자유단의 처짐을 구할 수 있다.

$$\therefore y_B = -\frac{PL^3}{3EI}$$

y는 상향이 +이므로 위의 값이 음인 것은 처짐이 아랫방향임을 의미한다. 식 (9.7)을 이용하든지 아니면 위의 탄성곡선식을 미분하면 처짐각식을 구할 수 있다.

$$\theta = \frac{dy}{dx} = \frac{P}{2EI}(-x^2 + L^2)$$

위의 식에 $x = 0$을 대입하면 자유단의 처짐각을 구할 수 있다.

$$\theta_A = \frac{PL^2}{2EI}$$

예제 9.2 균일단면 외팔보가 아래와 같은 하중을 받을 때, 자유단의 처짐각과 처짐을 구하시오.

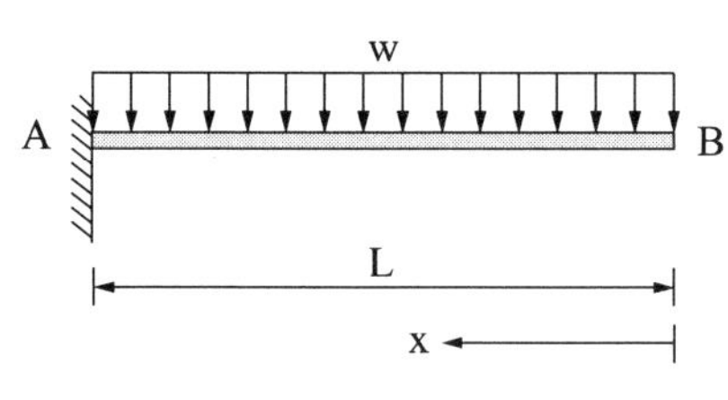

앞의 예제와 하중만 바뀌었다. 즉, 휨모멘트 식만 아래와 같이 다르다.

$$M = -\frac{wx^2}{2}$$

나머지는 앞의 예제와 유사하게 하면 된다.
탄성곡선 지배방정식은 다음과 같다.

$$EI\frac{d^2y}{dx^2} = -\frac{wx^2}{2}$$

이 식을 적분한다.

$$EI\frac{dy}{dx} = \int_0^x -\frac{wx^2}{2}dx + C_1 = -\frac{wx^3}{6} + C_1$$

x = L에서 $\frac{dy}{dx} = 0$의 경계조건을 사용하면 $C_1 = \frac{wL^3}{6}$이다.

$$\therefore EI\frac{dy}{dx} = -\frac{wx^3}{6} + \frac{wL^3}{6}$$

위 식을 한 번 더 적분한다.

$$EIy = -\frac{wx^4}{24} + \frac{wL^3}{6}x + C_2$$

x = L에서 y = 0의 경계조건을 사용하면 $C_2 = -\frac{wL^4}{8}$이다.

$$\therefore y = \frac{1}{EI}\left(-\frac{wx^4}{24} + \frac{wL^3}{6}x - \frac{wL^4}{8}\right)$$

$$= \frac{w}{24EI}(-x^4 + 4L^3x - 3L^4)$$

위의 식에 x = 0을 대입하면 자유단의 처짐을 구할 수 있다.

$$\therefore y_B = -\frac{wL^4}{8EI}$$

탄성곡선식을 미분하여 처짐각식을 구할 수 있다.

$$\therefore \theta = \frac{1}{EI}\left(-\frac{wx^3}{6} + \frac{wL^3}{6}\right) = \frac{w}{6EI}(-x^3 + L^3)$$

위의 식에 x = 0을 대입하면 자유단의 처짐각을 구할 수 있다.

$$\therefore \theta_A = \frac{wL^3}{6EI}$$

예제 9.3 단순보가 균일단면일 때, 아래와 같은 하중에 대하여 양단의 처짐각과 최대처짐을 구하시오.

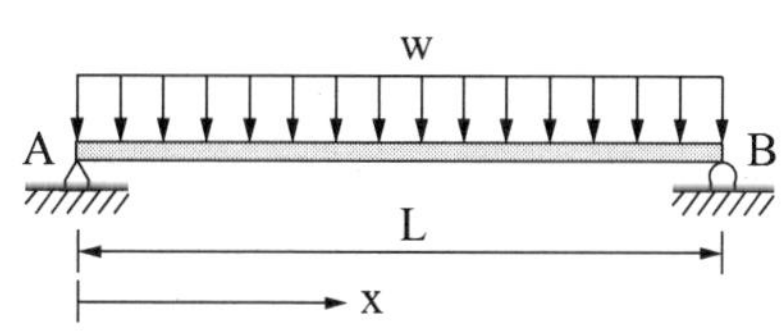

휨모멘트식 : $M = -\frac{wx^2}{2} + \frac{wLx}{2}$

처짐각식 : $EI\frac{d^2y}{dx^2} = -\frac{wx^2}{2} + \frac{wLx}{2}$

x에 관하여 적분 : $EI\frac{dy}{dx} = -\frac{wx^3}{6} + \frac{wLx^2}{4} + C_1$

단순보는 처짐각$\left(\frac{dy}{dx}\right)$에 관한 경계조건이 없으므로 위의 식을 한 번 더 적분하고 적분상수를 구한다.

$$EIy = -\frac{wx^4}{24} + \frac{wLx^3}{12} + C_1x + C_2$$

이 식에 지점조건 $x=0$에서 $y=0$을 대입하면 $C_2=0$을 얻는다.
다른 지점조건 $x=L$에서 $y=0$을 대입하면

$$0 = -\frac{wL^4}{24} + \frac{wL^4}{12} + C_1L$$

$$C_1 = -\frac{wL^3}{24}$$

그러므로 탄성곡선과 처짐각식이 구해진다.

$$y = \frac{w}{24EI}(-x^4+2Lx^3-L^3x)$$

$$\theta = \frac{w}{24EI}(-4x^3+6Lx^2-L^3)$$

양단의 처짐각은 처짐각 식에 각각 $x=0$과 $x=L$을 대입한다.

$$\therefore \theta_A = -\frac{wL^3}{24EI} \quad \text{(시계방향)}$$

$$\therefore \theta_B = +\frac{wL^3}{24EI} \quad \text{(반시계방향)}$$

최대처짐은 중앙점에서 발생하므로 $x=\frac{L}{2}$을 탄성곡선식에 대입한다.

$$\therefore y_{max} = \frac{w}{24EI}\left(-\frac{L^4}{16} + 2L\frac{L^3}{8} - L^3\frac{L}{2}\right)$$

$$= -\frac{wL^4}{384EI} \quad \text{(하향처짐)}$$

예제 9.4 아래와 같은 하중에 대하여 양단의 처짐각과 C의 처짐을 구하시오.

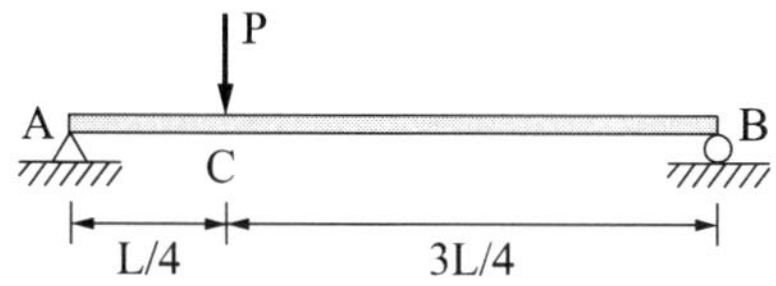

처짐곡선

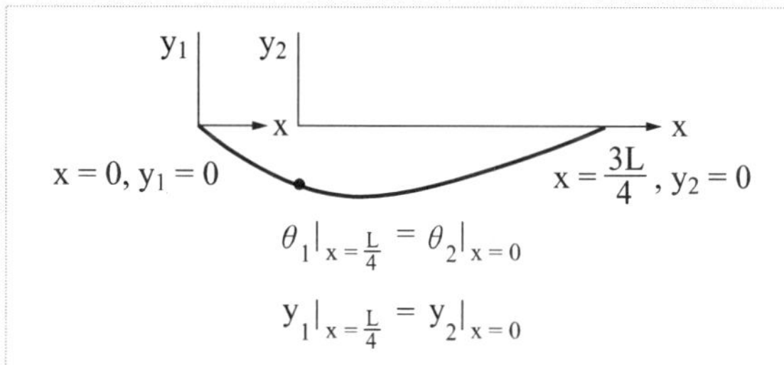

집중하중을 받는 단순보의 휨모멘트식은 AC와 BC구간으로 나누어 구해지므로 두 구간으로 나누어 탄성곡선을 구한다. 따라서 4개의 적분상수를 구해야 하며, 경계조건도 4개가 되어야 한다.

1. AC구간

휨모멘트식 : $M = \frac{3P}{4}x$

처짐각식 : $EI\frac{d^2y_1}{dx^2} = \frac{3P}{4}x$

x에 관하여 적분 : $EI\,\theta_1 = EI\frac{dy_1}{dx} = \frac{3P}{8}x^2 + C_1$

x에 관하여 다시 적분 : $EI\,y_1 = \frac{P}{8}x^3 + C_1x + C_2$

2. BC구간 : C점을 원점으로 함.

휨모멘트식 : $M = -\frac{P}{4}x + \frac{3PL}{16}$

처짐각식 : $EI\frac{d^2y_2}{dx^2} = -\frac{P}{4}x + \frac{3PL}{16}$

x에 관하여 적분 : $EI\,\theta_2 = EI\frac{dy_2}{dx} = -\frac{P}{8}x^2 + \frac{3PL}{16}x + C_3$

x에 관하여 다시 적분 : $EI\,y_2 = -\frac{P}{24}x^3 + \frac{3PL}{32}x^2 + C_3x + C_4$

3. 경계조건을 적용

$x = 0\ ,\ y_1 = 0$ 적용 $\Rightarrow\ C_2 = 0$

$$x = \frac{3L}{4}\ ,\ y_2 = 0 \text{ 적용 } \Rightarrow\ 3LC_3 + 4C_4 = -\frac{9PL^3}{64} \qquad (1)$$

$$\theta_1|_{x=L/4} = \theta_2|_{x=0} \text{ 적용 } \Rightarrow\ \frac{3P}{8}\left(\frac{L}{4}\right)^2 + C_1 = C_3$$

$$\Rightarrow\ C_1 - C_3 = -\frac{3PL^2}{128} \qquad (2)$$

$$y_1|_{x=L/4} = y_2|_{x=0} \text{ 적용 } \Rightarrow\ \frac{P}{8}\left(\frac{L}{4}\right)^3 + C_1\frac{L}{4} = C_4$$

$$\Rightarrow\ LC_1 - 4C_4 = -\frac{PL^3}{128} \qquad (3)$$

식 (1), (2), (3)을 연립하여 푼다.

$$\therefore\ C_1 = -\frac{7PL^2}{128}$$

$$\therefore\ C_3 = -\frac{4PL^2}{128} = -\frac{PL^2}{32}$$

$$\therefore\ C_4 = -\frac{3PL^3}{256}$$

$$\theta_1 = \frac{1}{EI}\left(\frac{3P}{8}x^2 - \frac{7PL^2}{128}\right)$$

$$\Rightarrow\ \theta_A = \theta_1|_{x=0} = -\frac{7PL^2}{128EI} \text{ (시계방향)}$$

$$\Rightarrow\ \theta_C = \theta_1|_{x=L/4} = \frac{1}{EI}\left(\frac{3P}{8}\frac{L^2}{4^2} - \frac{7PL^2}{128}\right)$$

$$= -\frac{4PL^2}{128EI} = -\frac{PL^2}{32EI} \text{ (시계방향)}$$

$$y_1 = \frac{1}{EI}\left(\frac{P}{8}x^3 - \frac{7PL^2}{128}x\right)$$

$$\Rightarrow y_C = y_1|_{x=L/4} = \frac{1}{EI}\left(\frac{P}{8}\frac{L^3}{4^3} - \frac{7PL^2}{128}\frac{L}{4}\right) = -\frac{3PL^3}{256EI} \text{ (하향처짐}\downarrow\text{)}$$

$$\theta_2 = \frac{1}{EI}\left(-\frac{P}{8}x^2 + \frac{3PL}{16}x - \frac{PL^2}{32}\right)$$

$$\Rightarrow \theta_B = \theta_2|_{x=3L/4} = \frac{5PL^2}{128EI} \text{ (반시계방향)}$$

※ 단순보의 집중하중의 경우는 비교적 간단한 처짐 문제이지만 직접적분법으로는 4개의 경계조건을 이용하는 번거로운 절차가 수반된다. 따라서, 휨모멘트식이 여

러 구간으로 나뉘어 정의되는 구조에서는 특이함수를 이용하기도 하나, 가능하면 다른 방법으로 처짐을 구하는 것이 바람직하다. 직접적분법은 캔틸레버보와 같이 한쪽 절점이 고정되어 처짐각에 관한 경계조건이 있어서 연립 없이 순차적으로 적분상수를 계산할 수 있는 문제에 적합하다. 또한 하중이 복잡하더라도 모든 구간의 휨모멘트를 하나의 식으로 나타낼 수 있는 문제에 적합하다.

예제 9.5 아래 내민보의 AB부분에 대한 탄성곡선과 AB부분의 최대처짐을 구하시오.

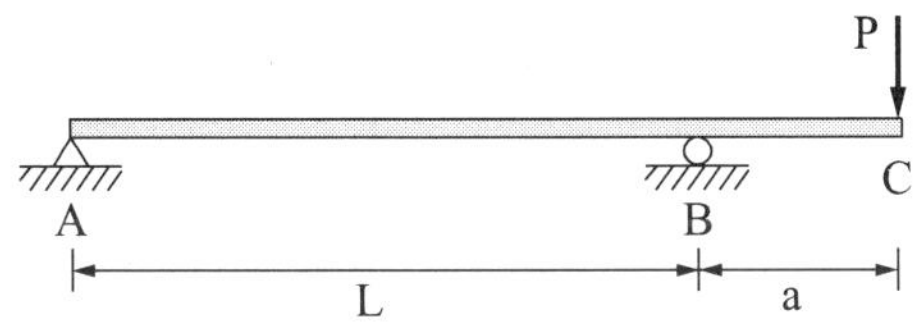

좌표와 탄성곡선

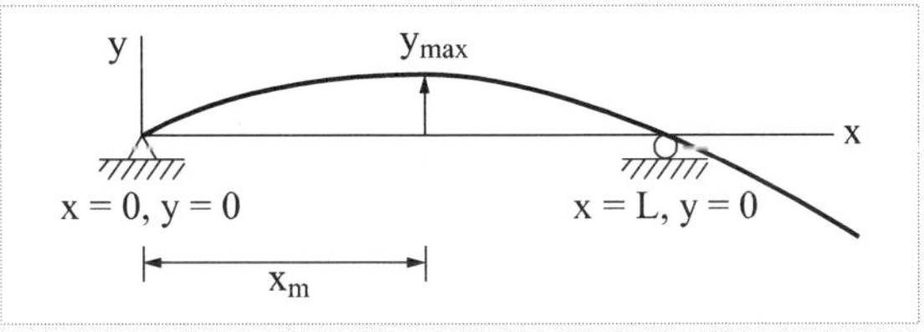

AB구간 임의 단면에 대한 자유물체도

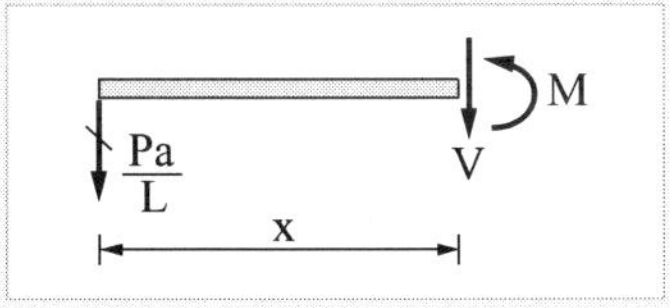

AB구간 휨모멘트식 : $M = -\dfrac{Pa}{L}x$

처짐각식 : $EI\dfrac{d^2y}{dx^2} = -\dfrac{Pa}{L}x$

x에 관하여 두 번 적분 : $EI\dfrac{dy}{dx} = -\dfrac{Pa}{2L}x^2 + C_1$

$$EI\,y = -\frac{Pa}{6L}x^3 + C_1x + C_2$$

적분상수결정 : 경계조건 $x=0$, $y=0$와 $x=L$, $y=0$을 이용하면

$$C_1 = \frac{PaL}{6}, \quad C_2 = 0$$

탄성곡선식 : $\therefore y = \dfrac{PaL^2}{6EI}\left[\dfrac{x}{L} - \left(\dfrac{x}{L}\right)^3\right]$

최대처짐 위치 : 처짐각이 0인 곳에서 처짐이 최대가 된다.

$$\theta = \frac{PaL}{6EI}\left[1-3\left(\frac{x}{L}\right)^2\right] = 0$$

$$x_m = \frac{L}{\sqrt{3}} = 0.577L$$

최대처짐 : $x = \frac{L}{\sqrt{3}}$ 을 탄성곡선식에 대입

$$\therefore y_{max} = \frac{PaL^2}{6EI}\,\frac{2\sqrt{3}}{9} = \frac{\sqrt{3}\,PaL^2}{27EI}$$

▌ 연습문제 ▌

9.1 다음 캔틸레버보에서 자유단의 처짐각과 처짐을 직접적분법으로 구하시오(EI = 일정).

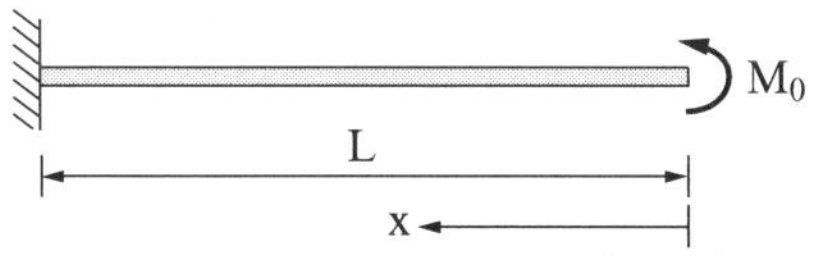

9.2 다음 단순보에서 A, B의 처짐각을 직접적분법으로 구하시오(EI = 일정).

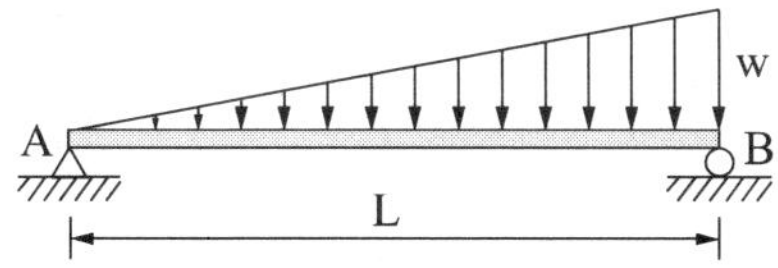

9.3 다음 캔틸레버보에서 A의 처짐각과 처짐을 직접적분법으로 구하시오(EI = 일정).

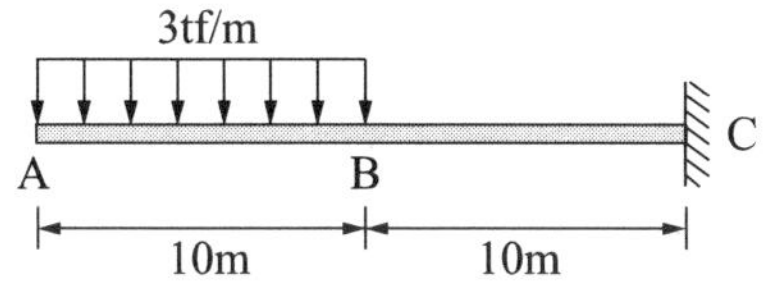

9.4 다음 캔틸레버보에서 자유단의 처짐각과 처짐을 직접적분법으로 구하시오(EI = 일정).

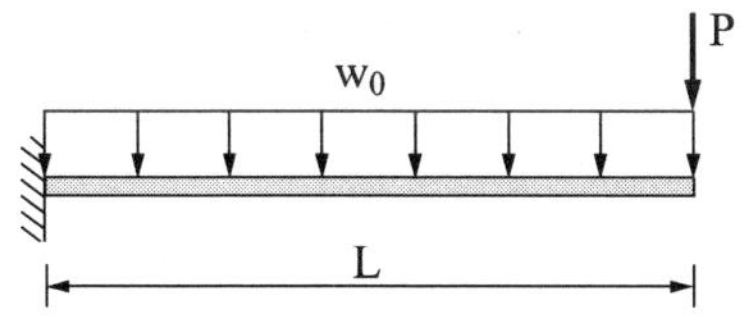

9.5 다음 단순보에서 A, B의 처짐각을 직접적분법으로 구하시오(EI = 일정).

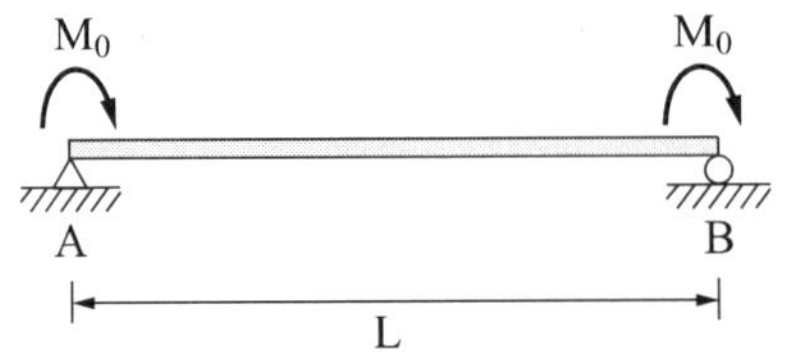

9.6 다음 내민보에서 C의 처짐을 직접적분법으로 구하시오(EI = 일정).

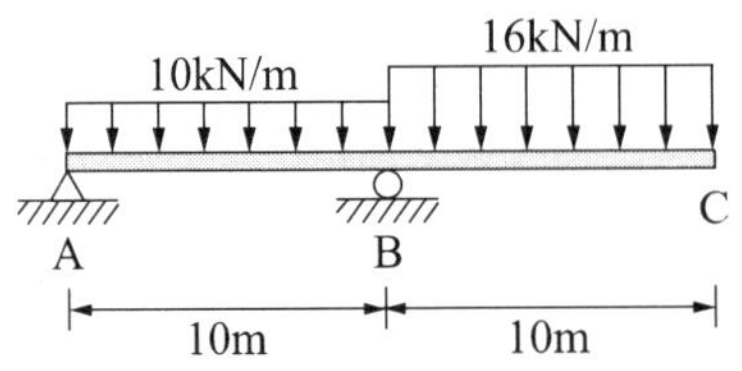

제 10 장

변위일치법

변위일치법은 반력이나 단면력을 부정정력으로 선정하여 미지수로 사용하기 때문에 응력법에 해당한다. 아래의 1차원 구조물을 예로 변위일치법을 설명한다.

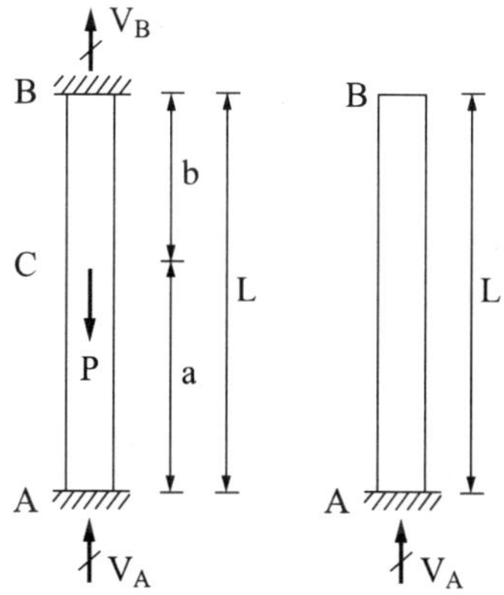

그림 10.1 실제구조물과 기본구조물

미지의 반력과 단면력 중에서 부정정차수만큼 선택한 힘을 부정정력이라 한다. 위의 1차 부정정 구조물에서 V_B를 부정정력으로 택하고, 이 부정정력을 발생시키는 구속을 제거한 정정 구조물을 '기본구조물'이라 한다. 실제의 부정정 구조계는 기본구조물에 하중이 작용하는 구조와 기본구조물에 부정정력을 작용시킨 구조의 겹침으로 간주할 수 있다.

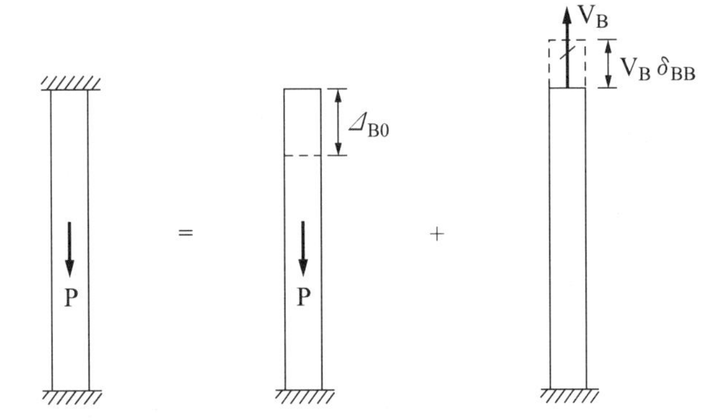

그림 10.2 변위일치법을 위한 겹침

여기서, Δ_B : 실제구조물에서 B점의 상향처짐

Δ_{B0} : 하중만 작용시킨 기본구조물에서의 B점의 처짐(상향처짐을 +로 함)

δ_{BB} : 부정정력을 1로 하여 작용시킨 기본구조물에서 B점의 상향처짐

겹침의 원리에 의해 $\Delta_B = \Delta_{B0} + V_B\delta_{BB}$이 성립된다. 이때, 실제구조물에서 고정단 B의 처짐은 0이므로 $\Delta_B = 0$이다. 따라서 $\Delta_{B0} + V_B\,\delta_{BB} = 0$ 조건이 성립된다. 이 식을 '적합방정식'이라 한다. 적합방정식을 풀면 $V_B = -\dfrac{\Delta_{B0}}{\delta_{BB}}$와 같이 부정정력을 구할 수 있다. 이때 Δ_{B0}, δ_{BB}은 정정구조물에 대한 처짐이므로 앞장에서 배운 공액보법 등으로 구할 수 있다. 실제로 위의 구조물에서 축강성 EA가 일정하다고 한다면 $\Delta_{B0} = -\dfrac{Pa}{EA}$, $\delta_{BB} = \dfrac{L}{EA}$이므로 적합방정식에 대입하면 $V_B = -\dfrac{\Delta_{B0}}{\delta_{BB}} = -\left(-\dfrac{Pa}{EA}\right)\Big/\left(\dfrac{L}{EA}\right) = \dfrac{Pa}{L}$를 구할 수 있고, 실제구조물에 평형방정식 $\sum F_V = 0$을 적용하면 $V_A = \dfrac{Pb}{L}$를 구할 수 있다.

10.1.1 2차 부정정 구조물

아래 그림과 같은 2차 부정정 구조물의 경우 적당한 2개의 부정정력을 선택한다. 여기서는 V_B와 V_C를 부정정력으로 선택하였다.

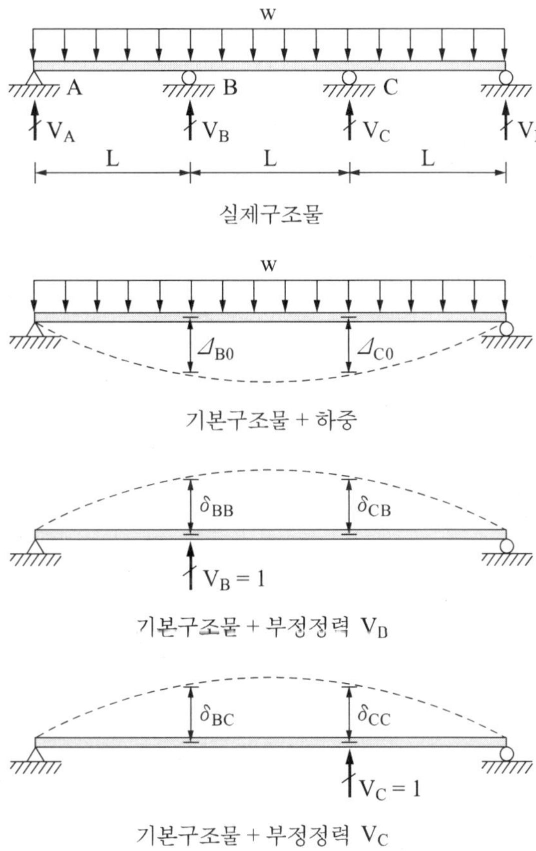

그림 10.3 2차 부정정 구조물의 겹침

여기서, $\varDelta_{B0}$: 하중만 작용시킨 기본구조물에서 B의 상향처짐

$\varDelta_{C0}$: 하중만 작용시킨 기본구조물에서 C의 상향처짐

δ_{BB} : 부정정력 V_B만 작용시킨 기본구조물에서 B의 상향처짐

δ_{CB} : 부정정력 V_B만 작용시킨 기본구조물에서 C의 상향처짐

δ_{BC} : 부정정력 V_C만 작용시킨 기본구조물에서 B의 상향처짐

δ_{CC} : 부정정력 V_C만 작용시킨 기본구조물에서 C의 상향처짐

실제구조물의 B와 C의 처짐은 0이라는 조건 $\varDelta_B = 0$, $\varDelta_C = 0$을 적용하면 아래와 같은 2개의 적합방정식을 얻을 수 있다. 이 연립방정식을 풀면 부정정력 V_B와 V_C를 구할 수 있다.

$$\varDelta_B = \varDelta_{B0} + V_B\,\delta_{BB} + V_C\,\delta_{BC} = 0$$

$$\Delta_C = \Delta_{C0} + V_B\,\delta_{CB} + V_C\,\delta_{CC} = 0$$

3차원 부정정 구조물은 유사한 과정을 통해 3개의 연립방정식을 구성할 수 있다. 변위일치법은 2차 부정정 이상의 구조물에서는 많은 수의 처짐을 계산해야 하므로 번거로운 방법에 속한다.

예제 10.1 다음 보의 B지점에서의 반력을 구하시오(EI = 일정).

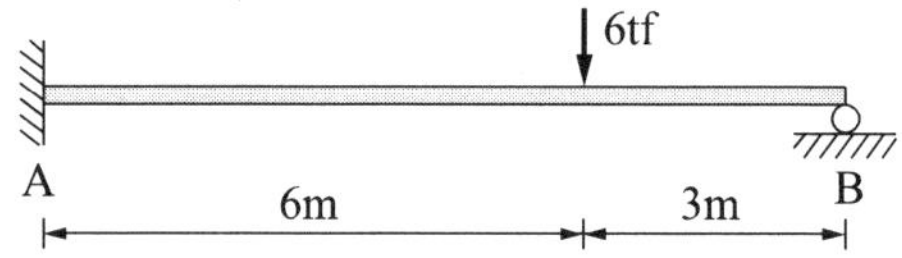

① 부정정차수 : 1차 부정정이므로 1개의 부정력을 선정한다. B지점의 수직반력을 부정력으로 선정

② 기본구조물+하중

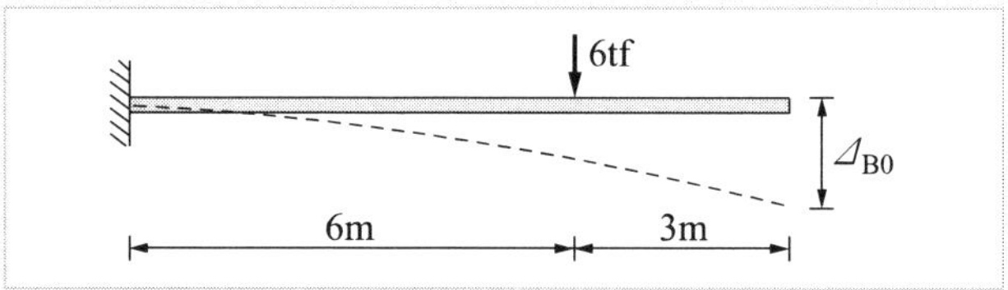

③ Δ_{B0}의 산정 : 공액보법

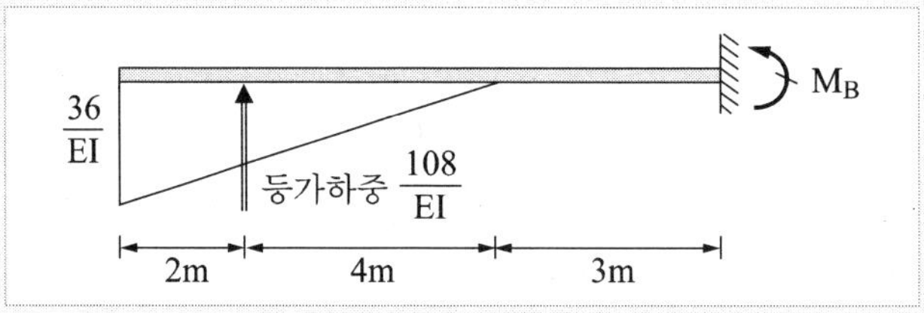

$$M_B = \frac{756}{EI}$$

$$\therefore\ \Delta_{B0} = -\frac{756}{EI}\ \text{(하향처짐)}$$

④ 기본구조물+부정정력

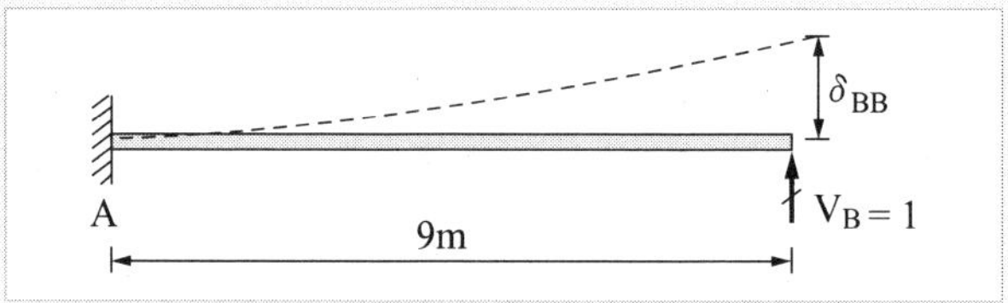

집중하중에 의한 캔틸레버보의 처짐은 $\delta = \dfrac{PL^3}{3EI}$ 이므로

$$\delta_{BB} = \frac{9^3}{3EI} = \frac{243}{EI} \text{ (상향처짐)}$$

⑤ 적합방정식 적용

$$V_B = -\frac{\Delta_{B0}}{\delta_{BB}} = -\frac{-\dfrac{756}{EI}}{\dfrac{243}{EI}} = +3.11\,\text{tf}\ (\uparrow)$$

예제 10.2 다음 보의 모든 반력을 구하시오(EI = 일정).

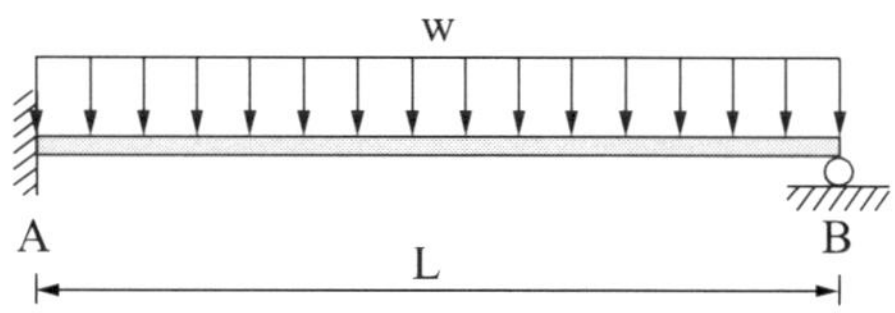

① 부정정차수 : 1차 부정정이므로 1개의 부정력을 선정한다. B지점의 수직반력을 부정력으로 선정

② 기본구조물+하중

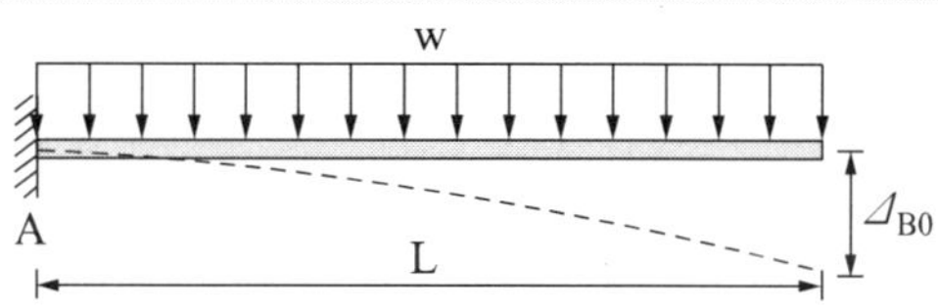

등분포하중에 의한 캔틸레버보의 처짐은 $\delta = \dfrac{wL^4}{8EI}$ 이므로

$$\therefore \Delta_{B0} = -\frac{wL^4}{8EI} \text{ (하향처짐)}$$

③ 기본구조물+부정정력

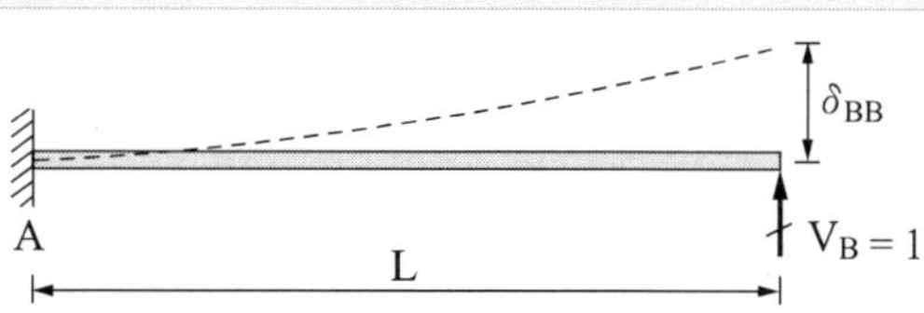

집중하중에 의한 캔틸레버보의 처짐은 $\delta = \dfrac{PL^3}{3EI}$ 이므로

$$\delta_{BB} = \frac{L^3}{3EI} \text{ (상향처짐)}$$

④ 적합방정식 적용

$$V_B = -\frac{\Delta_{B0}}{\delta_{BB}} = -\frac{-\frac{wL^4}{8EI}}{\frac{L^3}{3EI}} = \frac{3wL}{8}\ (\uparrow)$$

⑤ 다른 반력계산

• 자유물체도

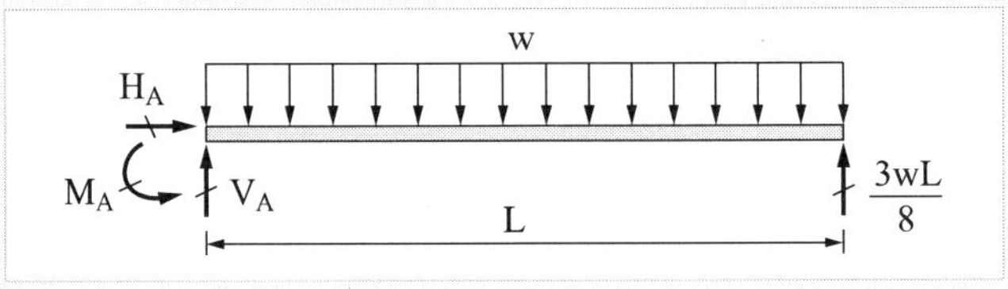

• 평형방정식

$$\sum F_V = V_A - wL + \frac{3wL}{8} = 0 \qquad \therefore V_A = \frac{5wL}{8}$$

$$\sum M_{at\ A} = -M_A + \frac{L}{2}wL - \frac{3wL}{8}L = 0 \qquad \therefore M_A = \frac{wL^2}{8}$$

$$\sum F_H = H_A = 0 \qquad \therefore H_A = 0$$

예제 10.3 다음 보에서 B지점의 반력을 구하시오(EI = 일정).

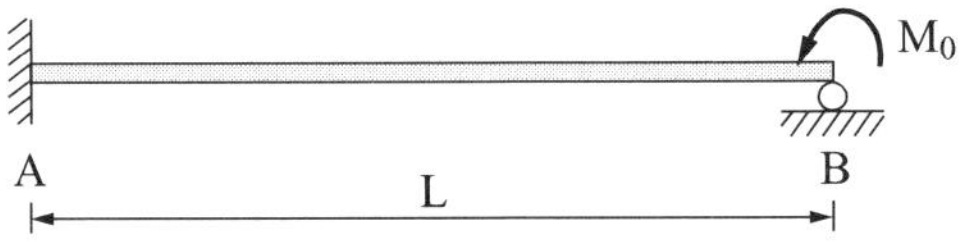

① 부정정력 : B지점의 수직반력을 부정력으로 선정

② 기본구조물+하중

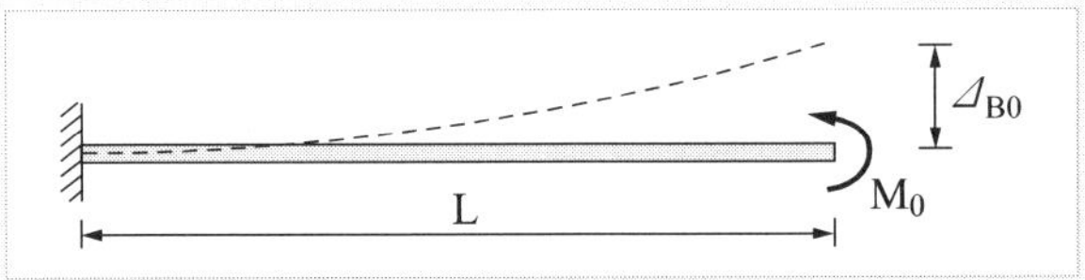

공액보법으로 구하면 $\therefore \Delta_{B0} = \frac{M_0 L^2}{2EI}$ (상향처짐)

③ 기본구조물+부정정력

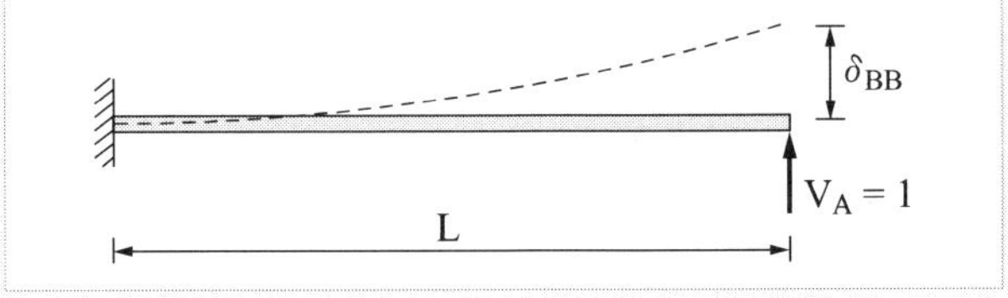

집중하중에 의한 캔틸레버보의 처짐은 $\delta = \dfrac{PL^3}{3EI}$ 이므로

$\delta_{BB} = \dfrac{L^3}{3EI}$ (상향처짐)

④ 적합방정식 적용

$$V_B = -\frac{\Delta_{B0}}{\delta_{BB}} = -\frac{\dfrac{M_0L^2}{2EI}}{\dfrac{L^3}{3EI}} = -\frac{3M_O}{2L}\ (\downarrow)$$

예제 10.4 다음 보에서 B지점의 반력을 구하시오(EI=일정).

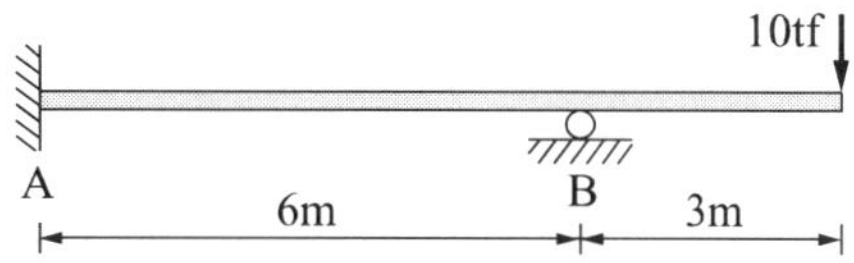

① 부정정력 : B지점의 수직반력

② 기본구조물+하중

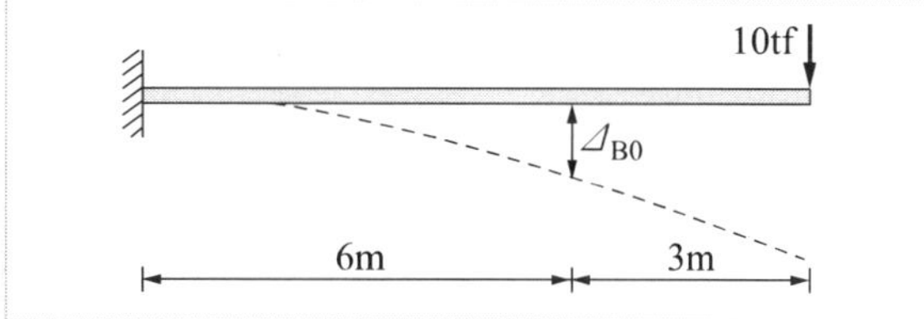

③ Δ_{B0}의 산정

• 공액보

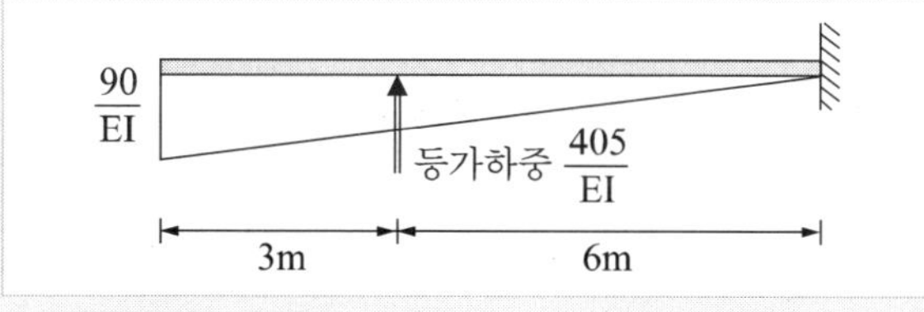

반력을 구하고 공액보의 B단면 휨모멘트를 구하기 위한 자유물체도를 그린다.

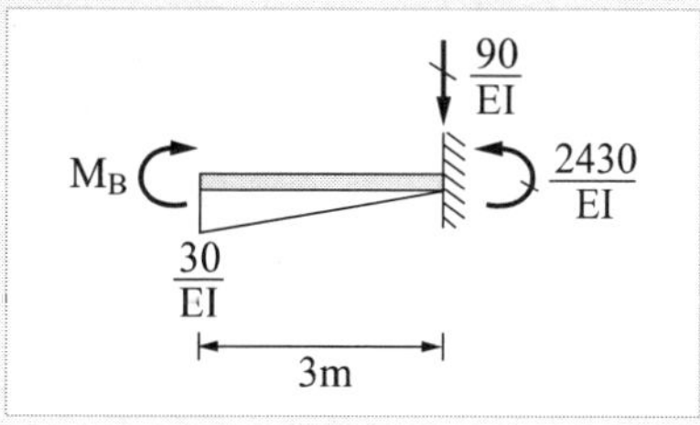

$$\sum M_{at\ B} = M_B + \frac{90}{EI}3 - \frac{45}{EI} - \frac{2430}{EI} = 0$$

$$\Rightarrow \quad M_B = \frac{2205}{EI}$$

$$\therefore \Delta_{B0} = -\frac{2205}{EI} \text{ (하향처짐)}$$

④ 기본구조물+부정정력

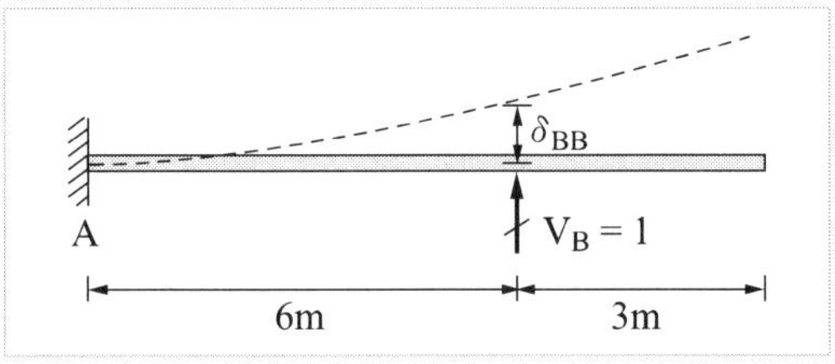

$$\delta_{BB} = \frac{72}{EI} \text{ (상향처짐)}$$

⑤ 적합방정식 적용

$$V_B = -\frac{\Delta_{B0}}{\delta_{BB}} = -\frac{-\frac{2205}{EI}}{\frac{72}{EI}} = 30.625\,\text{tf}\ (\uparrow)$$

예제 10.5 다음 보에서 B지점의 반력을 구하시오(EI=일정).

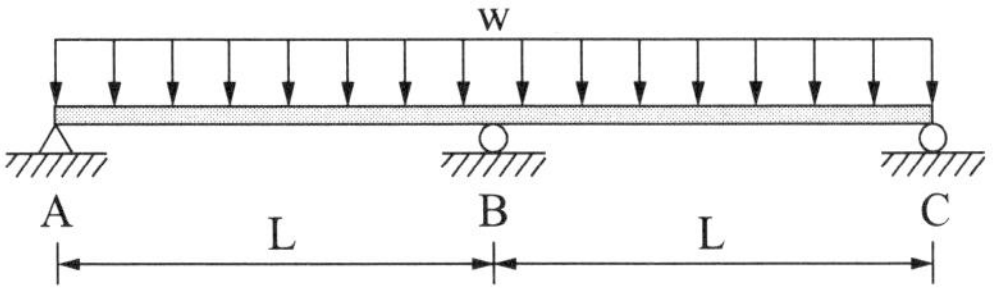

① 부정정력 : B지점의 수직반력

② 기본구조물+하중

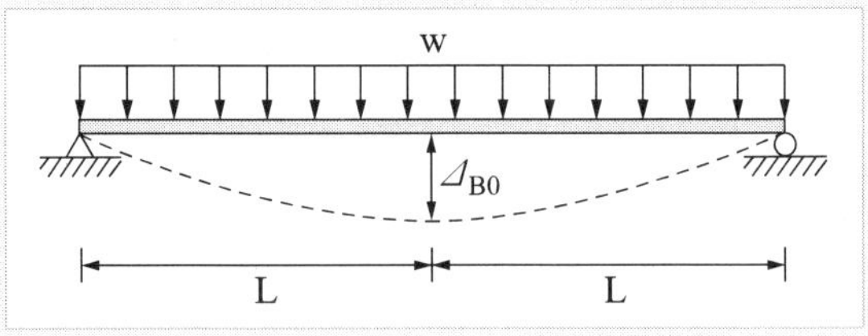

$$\therefore \Delta_{B0} = -\frac{5wL^4}{24EI} \text{ (하향처짐)}$$

③ 기본구조물+부정정력

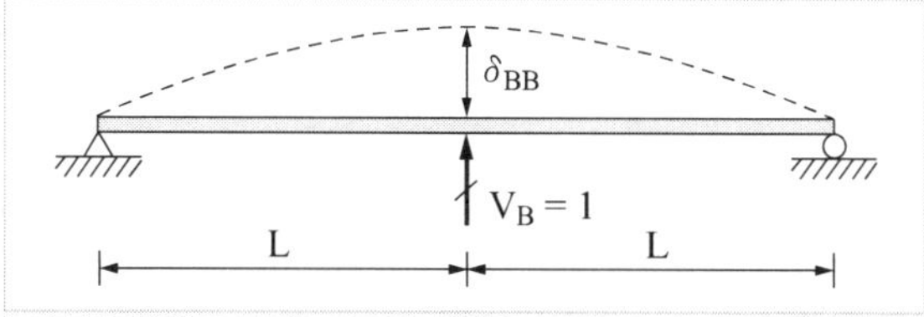

$\therefore\ \delta_{BB} = \dfrac{L^3}{6EI}$ (상향처짐)

④ 적합방정식 적용

$$V_B = -\frac{\Delta_{B0}}{\delta_{BB}} = -\frac{-\dfrac{5wL^4}{24EI}}{\dfrac{L^3}{6EI}} = \frac{5wL}{4}\ (\uparrow)$$

예제 10.6 다음 보에서 B지점의 반력을 구하시오(EI = 일정).

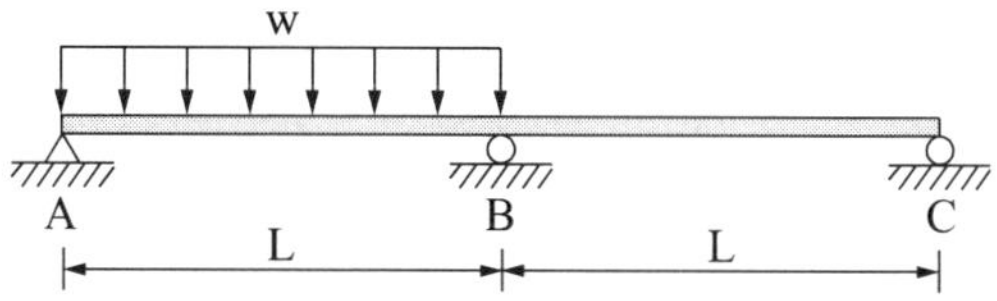

① 부정정력 : B 단면의 휨모멘트(M_B)를 부정력으로 선택하였다. 이 경우 M_B가 발생하지 않도록 B단면에 내부힌지를 삽입하면 기본구조물이 된다. 이때, M_B에 대응하는 처짐은 B점의 회전각이 된다.

② 기본구조물+하중

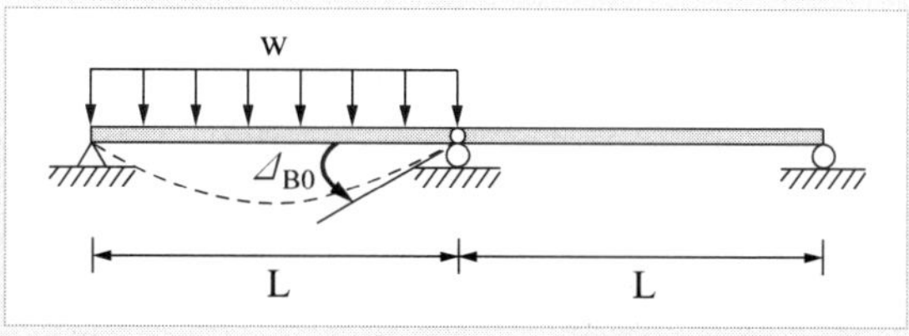

$\therefore\ \Delta_{B0} = \dfrac{wL^3}{24EI}$

③ 기본구조물+부정정력

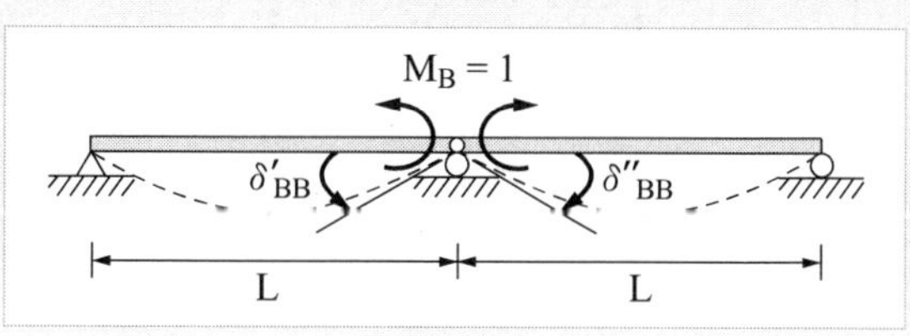

$$\therefore \delta_{BB} = \delta'_{BB} + \delta''_{BB} = \frac{L}{3EI} + \frac{L}{3EI} = \frac{2L}{3EI}$$

④ 적합방정식 적용

$$M_B = -\frac{\Delta_{B0}}{\delta_{BB}} = -\frac{\frac{wL^3}{24EI}}{\frac{2L}{3EI}} = -\frac{wL^2}{16} \text{ (부모멘트)}$$

⑤ 반력계산

• B단면 좌측 자유물체도

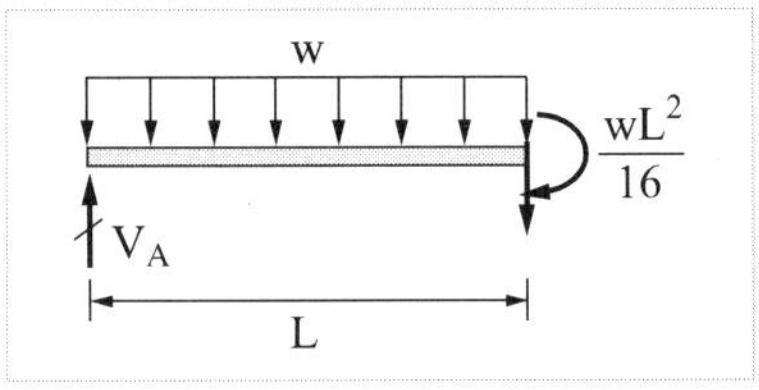

$$\sum M_{at\ B} = LV_A - \frac{L}{2}wL + \frac{wL^2}{16} = 0$$

$$\therefore V_A = \frac{7wL}{16}$$

• B단면 우측 자유물체도

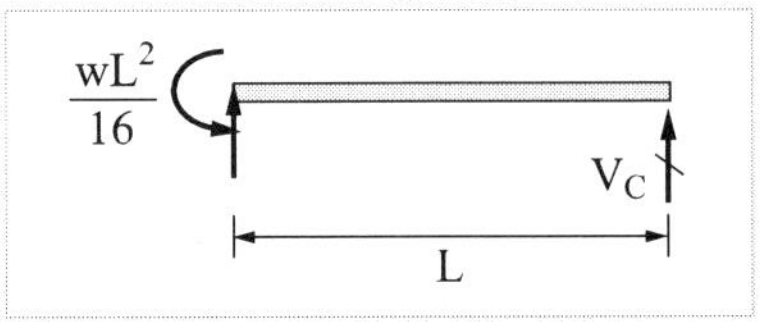

$$\sum M_{at\ B} = -\frac{wL^2}{16} - LV_C = 0$$

$$\therefore V_C = -\frac{wL}{16}\ (\downarrow)$$

• 전체 자유물체도

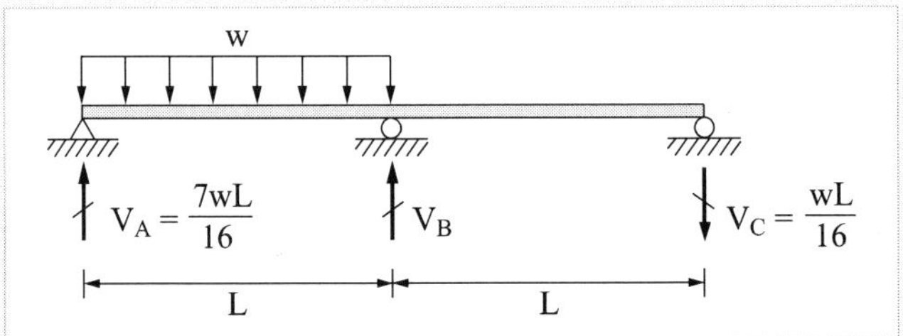

$$\sum F_V = \frac{7wL}{16} - wL + V_B - \frac{wL}{16} = 0$$

$$\therefore V_B = \frac{10wL}{16}\ (\uparrow)$$

예제 10.7 다음 보에서 스프링으로 지지된 지점 B의 반력과 침하량을 구하시오.
단, $E = 2\times10^6 kgf/cm^2$, $I = 1\times10^5 cm^4$, $k = 2.0\,tf/cm$(스프링 상수)

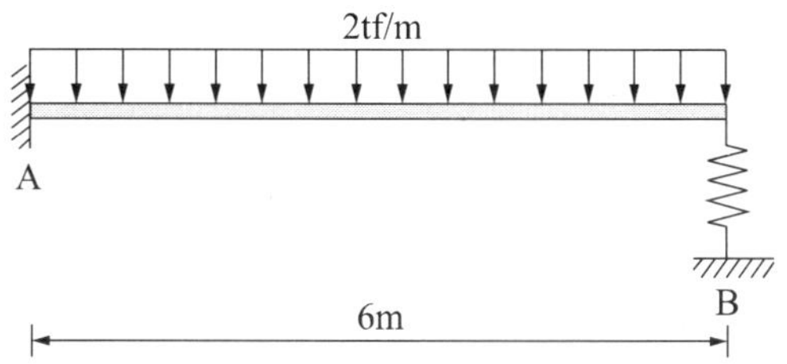

① 단위환산 : tf와 m로 단위를 통일한다.

$$E = 2\times10^6 kgf/cm^2 = 2\times10^6 \times \frac{10^{-3}tf}{(10^{-2})^2 m^2} = 2\times10^7 tf/m^2$$

$$I = 1\times10^5 cm^4 = 1\times10^5 \times (10^{-2})^4 m^4 = 1\times10^{-3} m^4$$

$$\Leftrightarrow\quad EI = 2\times10^4\ tf\cdot m^2$$

$$k = 2.0\,tf/cm = \frac{2.0\,tf}{10^{-2}m} = 2\times10^2 tf/m$$

② 부정정력 : B 지점의 반력 V_B(=스프링에 걸리는 힘과 동일)

③ 기본구조물+하중

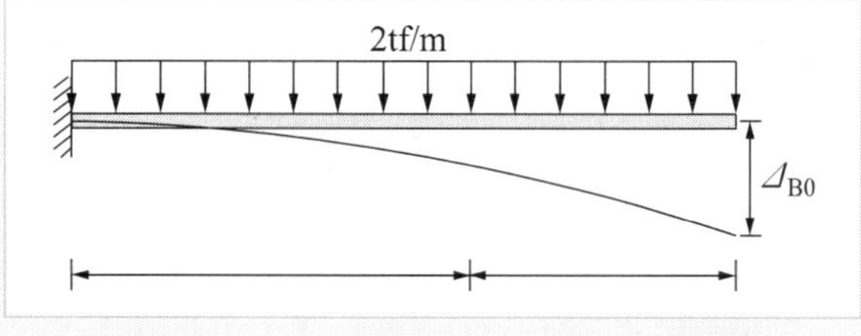

$$\Delta_{B0} = -\frac{wL^4}{8EI} = -\frac{2\times6^4}{8\times(2\times10^4)} = -0.0162m\ (하향처짐)$$

④ 기본구조물+부정정력

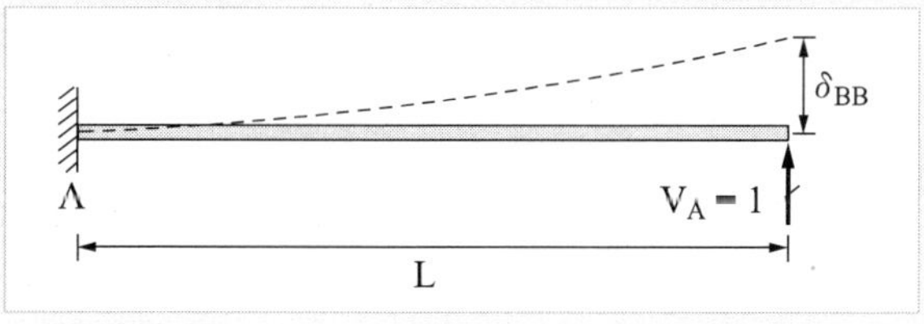

$$\delta_{BB} = \frac{L^3}{3EI} = \frac{6^3}{3\times 2\times 10^4} = 0.0036\text{m} \ \text{(상향처짐)}$$

⑤ 적합방정식 : 지점이 스프링으로 연결되어 있으므로 실제 구조물에서 B단의 처짐은 하향으로 V_B/k만큼 발생한다. 따라서 적합조건은 다음과 같다.

$$\Delta_B = \Delta_{B0} + V_B\,\delta_{BB} = -\frac{V_B}{k}$$

적합조건을 적용하여 부정정력을 구한다.

$$\therefore V_B = -\frac{\Delta_{B0}}{\left(\delta_{BB} + \frac{1}{k}\right)} = -\frac{-0.0162}{0.0036+0.005} = 1.884\ \text{tf}\ (\uparrow)$$

⑥ B의 처짐량

$$\Delta_B = -\frac{V_B}{k} = -\frac{1.884}{200} = -0.00942\,\text{m} = -0.942\,\text{cm}$$

예제 10.8 다음 보와 줄의 합성 구조의 반력을 구하시오.

단, 보의 특성치 : $E_b = 2\times 10^7 \text{tf/m}^2$, $I = 5\times 10^{-4}\text{m}^4$ (보의 축변형은 무시)

줄의 특성치 : $E_t = 5\times 10^5 \text{tf/m}^2$, $A = 6\times 10^{-3}\text{m}^2$

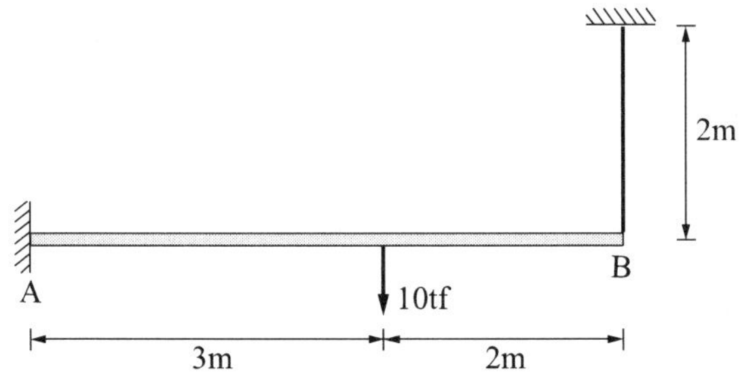

① 보의 휨강성 : $E_b I = 1\times 10^4 \text{tf}\cdot\text{m}^2$

② 줄의 축강성 : $E_t A = 3\times 10^3 \text{tf}$

③ 부정정력 : 줄의 장력$= V_B$

④ 기본구조물+하중

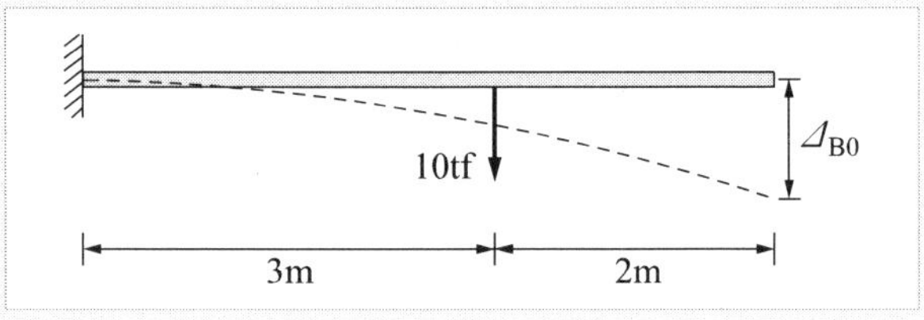

공액보법으로 구하면 $\Delta_{B0} = -\frac{180}{EI} = -\frac{180}{1\times 10^4} = -0.018$

⑤ 기본구조물+부정정력

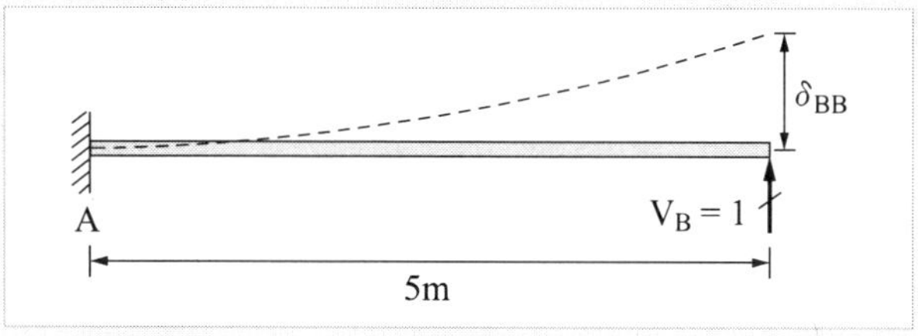

$$\delta_{BB} = \frac{L^3}{3E_tI} = \frac{5^3}{3\times10^4} = 0.00417 \text{ (상향처짐)}$$

⑥ 적합방정식 : 지점이 줄로 연결되어 있으므로 실제 구조물에서 B단의 처짐은 하향으로 $\frac{2V_B}{E_tA}$ 만큼 발생한다. 따라서 적합조건은 다음과 같다.

$$\Delta_B = \Delta_{B0} + V_B\,\delta_{BB} = -\frac{2V_B}{E_tA}$$

적합조건을 적용하여 부정정력을 구한다.

$$\therefore V_B = -\frac{\Delta_{B0}}{\left(\delta_{BB} + \frac{2}{E_tA}\right)} = -\frac{-0.018}{\left(0.00417 + \frac{2}{3\times10^3}\right)} = 3.722\text{tf}\ (\uparrow)$$

⑦ B의 처짐량

$$\Delta_B = -\frac{2V_B}{E_tA} = -\frac{2\times3.722}{3\times10^3} = -0.00248\text{m} = -0.248\text{cm} \text{ (하향처짐)}$$

▌ 연습문제 ▌

10.1 변위일치법으로 다음 보의 반력을 구하시오(EI=일정).

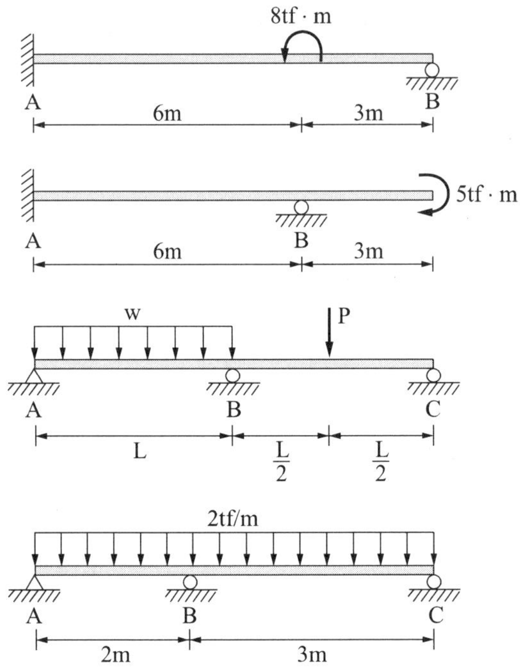

10.2 변위일치법으로 다음 보의 지점 B의 반력과 지점 침하량을 구하시오.

단, $E = 2 \times 10^6 kgf/cm^2$, $I = 4 \times 10^4 cm^4$, $k = 0.5 tf/cm$ (스프링 상수)

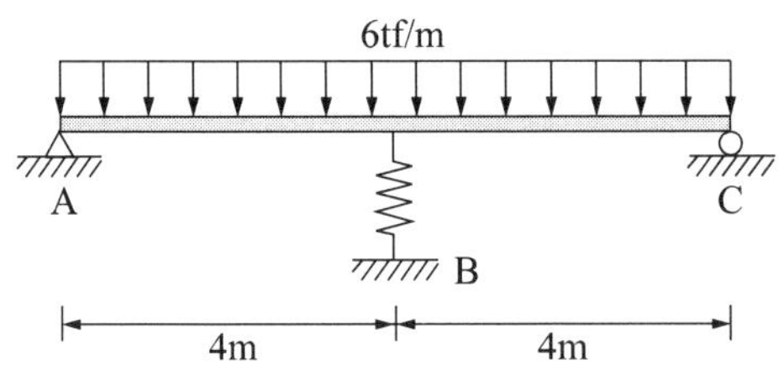

제 11 장

처짐각법

처짐각법은 1915년 소개되어 모멘트 분배법이 개발되기 전 약 15년 동안 연속보와 골조해석에 사용된 방법이다. 부재 단부의 처짐각과 재단 모멘트 사이의 관계식을 이용해 세운 연립방정식을 통해 미지수인 처짐각 및 부재각을 우선 구하고, 다음으로 재단모멘트를 구하는 변위법(강성법)이다. 처짐각법의 단점은 전단력과 축방향 변형을 무시하고 휨변형만 고려한다는 점이다. 또한 연립방정식을 풀어야 하므로 컴퓨터가 없던 시절에는 모멘트 분배법에 비하여 불리한 방법이었다. 그러나 처짐각과 처짐을 1차로 구하므로 구조물의 변형 형상을 쉽게 인식할 수 있는 장점이 있으며, 모멘트 분배법과 매트릭스 구조해석법을 이해하는데 징검다리가 되는 중요한 개념을 포함하고 있다.

11.1 처짐각법의 소개

휨강성(EI)이 일정한 부재의 임의 부분을 단부에서 잘라 자유물체도, M/EI도, 휨변형만 고려한 처짐곡선(탄성곡선)을 그리면 다음 그림과 같다.

그림의 M/EI도는 재단모멘트 M_{AB}, M_{BA}와 하중에 의한 것으로 분리하여 그린 것이다. 부재의 변형에 의한 처짐곡선에서 처짐각 θ_A는 단부 A에서 변형전 부재축과 변형 후 부재축의 접선 사이의 회전각이며, 부재회전각 ψ_{AB}는 변형 전 부재축에서 변형 후 AB선이 이루는 각이다. 처짐각 θ_B는 단부 B에서의 회전각이다. 모든 재단모멘트와 처짐각 및 회전각은 편의상

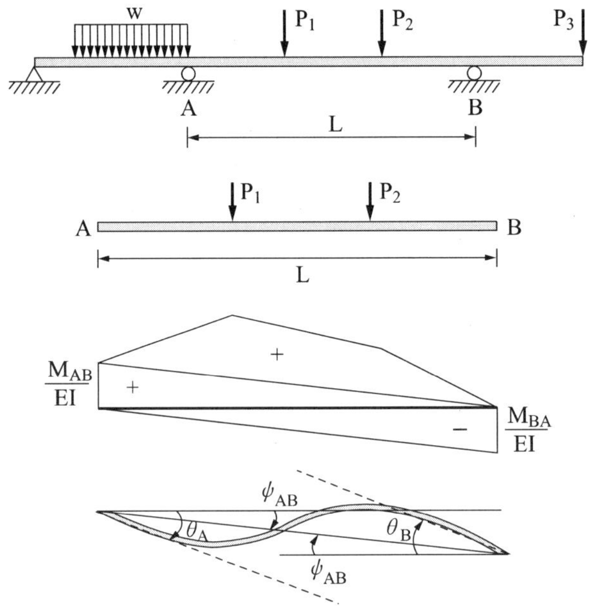

시계방향을 정방향으로 정한다.

M/EI도에 모멘트면적법을 적용하여 재단모멘트와 처짐각 및 부재회전각 사이의 관계식을 구하면 다음과 같은 재단모멘트식을 얻을 수 있다.

$$M_{AB} = 2EK(2\theta_A + \theta_B - 3\psi_{AB}) + FEM_{AB}$$

$$M_{BA} = 2EK(\theta_A + 2\theta_B - 3\psi_{AB}) + FEM_{BA}$$

여기서, K는 강도계수($K = I/L$), FEM은 고정단 모멘트이다. 모든 각과 모멘트는 시계방향을 정방향으로 한다. 고정단 모멘트는 부재 양단을 고정하였을 때 발생하는 모멘트반력이며, 부록 D에 정리하였다.

11.2 처짐각법의 연속보에 대한 적용

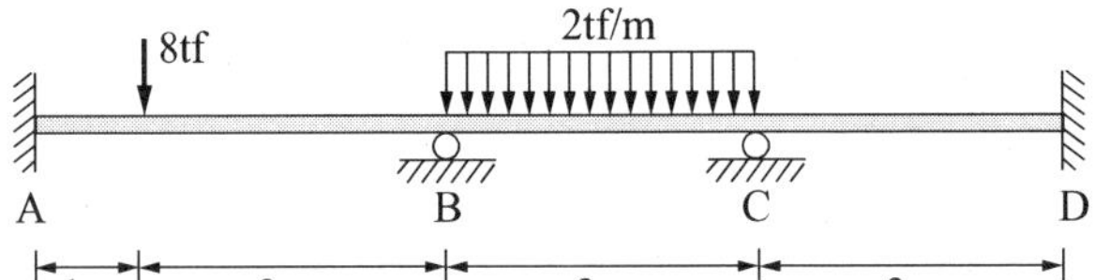

1) 고정단 모멘트

$$FEM_{AB} = -\frac{8 \cdot 3^2}{4^2} = -4.5\,tf \cdot m$$

$$FEM_{BA} = \frac{8 \cdot 3}{4^2} = 1.5\,tf \cdot m$$

$$FEM_{BC} = -\frac{2 \cdot 3^2}{12} = -1.5\,tf \cdot m$$

$$FEM_{CB} = \frac{2 \cdot 3^2}{12} = 1.5\,tf \cdot m$$

$$FEM_{CD} = FEM_{DC} = 0$$

2) 미지수 확인

$\theta_A = \theta_D = 0$ (고정단)

$\psi_{AB} = \psi_{BC} = \psi_{CD} = 0$ (지점침하가 없음)

∴ 구해야 할 미지 변위 θ_B, θ_C

3) 강도계수

$$K_{AB} = \frac{I}{4} = \frac{3I}{12} = 3K$$

$$K_{BC} = \frac{I}{3} = \frac{4I}{12} = 4K$$

$$K_{CD} = \frac{I}{3} = \frac{4I}{12} = 4K$$

여기서, $\frac{I}{12} = K$로 치환하면 분수를 사용하지 않아 편리함.

4) 재단모멘트식

$$M_{AB} = 2EK_{AB}(\theta_B) + FEM_{AB} = 6EK\theta_B - 4.5$$

$$M_{BA} = 2EK_{AB}(2\theta_B) + FEM_{BA} = 12EK\theta_B + 1.5$$

$$M_{BC} = 2EK_{BC}(2\theta_B + \theta_C) + FEM_{BC} = 16EK\theta_B + 8EK\theta_C - 1.5$$

$$M_{CB} = 2EK_{BC}(\theta_B + 2\theta_C) + FEM_{CB} = 8EK\theta_B + 16EK\theta_C + 1.5$$

$$M_{CD} = 2EK_{CD}(2\theta_C) + FEM_{CD} = 16EK\theta_C$$

$M_{DC} = 2EK_{CD}(\theta_C) + FEM_{DC} = 8EK\theta_C$

5) 절점방정식

회전변위가 존재하는 절점을 고립시켠 자유물체도에서 구한 모멘트 평형방정식

① 절점 B의 절점방정식

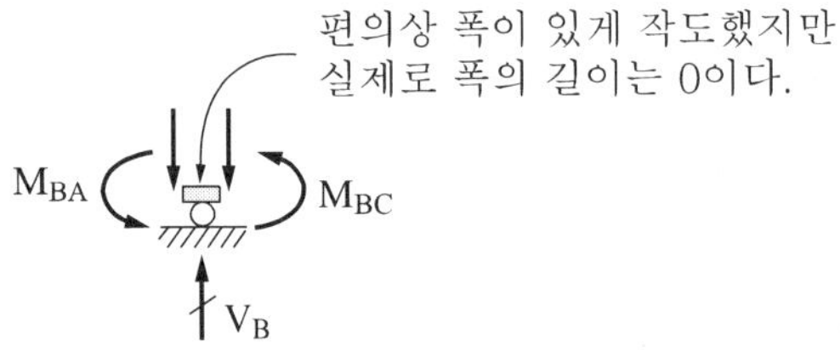

$$\sum M_{at\ B} = M_{BA} + M_{BC} = 0 \quad \Rightarrow \quad 7EK\theta_B + 2EK\theta_C = 0 \qquad (1)$$

② 절점 C의 절점방정식

$$\sum M_{at\ C} = M_{CB} + M_{CD} = 0 \quad \Rightarrow \quad 8EK\theta_B + 32EK\theta_C + 1.5 = 0 \qquad (2)$$

식 (1)과 (2)를 연립하여 푼다.

$$\therefore\ EK\theta_B = \frac{1.5}{104} = 0.01442$$

$$\therefore\ EK\theta_C = -\frac{5.25}{104} = -0.05048$$

6) 재단모멘트

위의 값을 재단모멘트식에 대입

$M_{AB} = -4.4135\,tf \cdot m$

$M_{BA} = 1.6731\,tf \cdot m$

$M_{BC} = -1.6731\,tf \cdot m$

$M_{CB} = 0.8077\,tf \cdot m$

$M_{CD} = -0.8077\,tf \cdot m$

$M_{DC} = -0.4038\,tf \cdot m$

예제 11.1 다음 3경간 연속보의 재단 모멘트를 구하시오(EI = 일정).

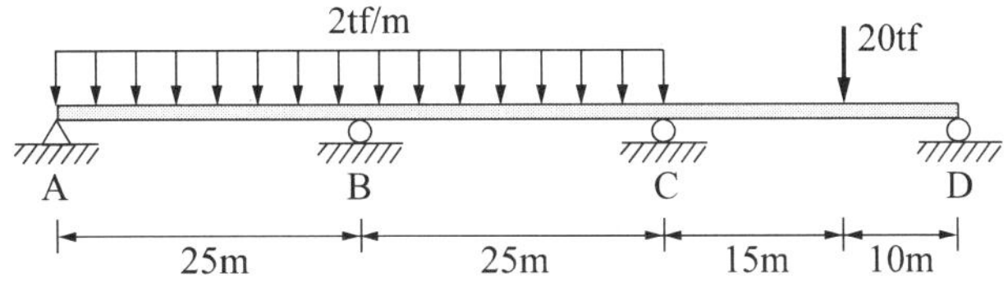

① 고정단 모멘트

$$FEM_{AB} = -\frac{2 \cdot 25^2}{12} = -104.17\,tf \cdot m$$

$$FEM_{BA} = 104.17\,tf \cdot m$$

$$FEM_{BC} = -104.17\,tf \cdot m$$

$$FEM_{CB} = 104.17\,tf \cdot m$$

$$FEM_{CD} = -\frac{20 \cdot 15 \cdot 10^2}{25^2} = -48\,tf \cdot m$$

$$FEM_{DC} = \frac{20 \cdot 15^2 \cdot 10}{25^2} = 72\,tf \cdot m$$

② 미지수 확인

$\psi_{AB} = \psi_{BC} = \psi_{CD} = 0$ (지점침하가 없음)

∴ 구해야 할 미지 변위 θ_A, θ_B, θ_C, θ_D

③ 강도계수 : 3경간 모두 동일하므로 EK는 일정

④ 처짐각식

$$M_{AB} = 2EK(2\theta_A + \theta_B) - 104.17$$

$$M_{BA} = 2EK(\theta_A + 2\theta_B) + 104.17$$

$$M_{BC} = 2EK(2\theta_B + \theta_C) - 104.17$$

$$M_{CB} = 2EK(\theta_B + 2\theta_C) + 104.17$$

$$M_{CD} = 2EK(2\theta_C + \theta_D) - 48$$

$$M_{DC} = 2EK(\theta_C + 2\theta_D) + 72$$

⑤ 절점방정식

$\sum M_{at\,A} = M_{AB} = 0$ $\qquad 4EK\theta_A + 2EK\theta_B - 104.17 = 0$

$\sum M_{at\,B} = M_{BA} + M_{BC} = 0$ $\qquad 2EK\theta_A + 8EK\theta_B + 2EK\theta_C = 0$

$\sum M_{at\,C} = M_{CB} + M_{CD} = 0$ $\qquad 2EK\theta_B + 8EK\theta_C + 2EK\theta_D + 56.17 = 0$

$\sum M_{at\,D} = M_{DC} = 0$ $\qquad 2EK\theta_C + 4EK\theta_D + 72 = 0$

연립방정식을 풀면

$\therefore EK\theta_A = 29.65,\ EK\theta_B = -7.21,\ TEK\theta_C = -0.823,\ EK\theta_D = -17.59$

위의 값을 처짐각식에 대입

$M_{AB} = 0$

$M_{BA} = +134.6\,tf \cdot m$

$M_{BC} = -134.6\,tf \cdot m$

$M_{CB} = +86.5\,tf \cdot m$

$M_{CD} = -86.5\,tf \cdot m$

$M_{DC} = 0$

예제 11.2 다음 내민 부분이 있는 연속보의 재단 모멘트를 구하시오(E=일정).

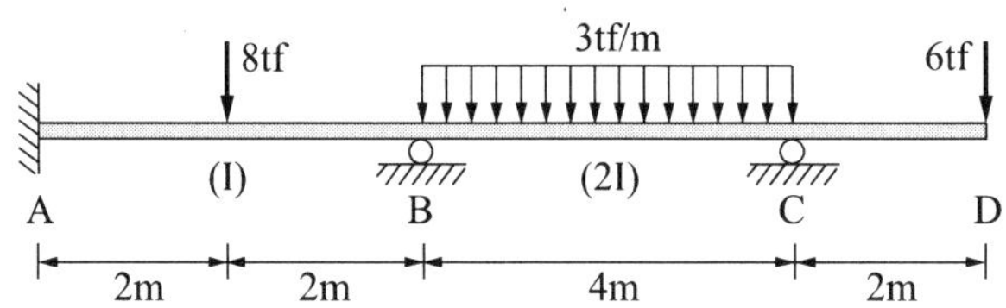

내민 부분 CD는 절점C의 절점방정식에서만 고려하면 된다.

① 고정단 모멘트

$$FEM_{AB} = -\frac{8 \cdot 2 \cdot 2^2}{4^2} = -4\,tf \cdot m$$

$FEM_{BA} = +4\,tf \cdot m$

$$FEM_{BC} = -\frac{3 \cdot 4^2}{12} = -4\,tf \cdot m$$

$FEM_{CB} = +4\,tf \cdot m$

② 미지수 확인

$\theta_A = 0$ (고정단)

$\psi_{AB} = \psi_{BC} = 0$ (지점침하가 없음)

$\therefore$ 구해야할 미지 변위 θ_B, θ_C

③ 강도계수

$$K_{AB} = \frac{I}{4} = K$$

$$K_{BC} = \frac{2I}{4} = 2K$$

여기서, $\frac{I}{4} = K$로 치환함.

④ 처짐각식

$M_{AB} = 2EK\theta_B - 4$

$M_{BA} = 4EK\theta_B + 4$

$M_{BC} = 8EK\theta_B + 4EK\theta_C - 4$

$M_{CB} = 4EK\theta_B + 8EK\theta_C + 4$

⑤ 절점B의 절점방정식

$\sum M_{at\ B} = M_{BA} + M_{BC} = 0$

$12EK\theta_B + 4EK\theta_C = 0$ (1)

⑥ 절점 C의 절점방정식

절점 C의 자유물체도와 C의 바로 오른쪽 단면부터 D사이의 자유물체도

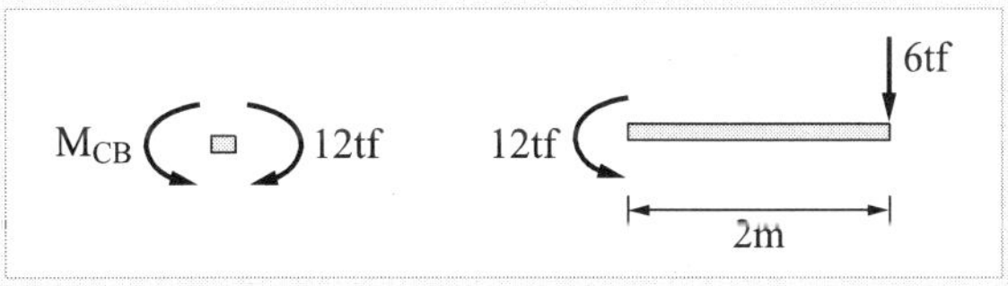

$\sum M_{at\ C} = -M_{CB} + 12 = 0$

$4EK\theta_B + 8EK\theta_C - 8 = 0$ (2)

식 (1)과 식 (2)를 연립

$\therefore EK\theta_B = -0.4,\ EK\theta_C = 1.2$

⑦ 재단모멘트

$M_{AB} = -4.8\,tf \cdot m$

$M_{BA} = 2.4\,tf \cdot m$

$M_{BC} = -2.4\,tf \cdot m$

$M_{CB} = 12\,tf \cdot m$

예제 11.3 지점침하가 있는 연속보의 재단모멘트를 구하시오.

지점변위 : $\delta_B = +4cm\ (\uparrow),\ \delta_C = -4cm\ (\downarrow)$

$EI = 6 \times 10^4 kN \cdot m^2$

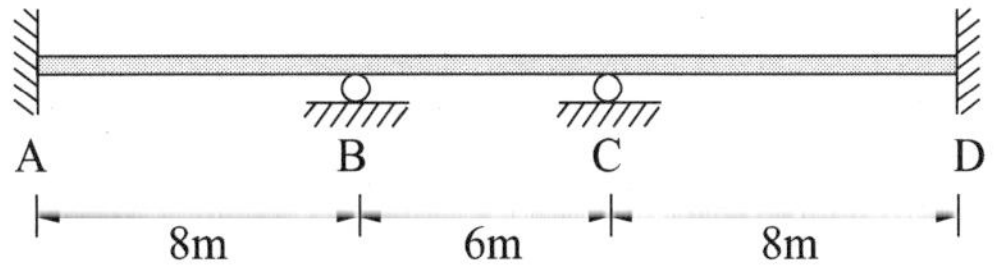

지점침하가 존재하면 부재의 회전각이 존재한다.

① 미지 변위 : θ_B, θ_C

② 고정단모멘트 : 없음

③ 강도계수

$$K_{AB}=\frac{I}{8}=3K,\ K_{BC}=\frac{I}{6}=4K,\ K_{CD}=\frac{I}{8}=3K$$

여기서, $\frac{I}{24}=K$로 치환함.

④ 부재회전각

$$\psi_{AB}=-\frac{\delta_B}{8}=-\frac{0.04}{8}=-0.005$$

$$\psi_{BC}=\frac{\delta_B-\delta_C}{6}=\frac{0.08}{6}=+0.01333$$

$$\psi_{CD}=\frac{-\delta_C}{8}=\frac{0.04}{8}=-0.005$$

⑤ 처짐각식

$$M_{AB}=2E(3K)(\theta_B-3\psi_{AB})=EK(6\theta_B+0.09)$$

$$M_{BA}=2E(3K)(2\theta_B-3\psi_{AB})=EK(12\theta_B+0.09)$$

$$M_{BC}=2E(4K)(2\theta_B+\theta_C-3\psi_{BC})=EK(16\theta_B+8\theta_C-0.32)$$

$$M_{CB}=2E(4K)(\theta_B+2\theta_C-3\psi_{BC})=EK(8\theta_B+16\theta_C-0.32)$$

$$M_{CD}=2E(3K)(2\theta_C-3\psi_{CD})=EK(12\theta_C+0.09)$$

$$M_{DC}=2E(3K)(\theta_C-3\psi_{CD})=EK(6\theta_C+0.09)$$

⑥ 절점방정식

$$\sum M_{at\ B}=M_{BA}+M_{BC}=0 \qquad 28\theta_B+8\theta_C-0.23=0$$

$$\sum M_{at\ C}=M_{CB}+M_{CD}=0 \qquad 8\theta_B+28\theta_C-0.23=0$$

위의 두 식을 연립

$\therefore\ \theta_B=+0.00639\,\text{rad}$ (시계방향)

$\therefore\ \theta_C=+0.00639\,\text{rad}$ (시계방향)

⑦ 재단모멘트

$$M_{AB}=E\frac{I}{24}(6\theta_B+0.09)=0.0053EI=320.8\text{kN}\cdot\text{m}$$

$$M_{BA}=416.7\text{kN}\cdot\text{m}$$

$$M_{BC}=-416.7\text{kN}\cdot\text{m}$$

$$M_{CB}=-416.7\text{kN}\cdot\text{m}$$

$M_{CD} = 416.7kN \cdot m$

$M_{DC} = 320.8kN \cdot m$

11.3 횡변위 없는 라멘

횡변위가 없는 라멘(골조)은 연속보와 유사하게 처짐각법을 적용할 수 있다.

예제 11.4 다음 골조를 처짐각법으로 해석하시오(EI = 일정).

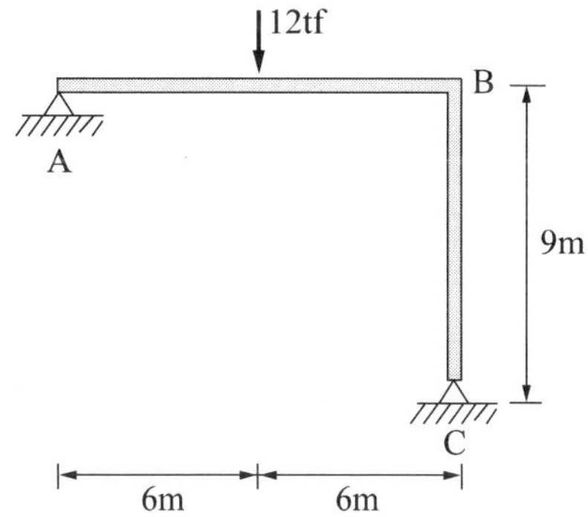

① 고정단 모멘트

$$FEM_{AB} = -\frac{12 \cdot 6 \cdot 6^2}{12^2} = -18tf \cdot m$$

$FEM_{BA} = +18tf \cdot m$

$FEM_{BC} = 0$

$FEM_{CB} = 0$

② 미지수 확인

$\psi_{AB} = \psi_{BC} = 0$ (횡변위 없음)

∴ 구해야 할 미지 변위 θ_A, θ_B, θ_C

③ 강도계수

$$K_{AB} = \frac{I}{12} = 3K, \; K_{BC} = \frac{I}{9} = 4K$$

여기서, $\frac{I}{36} = K$로 치환함.

④ 처짐각식

$M_{AB}=12EK\theta_A+6EK\theta_B-18$

$M_{BA}=6EK\theta_A+12EK\theta_B+18$

$M_{BC}=16EK\theta_B+8EK\theta_C$

$M_{CB}=8EK\theta_B+16EK\theta_C$

⑤ 절점방정식

$\sum M_{at\,A}=M_{AB}=0$ $\quad 12EK\theta_A+6EK\theta_C-18=0$

$\sum M_{at\,B}=M_{BA}+M_{BC}=0$ $\quad 6EK\theta_A+28EK\theta_B+8EK\theta_C+18=0$

$\sum M_{at\,C}=M_{CB}+M_{CD}=0$ $\quad 8EK\theta_B+16EK\theta_C=0$

⑥ 연립방정식의 해

$\therefore\ EK\theta_A=+2.14,\ EK\theta_B=-1.286,\ EK\theta_C=+0.643$

위의 값을 처짐각식에 대입

$M_{AB}=0$

$M_{BA}=+15.43\,tf\cdot m$

$M_{BC}=-15.43\,tf\cdot m$

$M_{CB}=0$

예제 11.5 다음 골조를 처짐각법으로 해석하시오(EI = 일정).

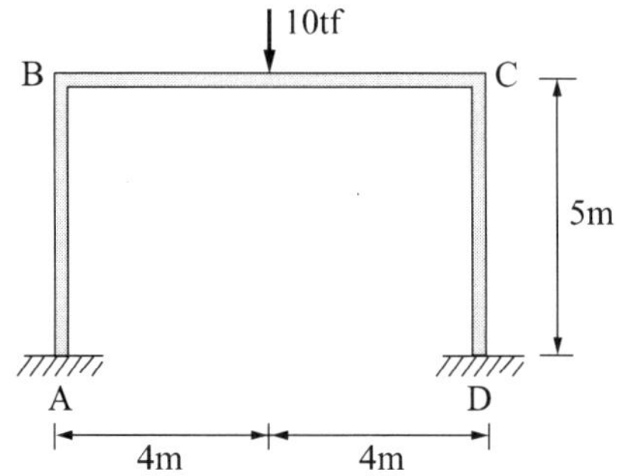

① 고정단 모멘트

$FEM_{AB}=-\dfrac{10\cdot 4\cdot 4^2}{8^2}=-10\,tf\cdot m$

$FEM_{BA}=+10\,tf\cdot m$

② 미지수 확인

$\psi_{AB}=\psi_{BC}=\psi_{CD}=0$ (횡변위 없음)

$\therefore$ 구해야 할 미지 변위 $\theta_B=-\theta_C$ (대칭)

③ 강도계수

$K_{AB} = \frac{I}{5} = 8K,\ K_{BC} = \frac{I}{8} = 5K$

여기서, $\frac{I}{40} = K$로 치환함.

④ 처짐각식

$M_{AB} = 16EK\theta_B$

$M_{BA} = 32EK\theta_B$

$M_{BC} = 10EK\theta_B - 10$

$M_{CB} = 10EK\theta_C + 10$

$M_{CD} = 32EK\theta_C$

$M_{DC} = 16EK\theta_C$

⑤ 절점방정식

$\sum M_{at\,B} = M_{BA} + M_{BC} = 0 \qquad 42EK\theta_B - 10 = 0$

$\sum M_{at\,C} = M_{CB} + M_{CD} = 0 \qquad 42EK\theta_C + 10 = 0$

연립방정식의 해

$\therefore\ EK\theta_B = 0.238,\ TEK\theta_C = -0.238$

위의 값을 처짐각식에 대입

$M_{AB} = +3.83\,tf \cdot m$

$M_{BA} = +7.62\,tf \cdot m$

$M_{BC} = -7.62\,tf \cdot m$

$M_{CB} = -M_{BC} = +7.62\,tf \cdot m$

$M_{CD} = -M_{BA} = -7.62\,tf \cdot m$

$M_{DC} = -M_{AB} = -3.83\,tf \cdot m$

11.4 횡변위가 있는 라멘

대부분의 라멘구조는 다음 그림과 같이 횡변위가 생긴다. 부재의 축변형을 무시하면 B와 C점의 횡변위는 같고, 부재 BC의 회전각은 없다. 또한, 부재 AB와 CD의 부재회전각은 각각

$\psi_{AB} = \dfrac{\Delta}{L_{AB}}$, $\psi_{CD} = \dfrac{\Delta}{L_{CD}}$이 된다. 따라서 총 3개의 미지수 θ_B, θ_C, Δ를 구해야 한다.

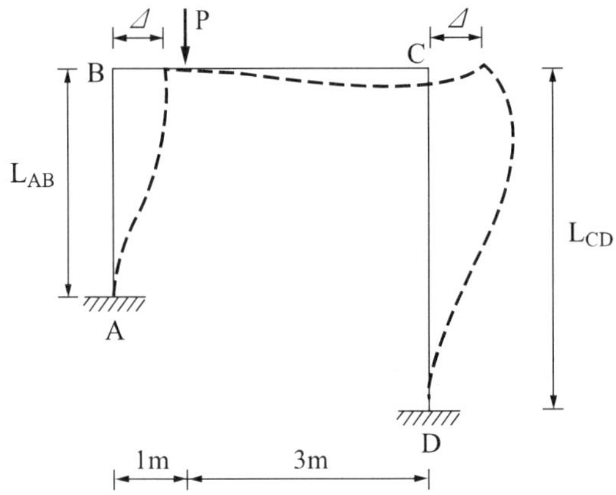

3개의 미지수를 구하기 위한 3개의 조건은 2개의 절점방정식(절점 B와 C) 이외에 1개의 또 다른 방정식이 필요하다. 이때, 모든 구조물에 작용하는 수평력의 합은 0이라는 조건을 사용한다.

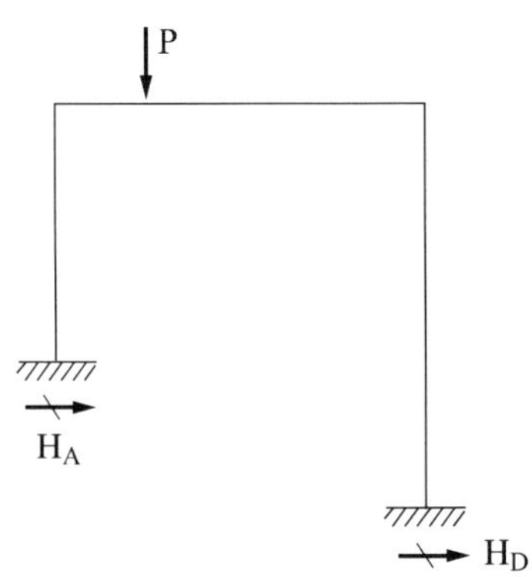

위의 그림과 같이 수평 반력만 표시한 자유물체도에 $\sum F_H = 0$을 적용하면 다음과 같은 방정식을 얻을 수 있다.

$$\therefore\ H_A + H_D = 0$$

이 방정식을 전단방정식 또는 층방정식이라 한다.

위의 수평반력을 재단 모멘트로 바꾸어 표현하기 위해 부재 AB와 CD의 자유물체도를 그리면 다음과 같다.

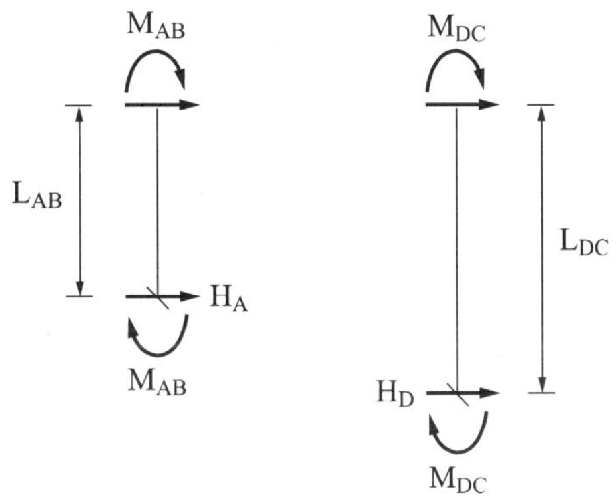

왼쪽 자유물체도에서 B점의 모멘트 방정식을 적용하면 다음과 같다.

$$\sum M_{at\ B} = M_{BA} + M_{AB} - H_A L_{AB} = 0$$

$$\therefore\ H_A = \frac{M_{AB} + M_{BA}}{L_{AB}}$$

오른쪽 자유물체도에서 유사하게 C점의 모멘트 방정식을 적용하면 다음과 같다.

$$\sum M_{at\ C} = M_{CD} + M_{DC} - H_D L_{CD} = 0$$

$$\therefore\ H_D = \frac{M_{CD} + M_{DC}}{L_{CD}}$$

그러므로 전단방정식은 다음과 같이 재단모멘트로 표현된다.

$$\therefore\ \frac{M_{AB} + M_{BA}}{L_{AB}} + \frac{M_{CD} + M_{DC}}{L_{CD}} = 0$$

2개의 절점방정식과 1개의 전단방정식을 연립하여 풀면 미지수 θ_B, θ_C, Δ을 구할 수 있고, 차례로 재단모멘트, 반력 등을 구할 수 있다.

아래와 같은 3층 구조물의 층방정식(전단방정식)을 구하는 과정을 살펴보자.

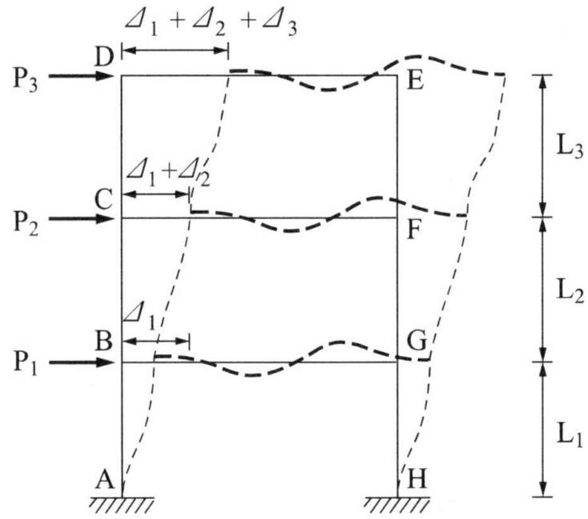

① 미지수

그림과 같이 각 층의 횡변위 Δ_1, Δ_2, Δ_3와 절점회전각 θ_B, θ_C, θ_D, θ_E, θ_F, θ_G의 9개의 미지수가 존재한다. 고전단 A, B의 회전각은 0이다.

② 조건

절점 B, C, D, E, F, G의 6개의 절점방정식 이외에 3개의 층방정식이 필요하다. 아래와 같이 각 층의 기둥 밑을 절단한 자유물체도를 그리고 평형방정식 $\sum F_H = 0$을 적용한다.

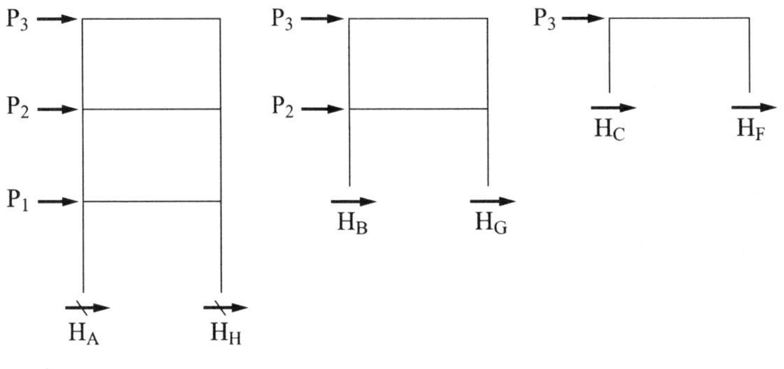

다음과 같은 3개의 층방정식을 얻을 수 있다.

$$H_A + H_H + P_1 + P_2 + P_3 = 0$$

$$H_B + H_G + P_2 + P_3 = 0$$

$$H_C + H_F + P_3 = 0$$

위의 식을 재단모멘트로 표시하면 다음과 같다.

$$\frac{M_{AB}+M_{BA}}{L_1}+\frac{M_{GH}+M_{HG}}{L_1}+P_1+P_2+P_3=0$$

$$\frac{M_{BC}+M_{CB}}{L_2}+\frac{M_{FG}+M_{GF}}{L_2}+P_2+P_3=0$$

$$\frac{M_{CD}+M_{DC}}{L_3}+\frac{M_{EF}+M_{FE}}{L_3}+P_3=0$$

예제 11.6 처짐각법으로 아래 골조의 재단모멘트를 구하시오(E=일정).

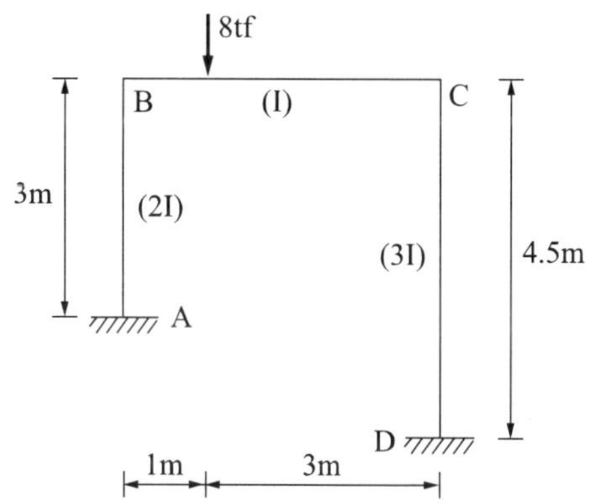

① 미지 변위 : θ_B, θ_C, Δ

② 고정단모멘트

$$FEM_{BC}=-\frac{8\cdot1\cdot3^2}{4^2}=-4.5\,tf\cdot m$$

$$FEM_{CB}=\frac{8\cdot1\cdot3}{4^2}=1.5\,tf\cdot m$$

③ 강도계수

$$K_{AB}=\frac{2I}{3}=8K,\quad K_{BC}=\frac{I}{4}=3K,\quad K_{CD}=\frac{3I}{4.5}=8K$$

여기서, $\frac{I}{12}=K$로 치환함.

④ 부재회전각

$$\psi_{AB}=\frac{\Delta}{3}=3\psi,\quad \psi_{BC}=0,\quad \psi_{CD}=\frac{\Delta}{4.5}=2\psi$$

여기서, $\dfrac{\Delta}{9} = \psi$로 치환함.

⑤ 처짐각식

$M_{AB} = 2EK_{AB}(\theta_B - 3\psi_{AB}) = 16EK\theta_B - 144EK\psi$

$M_{BA} = 2EK_{AB}(2\theta_B - 3\psi_{AB}) = 32EK\theta_B - 144EK\psi$

$M_{BC} = 2EK_{BC}(2\theta_B + \theta_C) - 4.5 = 12EK\theta_B + 6EK\theta_C - 4.5$

$M_{CB} = 2EK_{CB}(\theta_B + 2\theta_C) + 1.5 = 6EK\theta_B + 12EK\theta_C + 1.5$

$M_{CD} = 2EK_{CD}(2\theta_C - 3\psi_{CD}) = 32EK\theta_C - 96EK\psi$

$M_{DC} = 2EK_{CD}(\theta_C - 3\psi_{CD}) = 16EK\theta_C - 96EK\psi$

⑥ 절점방정식

$\sum M_{at\,B} = M_{BA} + M_{BC} = 0$

$44EK\theta_B + 6EK\theta_C - 144EK\psi - 4.5 = 0$ (1)

$\sum M_{at\,C} = M_{CB} + M_{CD} = 0$

$6EK\theta_B + 44EK\theta_C - 96EK\psi + 1.5 = 0$ (2)

⑦ 전단방정식

$\therefore H_A + H_D = 0$

$$\Rightarrow \quad \frac{M_{AB} + M_{BA}}{3} + \frac{M_{CD} + M_{DC}}{4.5} = 0 \qquad (3)$$

$16EK\theta_B + 10.67EK\theta_C - 138.67EK\psi = 0$

위의 연립방정식 (1), (2), (3)을 행렬관계식으로 정리하면

$$\begin{Bmatrix} EK\theta_B \\ EK\theta_C \\ EK\psi \end{Bmatrix} = \begin{bmatrix} 44 & 6 & -144 \\ 6 & 44 & -96 \\ 16 & 10.67 & -138.67 \end{bmatrix}^{-1} \begin{Bmatrix} 4.5 \\ -1.5 \\ 0 \end{Bmatrix}$$

$$\begin{Bmatrix} 0.1608 \\ -0.01866 \\ 0.01712 \end{Bmatrix}$$

⑧ 재단모멘트

$M_{AB} = 16EK\theta_B - 144EK\psi = 0.1075$

$M_{BA} = 32EK\theta_B - 144EK\psi = 2.68$

$M_{BC} = 12EK\theta_B + 6EK\theta_C - 4.5 = -2.68$

$M_{CB} = 6EK\theta_B + 12EK\theta_C + 1.5 = 2.24$

$M_{CD} = 32EK\theta_C - 96EK\psi = -2.24$

$M_{DC} = 16EK\theta_C - 96EK\psi = -1.94$

예제 11.7 처짐각법으로 아래 골조의 재단모멘트를 구하시오(EI=일정).

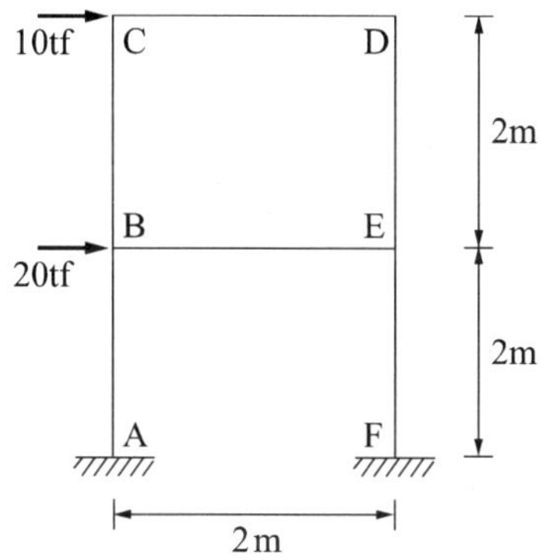

① 미지 변위 : θ_B, θ_C, θ_D, θ_E, Δ_1, Δ_2

② 강도계수

$$K_{AB}=K_{BC}=K_{CD}=K_{BE}=K_{DE}=K_{EF}=\frac{I}{2}=K$$

③ 부재회전각

$$\psi_{AB}=\psi_{EF}=\frac{\Delta_1}{2}=\psi_1$$

$$\psi_{BC}=\psi_{DE}=\frac{\Delta_2}{2}=\psi_2$$

$$\psi_{CD}=\psi_{BE}=0$$

④ 처짐각식 : 2EK=1로 단순화

$$M_{AB}=2EK_{AB}(\theta_B-3\psi_{AB})=\theta_B-3\psi_1$$

$$M_{BA}=2\theta_B-3\psi_1$$

$$M_{BC}=2\theta_B+\theta_C-3\psi_2$$

$$M_{BE}=2\theta_B+\theta_E$$

$$M_{CB}=\theta_B+2\theta_C-3\psi_2$$

$$M_{CD}=2\theta_C+\theta_D$$

$$M_{DC}=\theta_C+2\theta_D$$

$$M_{DE}=2\theta_D+\theta_E-3\psi_2$$

$$M_{ED}=\theta_D+2\theta_E-3\psi_2$$

$$M_{EB}=\theta_B+2\theta_E$$

$$M_{EF}=2\theta_E-3\psi_1$$

$$M_{FE}=\theta_E-3\psi_1$$

⑤ 절점방정식

$\sum M_{at\,B} = M_{BA} + M_{BC} + M_{BE} = 0 \qquad 6\theta_B + \theta_C + \theta_E - 3\psi_1 - 3\psi_2 = 0 \qquad (1)$

$\sum M_{at\,C} = M_{CB} + M_{CD} = 0 \qquad \theta_B + 4\theta_C + \theta_D - 3\psi_2 = 0 \qquad (2)$

$\sum M_{at\,D} = M_{DC} + M_{DE} = 0 \qquad \theta_C + 4\theta_D + \theta_E - 3\psi_2 = 0 \qquad (3)$

$\sum M_{at\,E} = M_{ED} + M_{EB} + M_{EF} = 0 \qquad \theta_B + \theta_D + 6\theta_E - 3\psi_1 - 3\psi_2 = 0 \qquad (4)$

⑥ 층방정식

2층 : $\dfrac{M_{BC} + M_{CB}}{2} + \dfrac{M_{DE} + M_{ED}}{2} = -10$

$3\theta_B + 3\theta_C + 3\theta_D + 3\theta_E - 12\psi_2 = -20 \qquad (5)$

1층 : $\dfrac{M_{AB} + M_{BA}}{2} + \dfrac{M_{EF} + M_{FE}}{2} = -30$

$3\theta_B + 3\theta_E - 12\psi_1 = -60 \qquad (6)$

식 (1), (2), ⋯ , (6)을 연립하여 풀고 2EK를 복원하면

$2EK\theta_B = 5.2727 \qquad 2EK\theta_C = 2.1818$

$2EK\theta_D = 2.1818 \qquad 2EK\theta_E = 5.2727$

$2EK\psi_1 = 7.6364 \qquad 2EK\psi_2 = 5.3939$

⑦ 재단모멘트 : $EK = EI/2$

$M_{AB} = M_{FE} = -17.64EI \qquad M_{BA} = M_{EF} = -12.37EI$

$M_{BC} = M_{ED} = -3.46EI \qquad M_{BE} = M_{EB} = 15.82EI$

$M_{CB} = M_{DE} = -6.55EI \qquad M_{CD} = M_{DC} = 6.55EI$

▌연습문제 ▌

11.1 처짐각법으로 다음 부정정 보의 재단모멘트를 구하시오(EI = 일정).

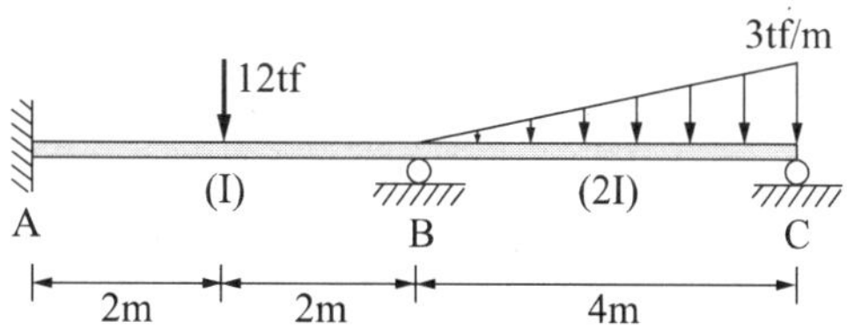

11.2 처짐각법으로 다음 부정정 보의 반력을 구하시오.

지점변위 : $\delta_B = -6\text{cm}\ (\downarrow)$, $\delta_C = +2\text{cm}\ (\uparrow)$

$EI = 8 \times 10^4\ \text{kN} \cdot \text{m}^2$

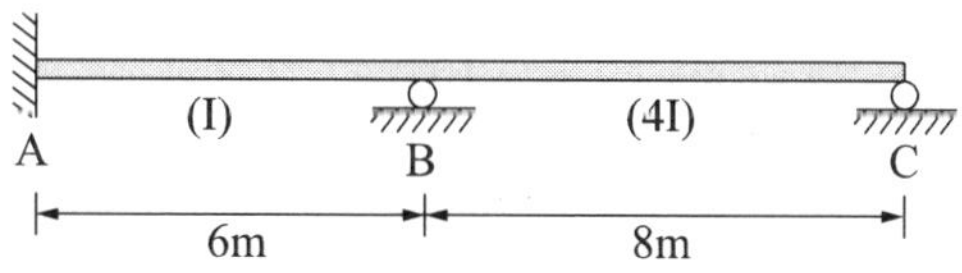

11.3 처짐각법으로 아래 골조의 재단모멘트를 구하시오(EI = 일정).

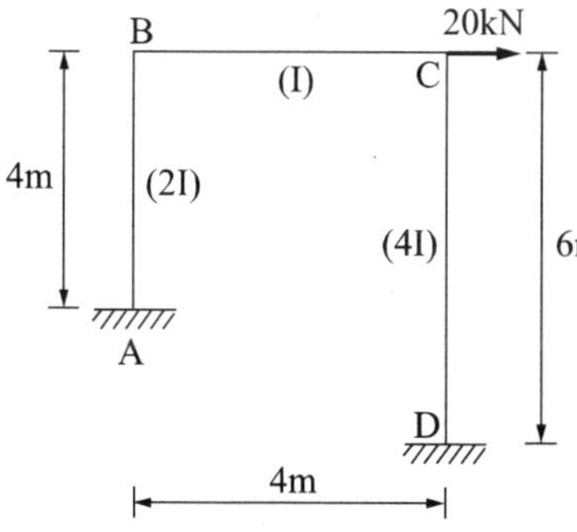

11.4 처짐각법으로 아래 골조의 재단모멘트를 구하시오(EI = 일정).

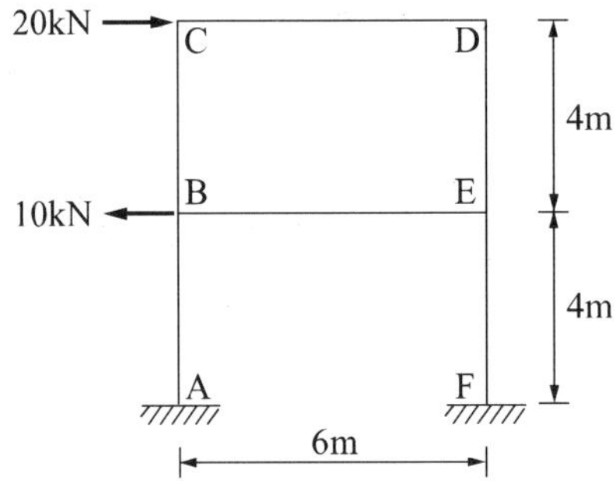

제 12 장

모멘트 분배법

12.1 모멘트 분배법 소개

1930년경에 개발된 모멘트 분배법은 컴퓨터를 활용하기 이전에 유용하게 사용되던 고전적인 부정정 해석법이다. 처짐각법과 같이 대부분의 고전적인 부정정 해석법은 연립방정식을 풀어야 하는 방법이다. 그러나 모멘트 분배법은 연립방정식 풀이 없이, 간단한 계산의 반복으로 재단모멘트의 근사값을 구할 수 있는 방법으로서, 연속보나 골조(프레임, 라멘)해석에 탁월한 방법으로 컴퓨터를 활용하여 구조해석을 하는 오늘날에도 수 계산에 유용하게 사용하는 방법이다.

부정정 구조에서 각 부재의 재단모멘트를 구하는 과정에서, 처음에는 모든 절점을 고정단으로 가정하여 고정단 모멘트를 계산한다. 그러나 실제로는 모든 절점이 고정된 것이 아니라 회전 변위가 존재하는 절점이 있으므면 실제 재단 모멘트와 다르게 된다. 따라서 각 절점을 고립한 자유물체도 상의 모멘트 합은 0이 되지 않는다. 이러한 모멘트를 불균형 모멘트라 하고, 이 불균형 모멘트가 0이 될 때까지 모멘트를 부재별 강도에 따라 분배하고 다른 단에 전달하는 과정을 계속하면 점진적으로 불균형 모멘트가 0으로 근접하게 된다. 이렇게 반복적인 수치계산 과정을 거치면 복잡한 방정식을 풀 필요 없이 재단모멘트를 구할 수 있다.

12.1.1 고정단 모멘트(Fixed-end Moments)

부재 양단의 자유도가 구속되었을 때 양단에 발생하는 모멘트 반력이다. 아래의 표에 다양한 하중에 대한 고정단 모멘트를 정리하였다.

$\frac{Pab^2}{L^2}$	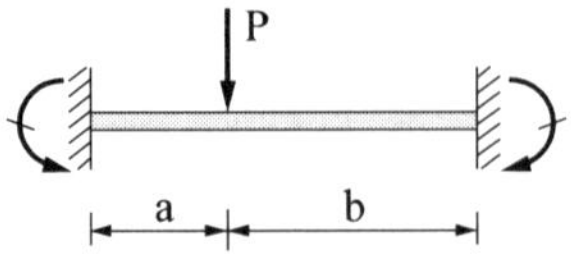	$\frac{Pa^2b}{L^2}$
$\frac{PL}{8}$	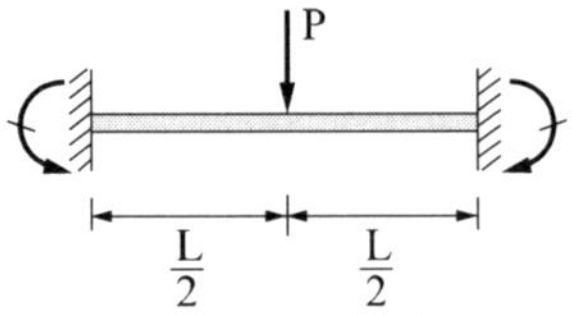	$\frac{PL}{8}$
$\frac{wL^2}{12}$	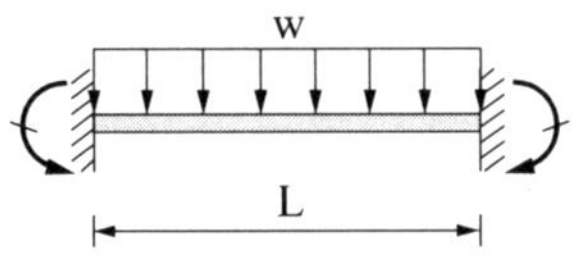	$\frac{wL^2}{12}$
$\frac{wa^2}{12L^2}(6L^2-8aL+3a^2)$	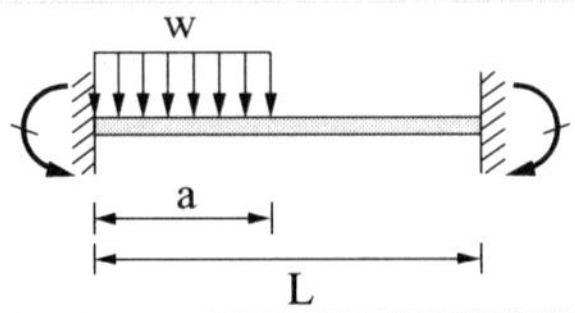	$\frac{wa^2}{12L^2}(4L-3a)$
$\frac{wL^2}{30}$	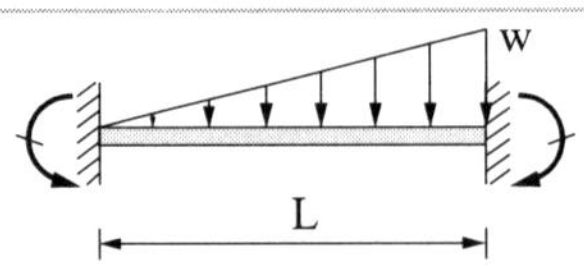	$\frac{wL^2}{20}$
$\frac{5wL^2}{96}$	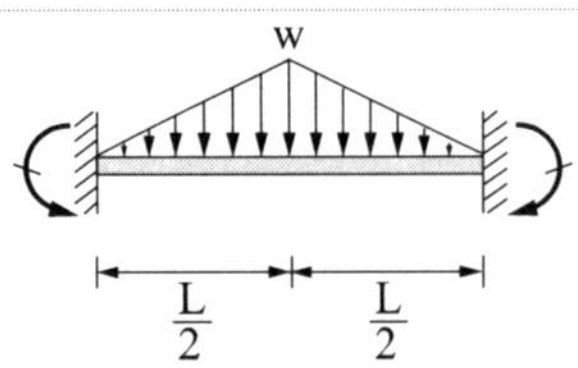	$\frac{5wL^2}{96}$
$\frac{6EI\Delta}{L^2}$	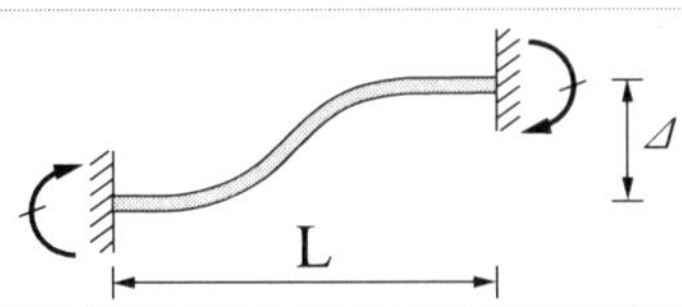	$\frac{6EI\Delta}{L^2}$
$\frac{4EI\theta}{L}$	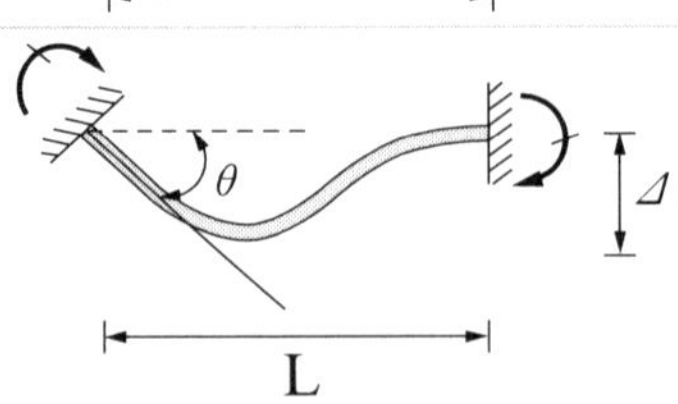	$\frac{2EI\theta}{L}$

12.1.2 불균형 모멘트

구속되었던 절점의 회전 자유도가 해제되면, 절점에 연결된 모든 부재의 고정단 모멘트의 합이 0이 되지 않는다. 이때 발생하는 0이 되지 않은 모멘트를 불균형 모멘트라 한다.

12.1.3 분배모멘트

절점의 구속이 해제된 후 불균형 모멘트에 의해 절점은 회전하게 되고, 각 부재에는 저항모멘트가 발생한다. 저항모멘트에 의해 평형상태에 도달되면 회전은 멈춘다. 이때 발생하는 저항모멘트를 분배모멘트라 한다.

12.1.4 전달모멘트

부재 단부의 분배모멘트는 다른 쪽 단부에도 모멘트를 발생시키며 이것을 전달모멘트라고 한다.

아래 그림과 같은 일정한 단면으로 구성된 보에서 핀지점 A에 가해진 M_0의 우력모멘트에 의해서 고정단 B에 발생하는 반력모멘트가 전달된 모멘트이다.

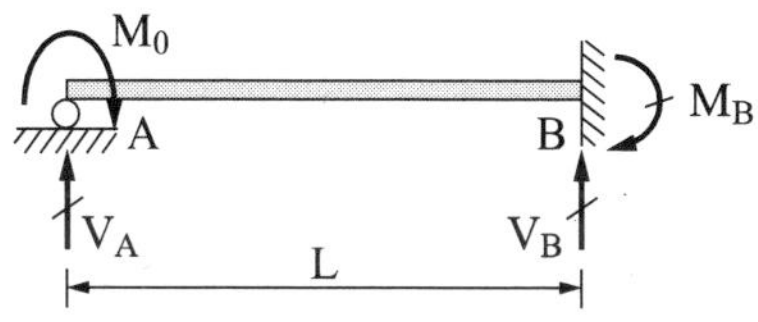

변위일치법으로 M_B를 구하고자 한다. M_B를 부정정력으로 선택하고 M_B를 발생시키는 지점 구속을 풀면 기본 구조물이 되고, 하중과 부정정력을 재하한다.

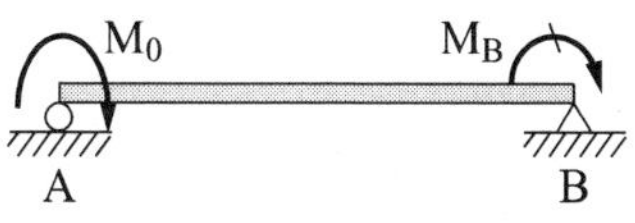

위의 구조는 다음과 같이 두 개의 하중상태로 분해할 수 있다.

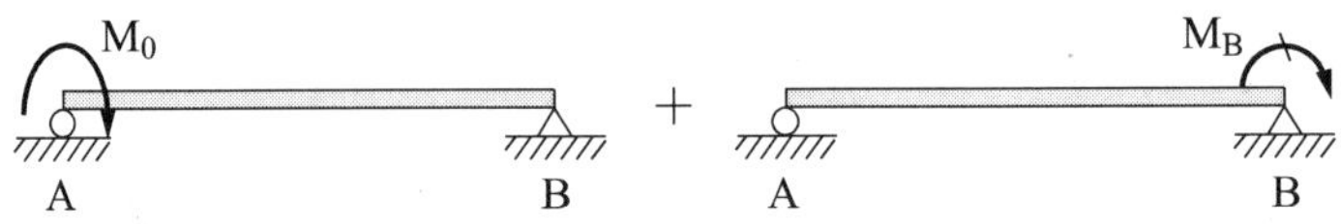

위의 그림에서

- 하중만 작용하는 기본구조물 B점의 처짐각 $\Delta_{B0} = -\dfrac{M_0 L}{6EI}$ (반시계방향)
- 부정정력이 작용하는 기본구조물 B점의 처짐각 $\delta_{BB} = \dfrac{L}{3EI}$ (시계방향)

변위일치법에 의해서 $M_B = -\dfrac{\Delta_{B0}}{\delta_{BB}} = \dfrac{M_0}{2}$ 이다. 그러므로 전달모멘트는 가해진 우력의 1/2이 됨을 알 수 있다.

12.1.5 분배율

절점에 전달되어온 모멘트를 그 절점에 연결된 부재들이 분담하게 되는데, 이 분담율을 분배율이라 한다. 간단히 표현하면 강한 부재가 많은 모멘트를 분담하게 되는 경향이 있다.

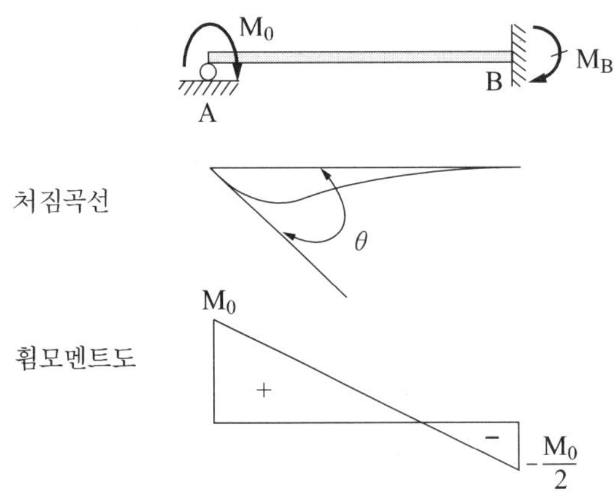

위의 그림은 롤러와 고정단으로 구성된 보에 우력이 작용하는 경우의 처짐곡선과 휨모멘트도이다. 이 그림에 나타난 A점의 처짐각 θ는 모멘트면적 제1정리로부터 구할 수 있다. 즉, 휨모멘트도의 AB구간 면적이 θ가 된다. 그러므로 $\theta = \dfrac{M_0 L}{4EI}$ 를 계산할 수 있다. 이 관계를 우

력을 좌변으로 정리하여 나타내면 다음과 같다.

$$M_0 = \frac{4EI}{L}\theta$$

이 관계식을 통해 단위 처짐각을 유발하려면 $\frac{4EI}{L}$ 만큼의 우력이 필요하다는 것을 알 수 있다. $\frac{4EI}{L}$ 은 보의 강성도이다. 어느 절점에 강결로 연결된 부재의 처짐각(회전각)은 모두 동일하므로 모멘트 분배는 각 부재의 $\frac{4EI}{L}$ 값의 비율에 따라 분배된다. 만약 모든 부재가 동일한 재료로 구성되어 탄성계수(E)가 같다면 분배율을 결정하는 값은 $\frac{I}{L}$ 이다. 이 값을 강도계수(K)라 한다. 한 절점에 연결된 부재들의 모멘트 분배율(DF)을 계산하기 위해 아래의 식과 같이 강도계수의 비율만큼 모멘트를 분배한다.

$$DF_i = \frac{K_i}{\sum K}$$

12.1.6 수정 강도계수

앞서 설명된 강도계수 $K = \frac{I}{L}$ 는 원단이 고정단일 때를 기준으로 한다. 만약 원단의 지점조건이 변경되면 부재의 강도계수도 수정한다. 원단이 핀지점(롤러지점)일 때, 고정단의 경우보다 강도가 줄어드는 효과가 있다.

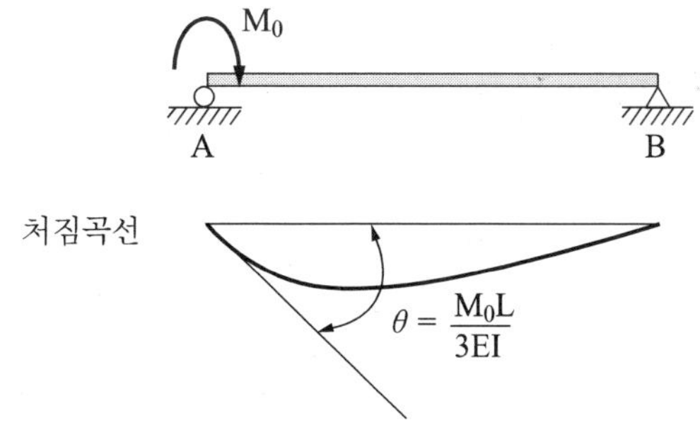

위의 그림처럼 우력 M_0과 A점의 처짐각 θ와의 관계는 $M_0 = \frac{3EI}{L}\theta$로 나타난다. 고정단

의 경우에는 $M_0 = \frac{4EI}{L}\theta$이었다. 따라서 원단이 핀지점인 경우의 강도계수는 원단이 고정단인 경우의 $\frac{3}{4}$이므로 $K^* = \frac{3}{4}K$로 표현할 수 있다.

12.1.7 부호 규약

양단의 휨모멘트(재단모멘트)는 시계방향을 정모멘트로 정한다.

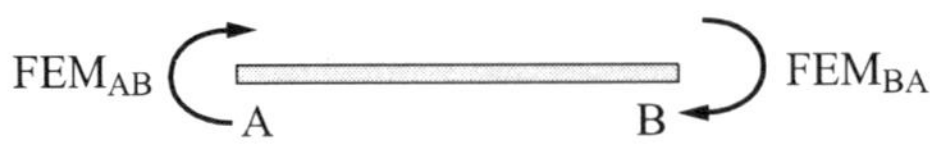

12.1.8 모멘트 분배법 순서

① 고정단 모멘트를 계산한다(시계방향을 +로 한다).
② 분배율을 계산한다.
③ 시작할 절점을 정하고, 불균형 모멘트를 계산한다.
④ 불균형 모멘트를 분배율에 따라 분배하고, 다른 단에 전달한다.
⑤ 불균형 모멘트가 허용치 이내로 줄어들 때까지 3과 4를 반복한다.

12.2 모멘트 분배법의 적용

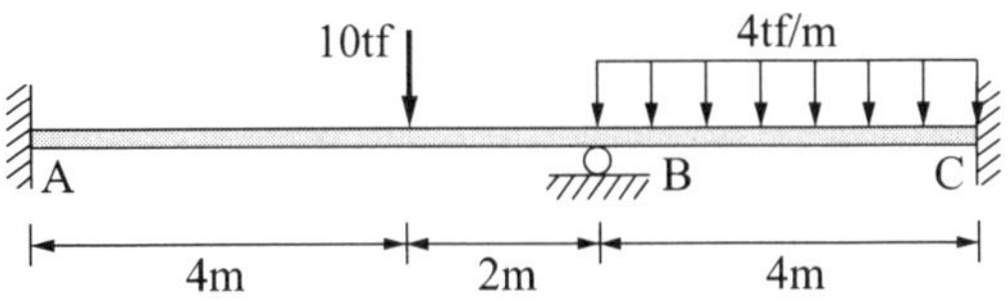

1) 고정단 모멘트

$$FEM_{AB} = -\frac{Pab^2}{L^2} = -\frac{10\times4\times2^2}{6^2} = -4.444\,\mathrm{tf\cdot m}$$

$$FEM_{BA} = \frac{Pa^2b}{L^2} = \frac{10\times4^2\times2}{6^2} = 8.888\,\mathrm{tf\cdot m}$$

$$FEM_{BC} = -\frac{wL^2}{12} = -\frac{4\times4^2}{12} = -5.333\,\mathrm{tf\cdot m}$$

$$FEM_{CB} = \frac{wL^2}{12} = \frac{4\times4^2}{12} = 5.333\,\mathrm{tf\cdot m}$$

2) 강도계수

$$K_{AB} = \frac{I}{6}$$

$$K_{BC} = \frac{I}{4}$$

3) 분배율

$$DF_{BA} = \frac{K_{AB}}{K_{AB}+K_{BC}} = \frac{\frac{I}{6}}{\frac{I}{6}+\frac{I}{4}} = 0.4$$

$$DF_{BC} = \frac{K_{BC}}{K_{AB}+K_{BC}} = \frac{\frac{I}{4}}{\frac{I}{6}+\frac{I}{4}} = 0.6$$

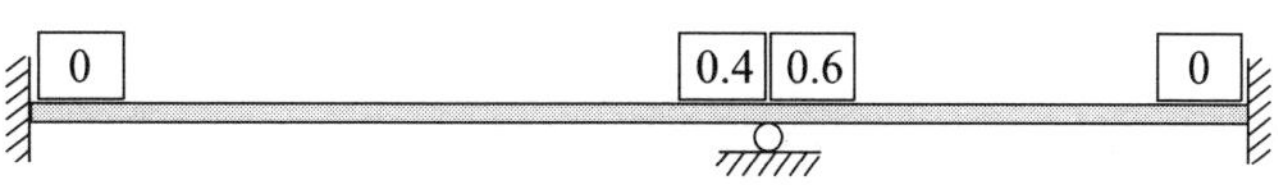

A	B (BA)	B (BC)	C
-4.444	8.888	-5.333	5.333
-0.711	-1.422	-2.133	-1.067
-5.155	7.466	-7.466	4.266

• 재단 모멘트의 최종결과

$M_{AB} = -5.155\,tf \cdot m$

$M_{BA} = 7.466\,tf \cdot m$

$M_{BC} = -7.466\,tf \cdot m$

$M_{CB} = 4.266\,tf \cdot m$

위의 과정을 표로 정리할 수 있다.

	M_{AB}		M_{BA}	M_{BC}		M_{CB}
분배율	0.0		0.4	0.6		0.0
고정단 모멘트	−4.444		8.888	−5.333		5.333
분배와 전달 1	−0.711	←	−1.422	−2.133	→	−1.067
최종모멘트	−5.155		7.466	−7.466		4.266

4) 반력

① AB구간 자유물체도

'B지점의 반력 바로 왼쪽 단면'과 A지점 사이의 자유물체도

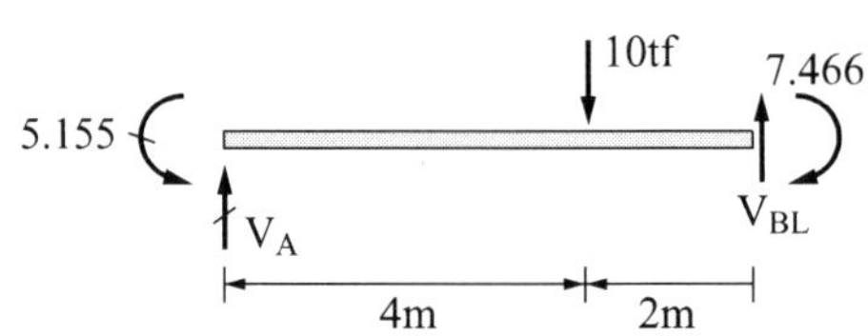

• 평형방정식

$\sum M_{at\ B} = 6V_A - 5.155 - 10 \times 2 + 7.466 = 0$

$\therefore \quad V_A = 2.948tf$

$\sum F_V = 2.948 - 10 + V_{BL} = 0$

$\therefore \quad V_{BL} = 7.052tf$

② BC구간 자유물체도

B지점의 반력 바로 오른쪽 단면에서 C지점 사이의 자유물체도

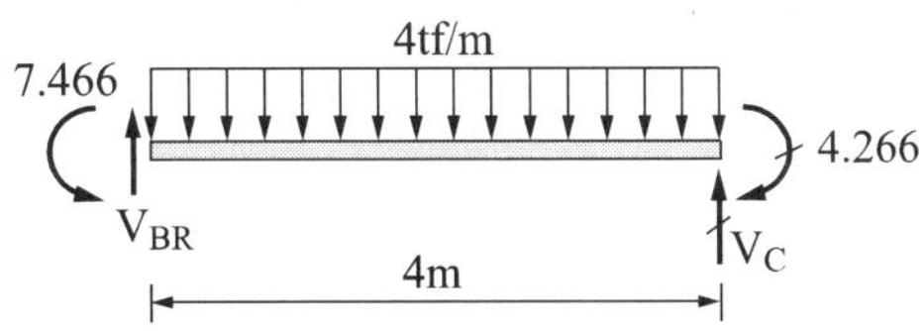

• 평형방정식

$$\sum M_{at\ B} = 16 \times 2 - 7.466 + 4.266 - 4V_C = 0$$

$\therefore \quad V_C = 7.2\text{tf}$

$$\sum F_V = V_{BR} - 16 + 7.2 = 0$$

$\therefore \quad V_{BR} = 8.8\text{tf}$

③ B지점의 자유물체도

B지점 반력 바로 왼쪽과 오른쪽 단면 사이의 자유물체도

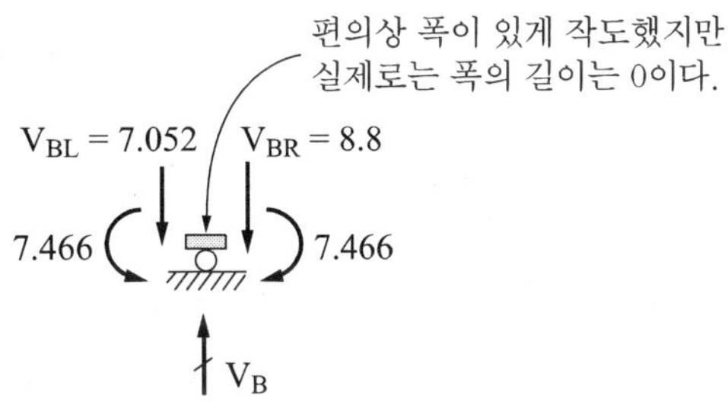

• 평형방정식

$$\sum F_V = -7.052 + V_B - 8.8 = 0$$

$\therefore \quad V_B = 15.852\text{tf}$

반력과 단면력도를 그리면 다음과 같다.

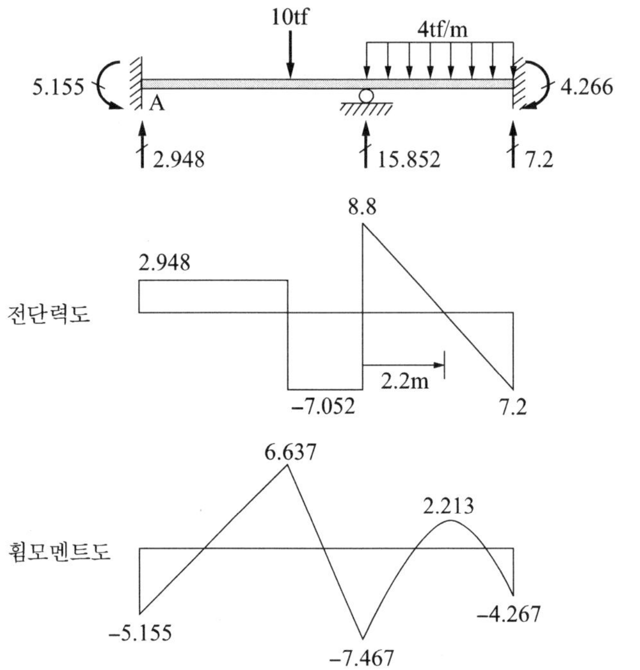

예제 12.1 다음 그림에 있는 보의 재단모멘트를 구하시오

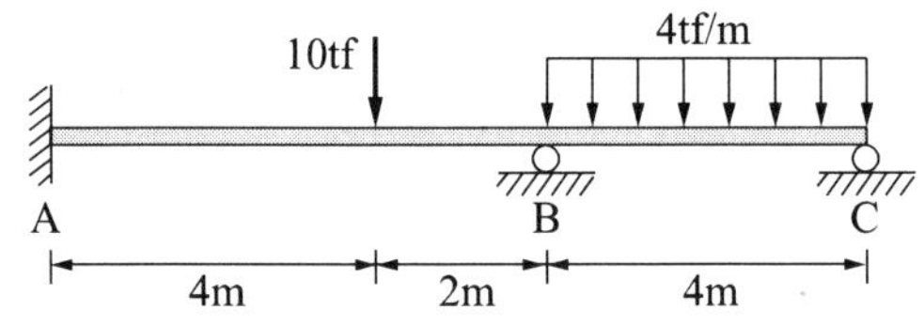

C지점이 고정단인 경우와 비교하여 분배율 DF_{CB}가 1.0으로 바뀐다.

	M_{AB}		M_{BA}	M_{BC}		M_{CB}
분배율	0		0.4	0.6		1.0
고정단 모멘트	−4.444		8.888	−5.333		5.333
분배 1 & 전달 1				−2.667	←	−5.333
분배 2 & 전달 2	−0.178	←	−0.355	−0.533	→	−0.267
분배 3 & 전달 3				0.133	←	0.267
분배 4 & 전달 4	−0.027	←	−0.053	−0.080	→	−0.040
분배 5 & 전달 5				0.020	←	0.040
분배 6			−0.008	−0.012		
최종모멘트	−4.649		8.472	−8.472		0.0

B절점에 연결된 두 부재 BA와 BC의 원단은 핀지점이므로 수정 강도계수를 사용할 수 있다.

① 수정 강도계수

$$K_{AB} = \frac{I}{6} = \frac{16I}{96}$$

$$K_{BC}^{*} = \frac{3}{4} \times \frac{I}{4} = \frac{18I}{96}$$

② 분배율

$$DF_{BA} = \frac{K_{AB}}{K_{AB} + K_{BC}^{*}} = \frac{16}{16+18} = 0.47$$

$$DF_{BC} = \frac{K_{BC}^{*}}{K_{AB} + K_{BC}^{*}} = \frac{18}{16+18} = 0.53$$

수정 강도계수 사용으로 분배율이 변한다. 수정강도계수를 사용한 부재는 핀지점인 원단 쪽으로 모멘트를 전달할 필요가 없기 때문에 반복 횟수가 감소한다.

	M_{AB}		M_{BA}	M_{BC}		M_{CB}
분배율	0		0.47	0.53*		1.0
고정단 모멘트	−4.444		8.888	−5.333		5.333
분배 1 & 전달 1				−2.667	←	−5.333
분배 2	−0.209	←	−0.417	−0.471	전달없음	
최종모멘트	−4.653		8.471	−8.471		0

예제 12.2 다음 내민 부분이 있는 연속보의 반력을 구하시오(모든 부재의 EI 동일).

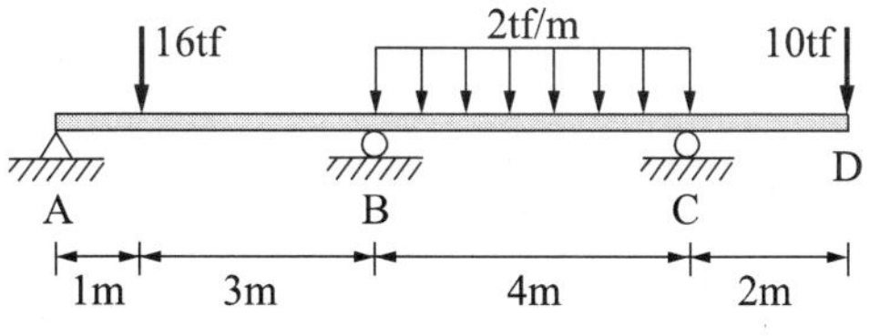

① 고정단 모멘트

$$FEM_{AB} = -\frac{16 \times 1 \times 3^2}{4^2} = -9\,tf \cdot m$$

$$FEM_{BA} = \frac{16 \times 1^2 \times 3}{4^2} = 3\,tf \cdot m$$

$$FEM_{BC} = -\frac{wL^2}{12} = -\frac{2 \times 4^2}{12} = -2.667\,tf \cdot m$$

$$FEM_{CB}=\frac{wL^2}{12}=\frac{2\times4^2}{12}=2.667\,\text{tf}\cdot\text{m}$$

② 내민부분의 재단모멘트

C의 우측 부분은 위의 그림에 나타나듯이 $-20\text{tf}\cdot\text{m}$의 재단 모멘트가 존재한다. 이 재단모멘트는 고정단 모멘트처럼 처음의 불균형 모멘트 계산에 사용되지만, 모멘트 분배 전달과정에서 변하지 않는 값이다. 즉, 내민부분의 분배율은 0이다.

$DF_{CD}=0$

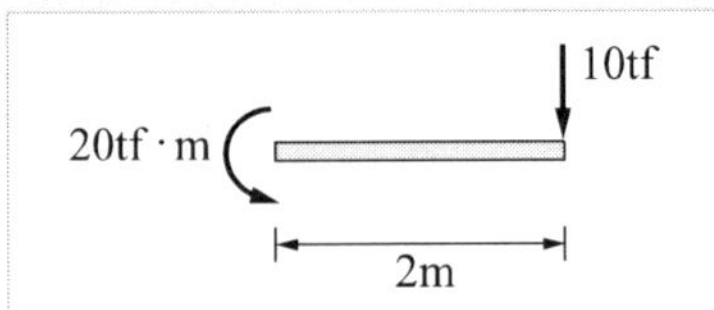

③ 강도계수

$$K^*_{AB}=\frac{3}{4}\frac{I}{4}=\frac{3I}{16}$$

$$K^*_{BC}=\frac{3}{4}\frac{I}{4}=\frac{3I}{16}$$

④ 분배율

$DF_{BA}=0.5,\ DF_{BC}=0.5$

⑤ 모멘트 분배법 적용

	M_{AB}		M_{BA}	M_{BC}		M_{CB}	M_{CD}
분배율	0		0.5*	0.5*		1.0	0
고정단 모멘트	−9		3	−2.667		2.667	−20
분배 1 & 전달 1	9	→	4.5	8.6665	←	17.333	
분배 2			−6.75	−6.75			
최종모멘트	0		0.75	−0.75		20	−20

⑥ 반력산정

AB구간 자유물체도 : B지점의 반력 바로 왼쪽 단면에서 A지점 사이의 자유물체도

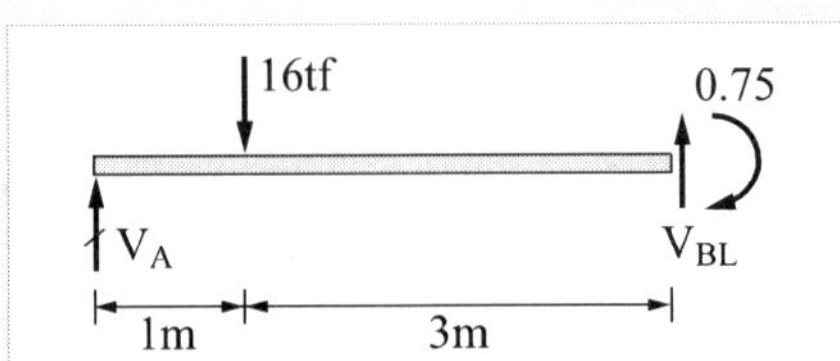

⑦ 평형방정식

$\sum M_{at\ B} = 4V_A + 0.75 - 16 \times 3 = 0$

$\therefore V_A = 11.8125\,tf$

BD구간 자유물체도 : B지점의 바로 오른쪽 단면에서 자유단 D사이의 자유물체도

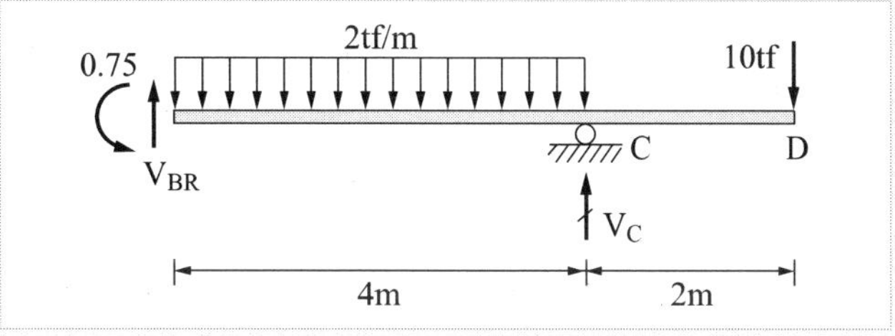

⑧ 평형방정식

$\sum M_{at\ B} = -0.75 + 8 \times 2 - 4V_C + 10 \times 6 = 0$

$\therefore V_C = 18.8125\,tf$

진체구간 자유물체도

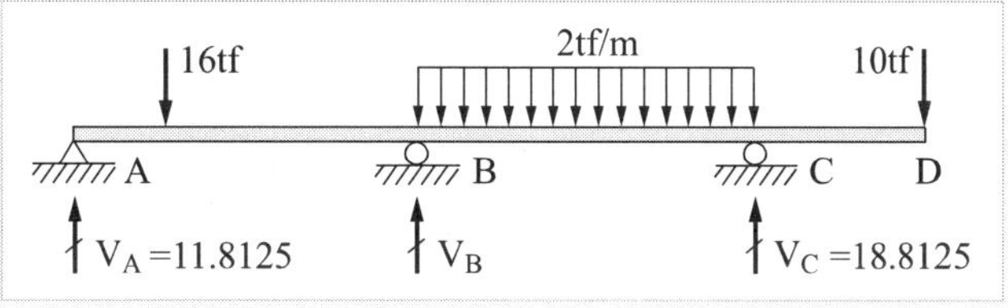

⑨ 평형방정식

$\sum F_V = 11.8125 + V_B + 18.8125 - 16 - 8 - 10 = 0$

$\therefore V_B = 3.375\,tf$

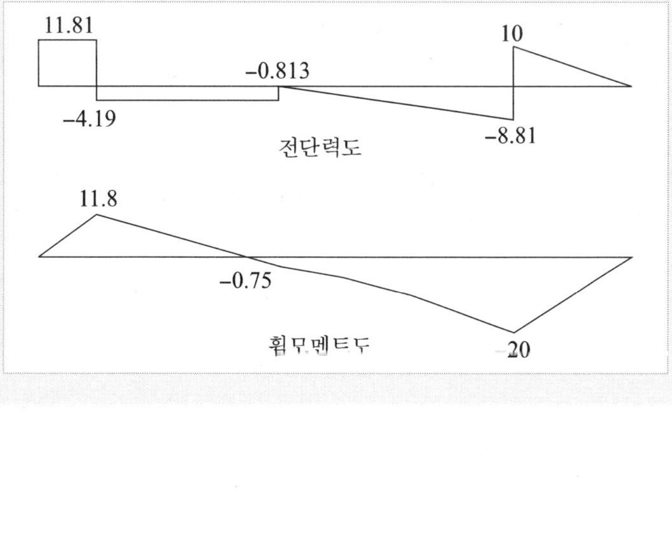

예제 12.3 다음 라멘 구조의 재단모멘트를 구하시오(모든 부재의 EI는 동일).

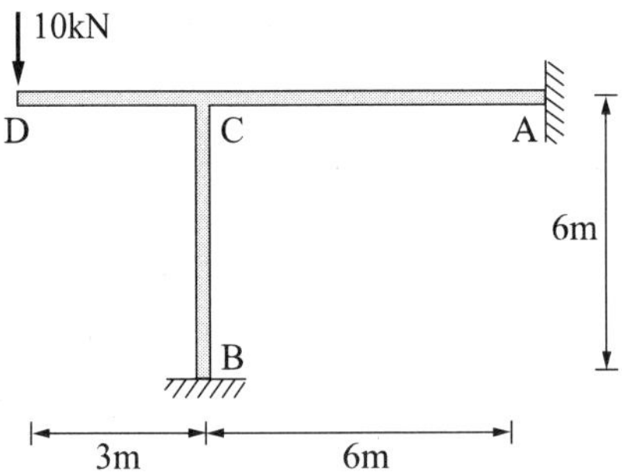

DC부재의 자유단의 하중에 의해 절점 C에 +30(시계방향)의 불균형 모멘트가 발생한다.

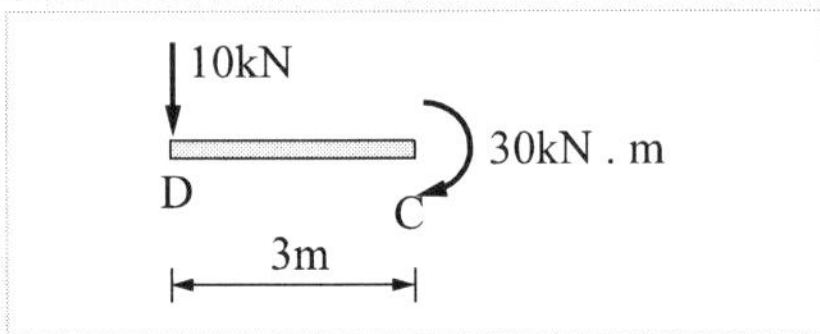

위의 불균형 모멘트로부터 아래의 결과를 얻을 수 있다.

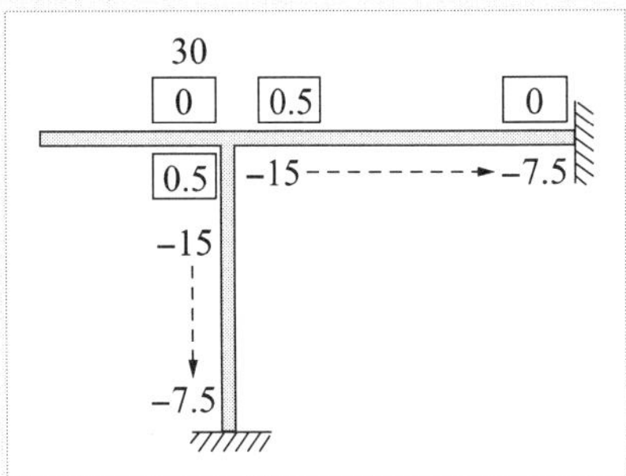

$M_{AC} = -7.5\,kN \cdot m$

$M_{CA} = -15\,kN \cdot m$

$M_{CD} = 30\,kN \cdot m$

$M_{CB} = -15\,kN \cdot m$

$M_{BC} = -7.5\,kN \cdot m$

예제 12.4 다음 라멘 구조의 재단 모멘트를 구하시오. 모든 부재의 탄성계수 E는 동일하고, 단면 2차모멘트 I는 그림의 괄호안과 같다.

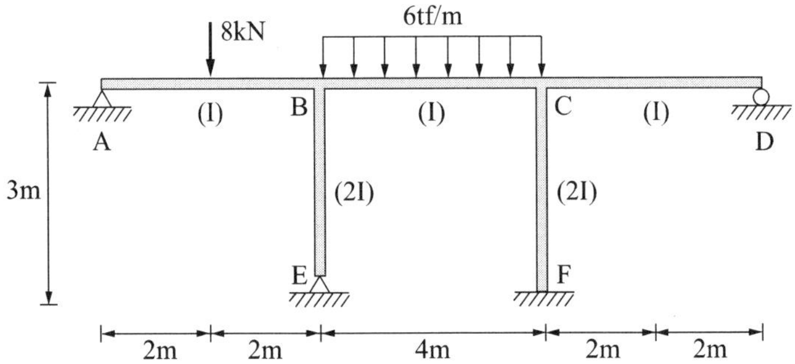

① 고정단 모멘트

$$FEM_{AB} = -\frac{Pab^2}{L^2} = -\frac{8 \times 2 \times 2^2}{4^2} = -4.0\,tf \cdot m$$

$$FEM_{BA} = +4.0\,tf \cdot m$$

$$FEM_{BC} = -\frac{wL^2}{12} = -\frac{6 \times 4^2}{12} = -8\,tf \cdot m$$

$$FEM_{CB} = 8\,tf \cdot m$$

② 강도계수와 분배율

• B절점에서

$$K^*_{BA} = \frac{3}{4}\frac{I}{4} = \frac{3I}{16}$$

$$K_{BC} = \frac{I}{4} = \frac{4I}{16}$$

$$K^*_{BE} = \frac{3}{4}\frac{2I}{3} = \frac{I}{2} = \frac{8I}{16}$$

$$DF_{BA} = \frac{3}{3+4+8} = 0.2^*$$

$$DF_{BC} = \frac{4}{3+4+8} = 0.2667$$

$$DF_{BE} = \frac{8}{3+4+8} = 0.5333^*$$

• C절점에서

$$K_{CB} = \frac{I}{4} = \frac{12I}{48}$$

$$K^*_{CD} = \frac{3}{4}\frac{I}{4} = \frac{9I}{48}$$

$$K_{CF} = \frac{2I}{3} = \frac{32I}{48}$$

$$DF_{CB} = \frac{12}{12+9+32} = \frac{12}{53} = 0.2264$$

$$DF_{CD} = \frac{9}{53} = 0.1698^*$$

$$DF_{CF} = \frac{32}{53} = 0.6038$$

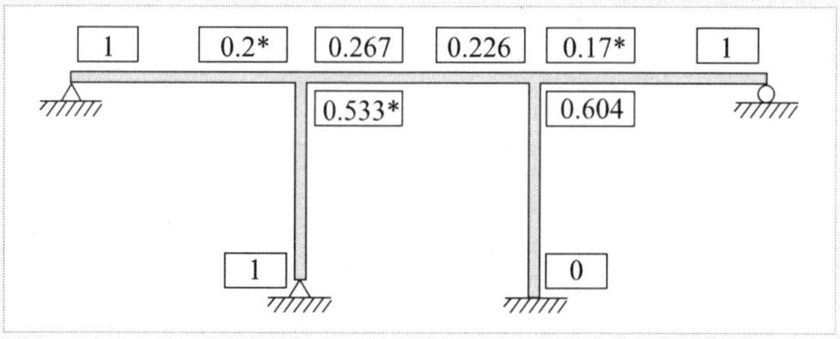

모멘트 분배 과정을 표에 나타내면

	A	B			C			D	E	F
	M_{AB}	M_{BA}*	M_{BC}	M_{BE}*	M_{CB}	M_{CD}*	M_{CF}	M_{DC}	M_{EB}	M_{FC}
DF	1	0.2	0.267	0.533	0.226	0.170	0.604	1	1	0
FEM	−4	4	-8		8					
전달	4	2								
		0.4	0.533	1.067	0.267					
			−0.936		−1.872	−1.404	−4.991			−2.496
		0.187	0.250	0.499	0.125					
			−0.014		−0.028	-0.021	-0.075			−0.038
		0.003	0.004	0.008						
최종	0	6.59	−8.163	1.574	6.492	−1.425	−5.066	0	0	−2.534

▌ 연습문제 ▌

12.1 다음 부정정 보의 재단모멘트와 반력을 구하시오(EI = 일정).

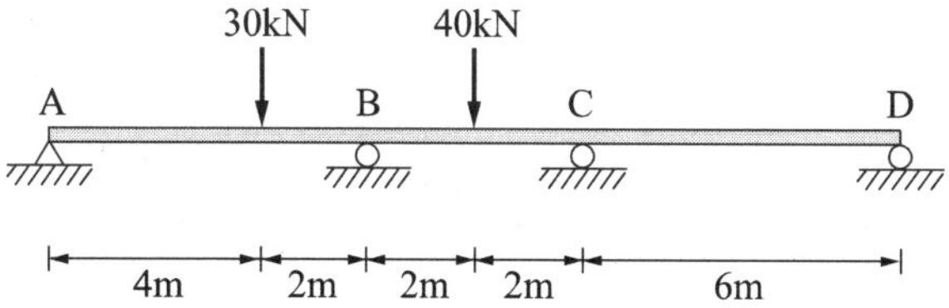

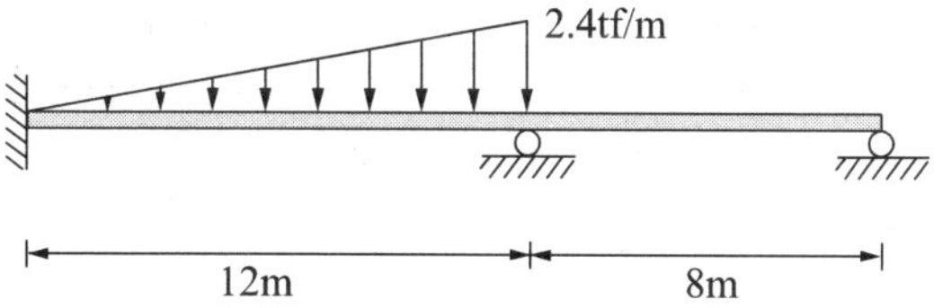

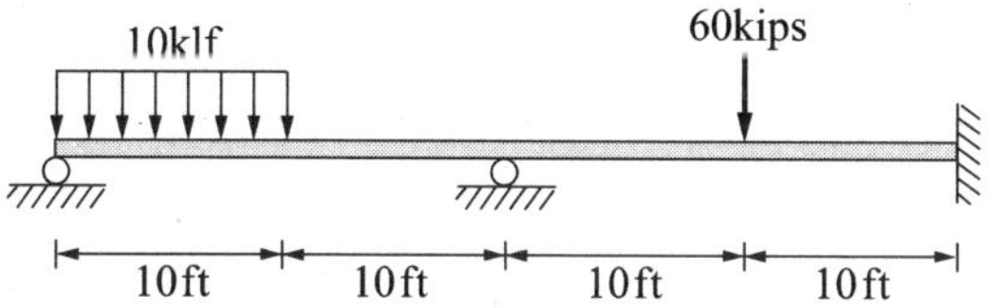

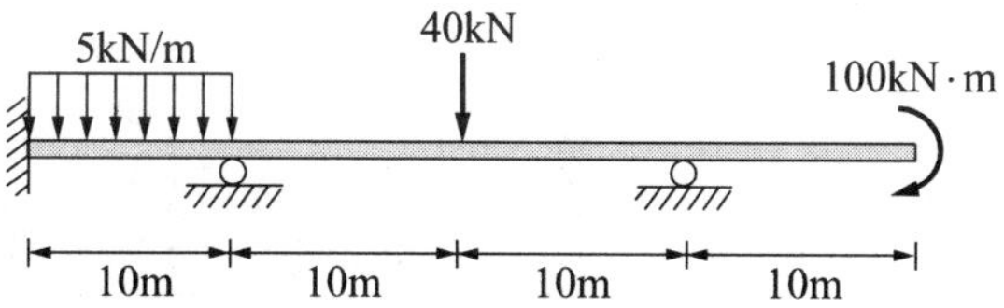

12.2 다음 부정정 골조의 재단모멘트를 구하시오(EI = 일정).

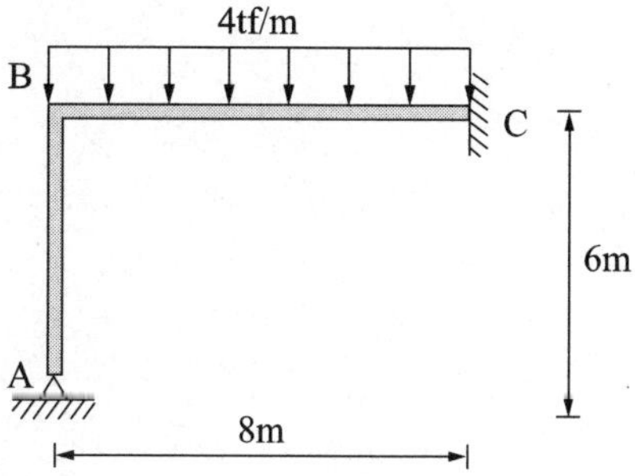

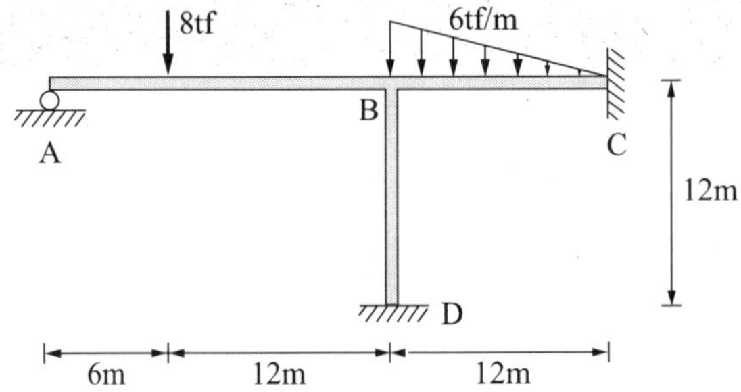
8tf
6tf/m
A
B
C
D
12m
6m
12m
12m

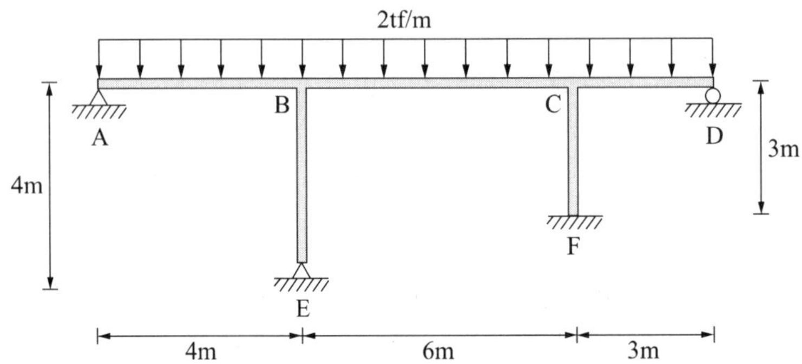
2tf/m
A
B
C
D
E
F
4m
3m
4m
6m
3m

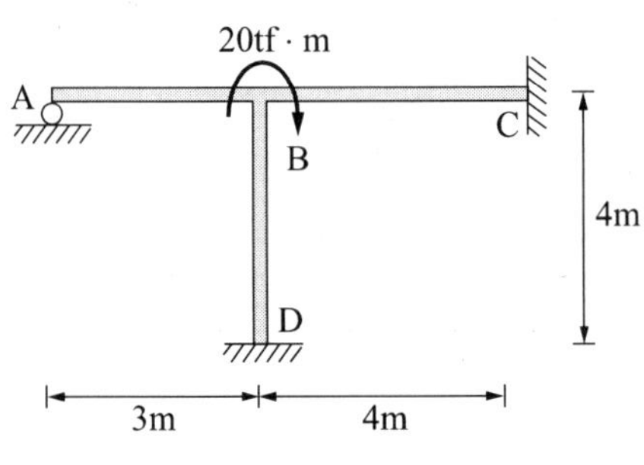
20tf · m
A
B
C
D
4m
3m
4m

제 13 장

3연모멘트법

3연모멘트법은 1855년 프랑스의 Bertot에 의해 창안된 연속보를 해석하는 고전적 방법이다. 이 방법은 연속보에서 임의의 연속된 3개 지점의 휨모멘트 상호관계식을 이용하는 방법이다. 각 경간 내에서 단면이 균일한 경우 실용적인 방법이다. 3연모멘트식을 유도하기 위해서 아래 그림과 같은 연속보의 일부분을 고려한다. 그림 13.1의 (a)는 연속보의 일부분, (b)는 자유물체도, (c)는 휨모멘트도, (d)는 처짐곡선(탄성곡선)이다. (c)의 모멘트도는 재단모멘트와 단순보에서의 하중에 의한 휨모멘트로 구분하여 표현하였다.

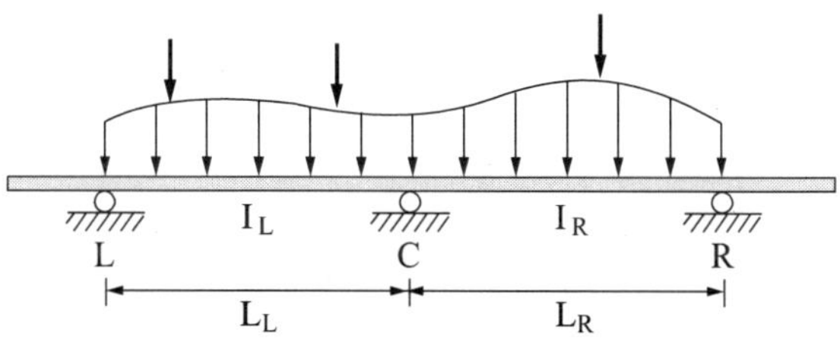

(a) 연속보의 일부 2경간

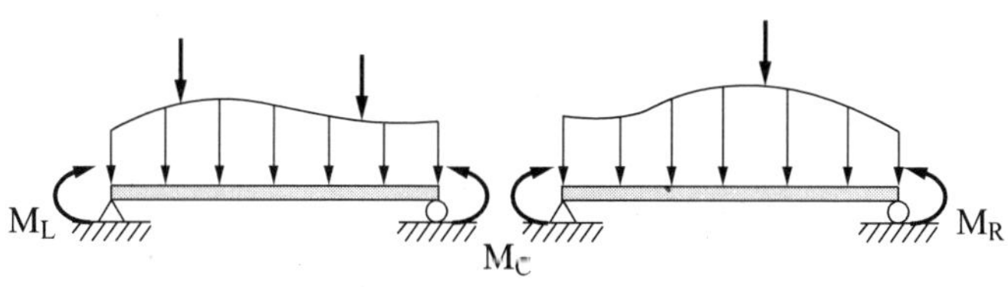

(b) 자유물체도

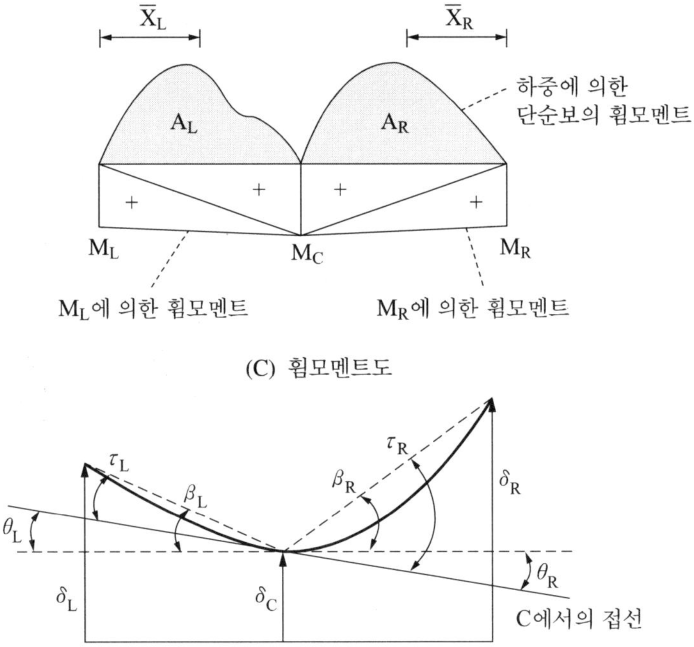

(C) 휨모멘트도

(d) 처짐곡선

그림 13.1 3연모멘트 관계도

여기서, L : 왼쪽, C : 중앙, R : 오른쪽을 의미한다.

A_L : 단순보로 가정한 경우, 하중에 의한 왼쪽 경간의 휨모멘트도 면적

A_R : 단순보로 가정한 경우, 하중에 의한 오른쪽 경간의 휨모멘트도 면적

$\bar{x}_L$: L점에서 왼쪽 경간 단순보 휨모멘트도의 도심까지의 거리

$\bar{x}_R$: R점에서 오른쪽 경간 단순보 휨모멘트도의 도심까지의 거리

I_L, I_R : 각각 왼쪽과 오른쪽 경간의 단면 2차모멘트

M_L, M_C, M_R : 각각 L, C, R지점의 보 단면에서의 휨모멘트

그림 13.1(d)의 연속보에서 C점의 좌우측 접선의 기울기는 동일하다.

$$\theta_L = \theta_R \tag{13.1}$$

그림에서 $\theta_L = \beta_L - \tau_L$, $\theta_R = \tau_R - \beta_R$이므로

$$\beta_L - \tau_L = \tau_R - \beta_R \tag{13.2}$$

그림 13.1(d)에서 모든 각들이 미소하다는 가정 하에서

$$\beta_L = \frac{\delta_L - \delta_C}{L_L}, \quad \beta_R = \frac{\delta_R - \delta_C}{L_R} \tag{13.3}$$

모멘트면적 제2정리를 적용하면

$$\begin{aligned} \tau_L L_L &= \left(\text{왼쪽 경간 } \frac{M}{EI}\text{도}\right) \times (\bar{x}_L) \\ &= \frac{1}{EI_L}\left(\frac{M_L L_L^2}{6} + \frac{M_C L_L^2}{3} + A_L \bar{x}_L\right) \end{aligned} \tag{13.4a}$$

$$\begin{aligned} \tau_R L_R &= \left(\text{오른쪽 경간 } \frac{M}{EI}\text{도}\right) \times (\bar{x}_R) \\ &= \frac{1}{EI_R}\left(\frac{M_R L_R^2}{6} + \frac{M_C L_R^2}{3} + A_R \bar{x}_R\right) \end{aligned} \tag{13.4b}$$

식 (13.3)과 식 (13.4)를 식 (13.2)에 대입하면 다음과 같은 3연모멘트식을 얻게 된다.

$$\begin{aligned} & M_L \frac{L_L}{I_L} + 2M_C\left(\frac{L_L}{I_L} + \frac{L_R}{I_R}\right) + M_R \frac{L_R}{I_R} \\ &= -\frac{6A_L \bar{x}_L}{I_L L_L} - \frac{6A_R \bar{x}_R}{I_R L_R} + 6E\left[\frac{\delta_L}{L_L} - \delta_C\left(\frac{1}{L_L} + \frac{1}{L_R}\right) + \frac{\delta_R}{L_R}\right] \end{aligned} \tag{13.5}$$

여기서, δ_L, δ_C, δ_R : 지점의 처짐이므로 지점침하가 없다면 0이 된다.

부호는 상향 처짐을 양(+)으로 한다.

M_L, M_C, M_R의 부호 : 상연이 압축인 휨모멘트를 양(+)으로 한다.

$\frac{6A\bar{x}}{L}$: A는 하중에 의한 한쪽 단순보 경간의 휨모멘트도 면적이므로 하중이 등분포하중(w)이면 $\frac{6A\bar{x}}{L} = 6\,\frac{wL^3}{12}\,\frac{L}{2} = \frac{wL^3}{4}$

다른 형태의 하중은 휨모멘트도를 그리고 직접 계산한다.

위의 일반적인 식은, 양쪽 경간의 단면 2차모멘트가 같고 지점침하가 없다면 다음과 같이 표현된다.

$$M_L L_L + 2M_C(L_L + L_R) + M_R L_R = -\frac{6A_L\bar{x}_L}{L_L} - \frac{6A_R\bar{x}_R}{L_R} \tag{13.6}$$

더 나아가, 양 경간의 길이도 같으면

$$M_L + 4M_C + M_R = -\frac{6A_L\bar{x}_L}{L^2} - \frac{6A_R\bar{x}_R}{L^2} \tag{13.7}$$

예제 13.1 다음 그림의 연속보를 3연모멘트법으로 해석하시오.

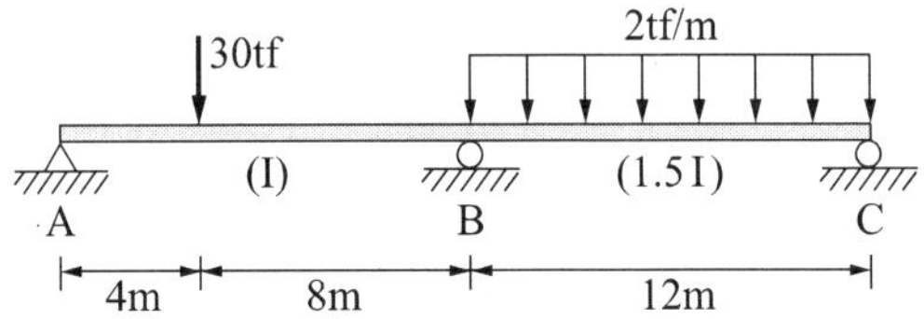

① 미지수 : A와 C의 휨모멘트는 0이므로 $M_A = M_C = 0$

지점침하가 없으므로 $\delta_A = \delta_B = \delta_C = 0$

따라서, 미지수는 M_B 하나인 1차 부정정보이다.

그러므로 1개의 3연모멘트식으로 풀이 가능

② 단순보의 휨모멘트도 : B 단면의 회전구속을 해제하면 양 경간이 단순보가 된다.

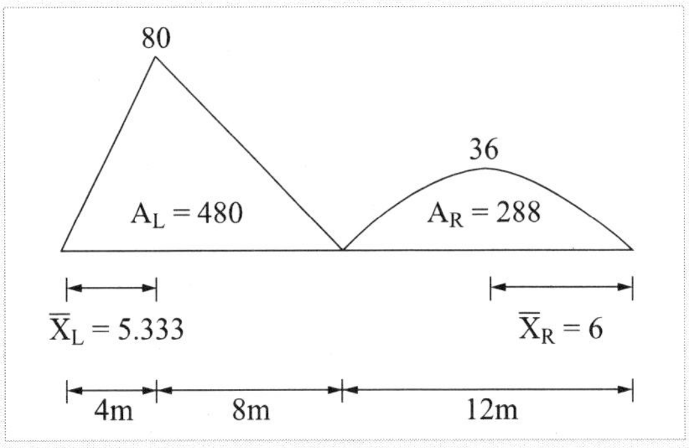

③ 3연모멘트식 적용

$$2M_B\left(\frac{12}{I_L} + \frac{12}{I_R}\right) = -\frac{6A_L\bar{x}_L}{I_L L_L} - \frac{6A_R\bar{x}_R}{I_R L_R}$$

$$\Rightarrow \quad 2M_B\left(\frac{12}{I}+\frac{12}{1.5I}\right) = -\frac{6\cdot 480\cdot 5.333}{I\cdot 12} - \frac{6\cdot 288\cdot 6}{1.5I\cdot 12}$$

$$\therefore M_B = -46.4\,\text{tf}\cdot\text{m}$$

나머지 반력은 평형조건으로 구한다.

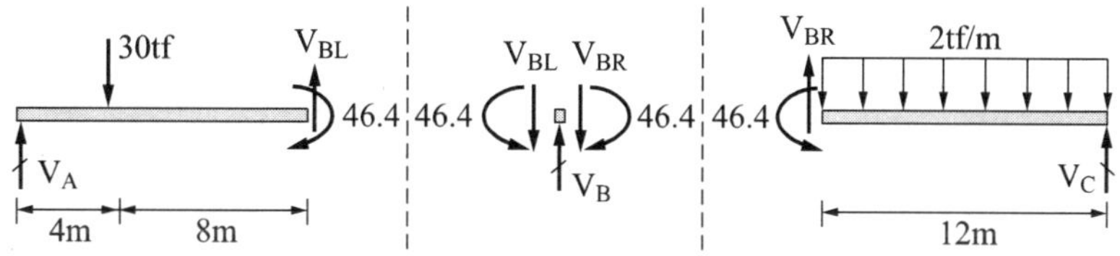

AB구간 자유물체도　　B절점 자유물체도　　BC구간 자유물체도

④ AB구간 자유물체도

$$\sum M_{at\ B} = 12V_A - 30\times 8 + 46.4 = 0$$

$$\therefore V_A = 16.13\,\text{tf}$$

$$\sum F_V = 16.13 - 30 + V_{BL} = 0$$

$$\therefore V_{BL} = 13.87\,\text{tf}$$

⑤ BC구간 자유물체도

$$\sum M_{at\ B} = -46.4 + 24\times 6 - 12V_C = 0$$

$$\therefore V_C = 8.13\,\text{tf}$$

$$\sum F_V = V_{BR} + 8.13 - 24 = 0$$

$$\therefore V_{BR} = 15.87\,\text{tf}$$

⑥ B절점 자유물체도

$$\sum F_V = -13.87 + V_B - 15.87 = 0$$

$$\therefore V_{BR} = 29.74\,\text{tf}$$

예제 13.2 다음 그림의 연속보를 3연모멘트법으로 해석하시오.

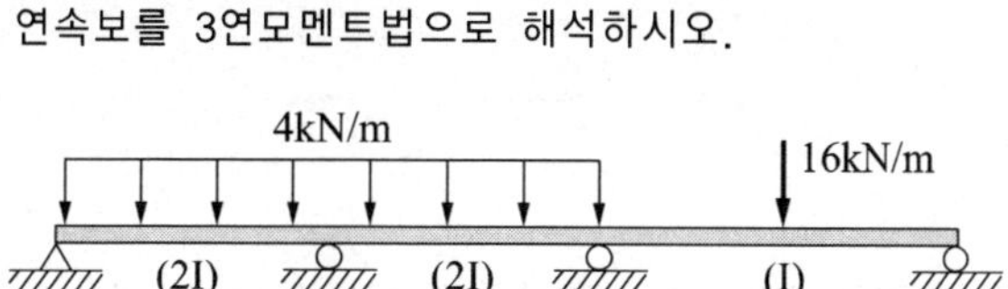

① 미지수 : M_B, M_C

② 단순보의 휨모멘트도 : B와 C 단면의 회전구속을 해제

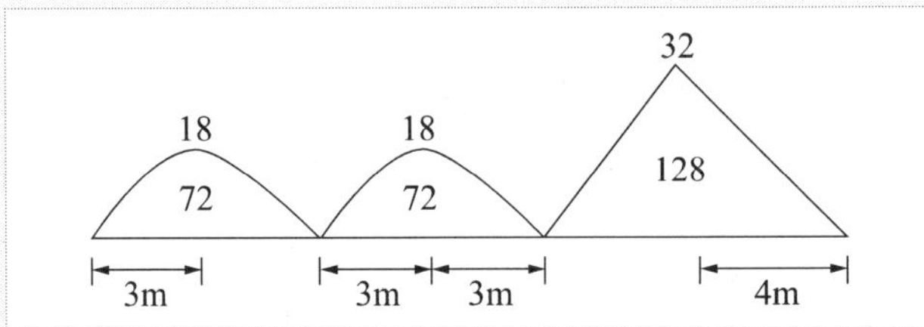

③ 3연모멘트식 적용

아래 그림과 같이 AC구간과 BD구간에 각각 3연모멘트식을 적용한다.

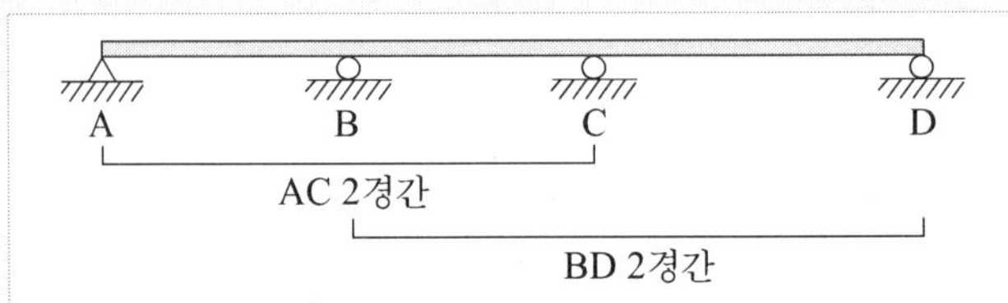

• AC구간 : $2M_B\left(\frac{6}{2I}+\frac{6}{2I}\right)+M_C\frac{6}{2I}=-\frac{(6)(72)(3)}{(2I)(6)}-\frac{(6)(72)(3)}{(2I)(6)}$

• BD구간 : $M_B\frac{6}{2I}+2M_C\left(\frac{6}{2I}+\frac{8}{I}\right)=-\frac{(6)(72)(3)}{(2I)(6)}-\frac{(6)(128)(4)}{(I)(8)}$

위의 연립방정식을 정리하면

$12M_B+3M_C=-216,\ 3M_B+22M_C=-492$

$\therefore M_B=-12.85\,\text{kN}\cdot\text{m},\ M_C-20.61\,\text{kN}\cdot\text{m}$

예제 13.3 다음 그림의 연속보를 3연모멘트법으로 해석하시오(EI = 일정).

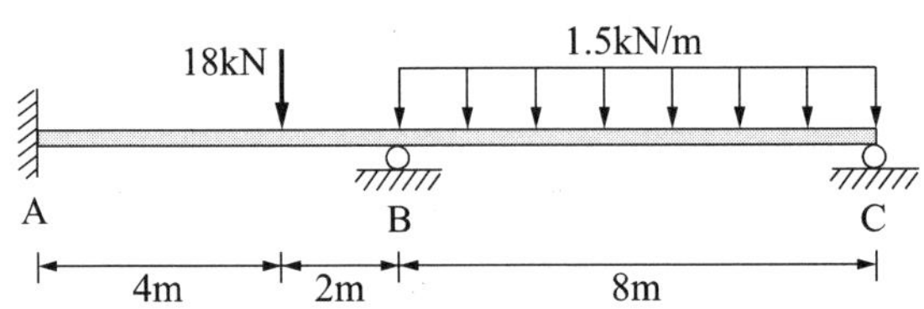

① 고정단

이 예제와 같이 고정단이 있을 때에는, 고정단을 아래 그림과 같이 길이가 0이고 단면 2차모멘트가 무한대인 가상의 경간으로 치환하면 된다.

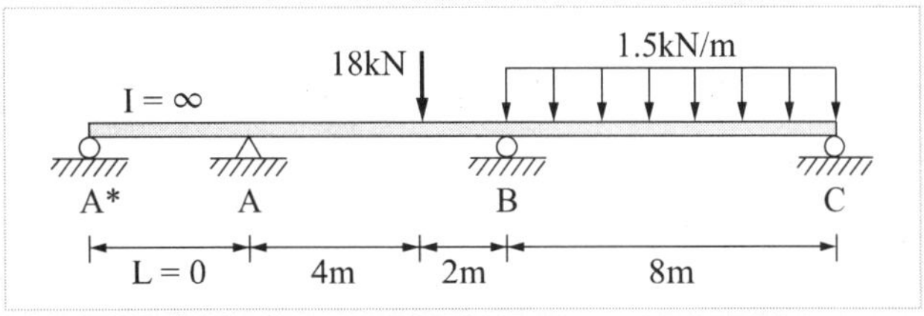

② 미지수 : M_A, M_B

③ 단순보의 휨모멘트도

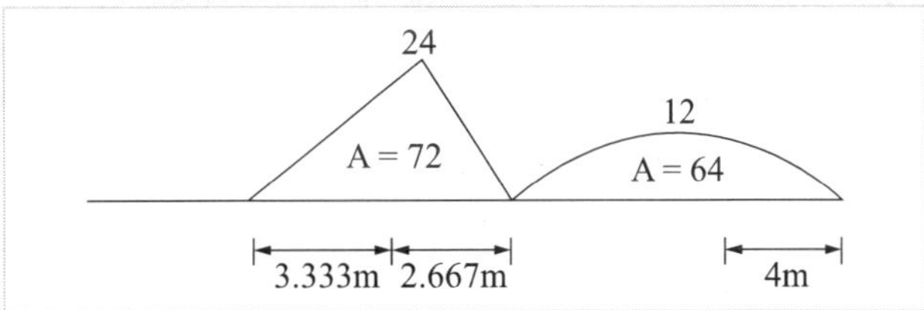

④ 3연모멘트식 적용

• A*B구간

$$2M_A\left(\frac{0}{\infty}+\frac{6}{I}\right)+M_B\frac{6}{I}=-\frac{(6)(0)(0)}{(\infty)}-\frac{(6)(72)(2.667)}{(I)(6)}$$

• AC구간

$$M_A\frac{6}{I}+2M_B\left(\frac{6}{I}+\frac{8}{I}\right)=-\frac{(6)(72)(3.333)}{(I)(6)}-\frac{(6)(64)(4)}{(I)(8)}$$

위의 연립방정식을 정리하면

$12M_A+6M_B=-192$

$6M_A+28M_B=-432$

$\therefore M_A=-9.28\text{kN}\cdot\text{m}$

$\therefore M_B=-13.44\text{kN}\cdot\text{m}$

예제 13.4 지점변위가 있는 다음 연속보를 3연모멘트법으로 해석하시오.

지점변위 : $\delta_B=-5\,\text{cm}$ (↓), $\delta_C=-11\,\text{cm}$ (↓)

$EI=2\times10^4\text{kN}\cdot\text{m}^2$

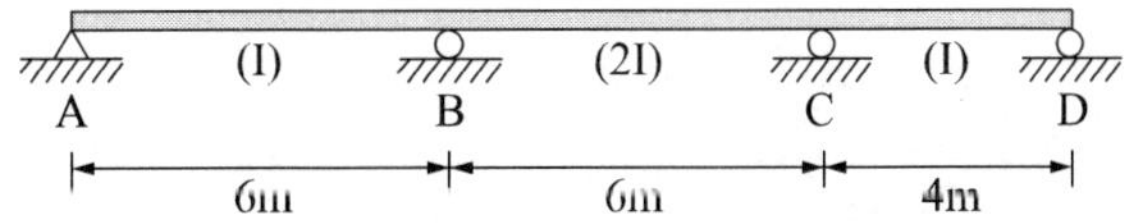

① 미지수 : M_B, M_C

② 지점침하 단위조정 : $\delta_B = -0.05\text{m}\ (\downarrow)$, $\delta_C = -0.11\text{m}\ (\downarrow)$

③ 3연모멘트식 적용

- ABC구간

$$2M_B\left(\frac{6}{I}+\frac{6}{2I}\right) + M_C\frac{6}{2I} = 6E\left[\frac{0}{6} - (-0.05)\left(\frac{1}{6}+\frac{1}{6}\right) + \frac{-0.11}{6}\right]$$

- BCD구간

$$M_B\frac{6}{2I} + 2M_C\left(\frac{6}{2I}+\frac{4}{I}\right) = 6E\left[\frac{-0.05}{6} - (-0.11)\left(\frac{1}{6}+\frac{1}{4}\right) + \frac{0}{4}\right]$$

위의 연립방정식을 정리하면

$18M_B + 3M_C = -0.01EI$

$3M_B + 14M_C = 0.225EI$

$\therefore M_B = -0.003353EI = -67.06\ \text{kN}\cdot\text{m}$

$\therefore M_C = 0.01679EI = 335.8\ \text{kN}\cdot\text{m}$

▌연습문제▐

13.1 다음 그림의 연속보를 3연모멘트법으로 해석하시오(EI=일정).

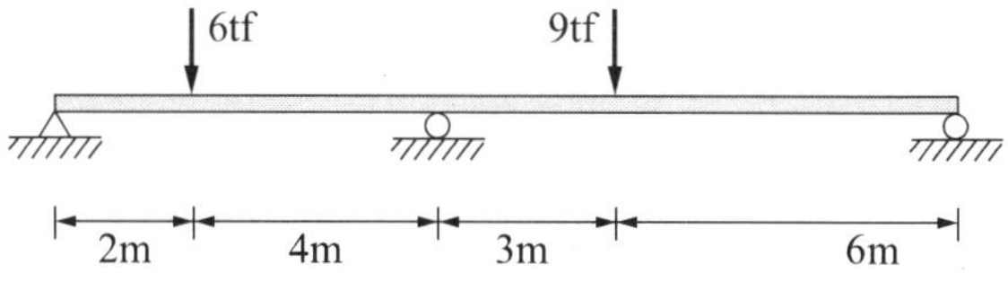

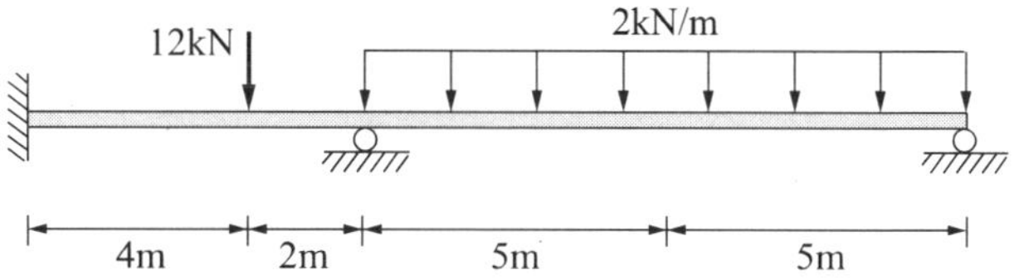

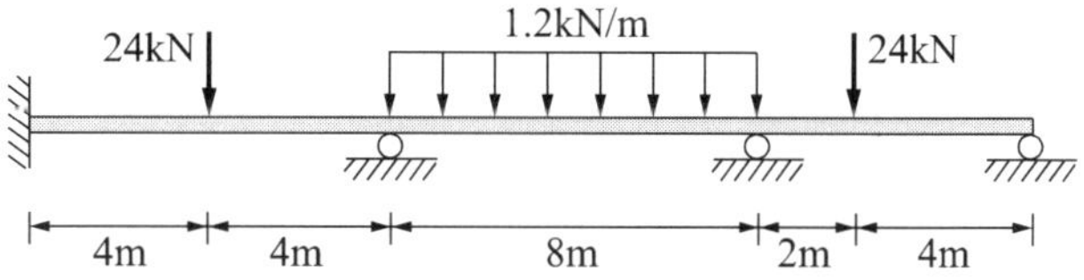

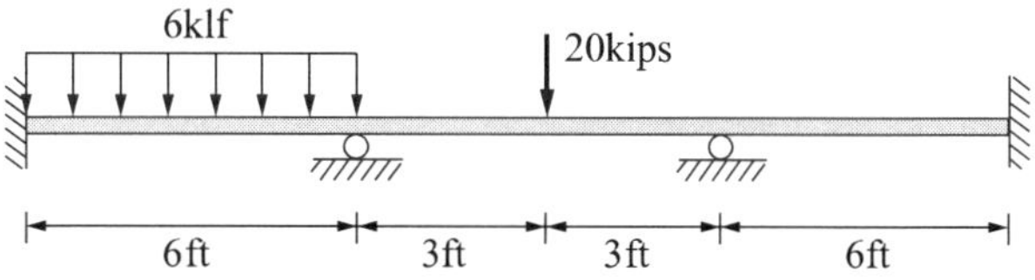

13.2 다음 그림의 연속보를 3연모멘트법으로 해석하시오(E=일정).

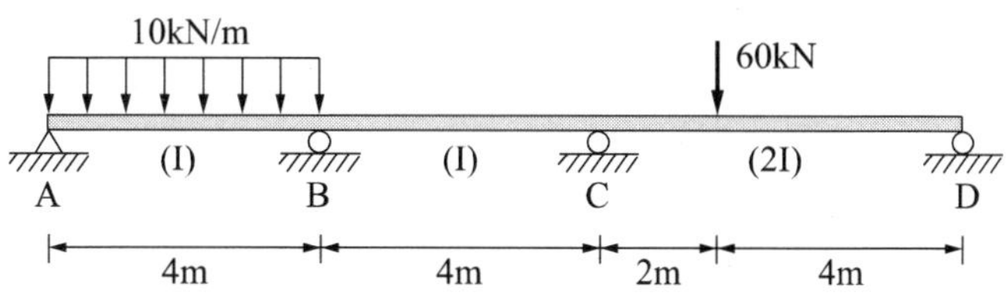

13.3 지점침하가 있는 연속보를 3연모멘트법으로 해석하시오.

지점변위 : $\delta_B = +4\text{cm}\ (\uparrow)$, $\delta_C = -8\text{cm}\ (\downarrow)$

$EI = 5 \times 10^4\ \text{kN} \cdot \text{m}^2$

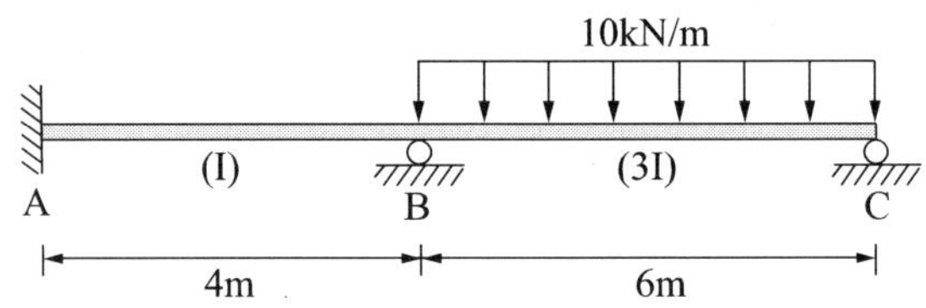

Appendix

부 록

A. 단위환산표

1) 길이

	in	ft	cm	m
1 in	1	0.083333	2.54	0.0254
1 ft	12	1	30.48	0.3048
1 cm	0.3937	0.032808	1	0.01
1 m	39.37	3.2808	100	1

2) 힘(무게)

	N	kgf	tf	lbf	kips
1 N	1	0.102	1.02×10^{-4}	0.2248	2.248×10^{-4}
1 kgf	9.807	1	0.001	2.2046	2.2046×10^{-3}
1 tf	9807	1000	1	2204.6	2.2046
1 lbf	4.448	0.4536	4.536×10^{-4}	1	0.001
1 kips	4448	453.6	0.4536	0.001	1

3) 모멘트

	N · m	kgf · m	tf · m	ft · lbf	ft · kips
1 N · m	1	0.102	1.02×10^{-4}	0.7375	7.375×10^{-4}
1 kgf · m	9.807	1	0.001	7.233	7.233×10^{-3}
1 tf · m	9807	9.807	1	7233	7.233
1 ft · lbf	1.3558	0.13825	1.3825×10^{-4}	1	0.001
1 ft · kips	1355.8	138.25	0.13825	1000	1

4) 응력

	MPa=N/mm^2	kgf/cm^2	psi (=l bf/in^2)	ksi (=10^3psi)
1 MPa	1	1.0197×10^1	1.4504×10^2	1.4504×10^{-1}
1 kgf/cm^2	9.807×10^{-2}	1	1.4223×10^1	1.4223×10^{-2}
1 psi	6.8948×10^{-3}	7.031×10^{-2}	1	1×10^{-3}
1 ksi	6.8948	7.031×10^1	1×10^3	1

B. 면적과 도심

삼각형	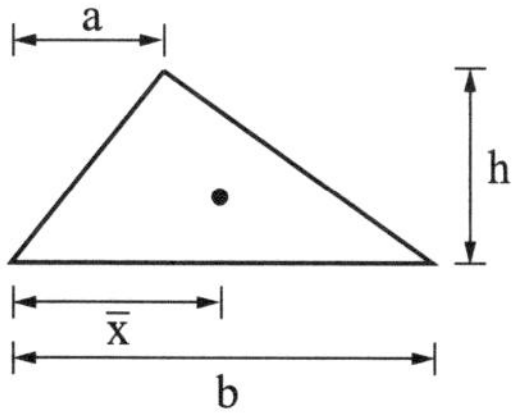	$A = \frac{bh}{2}$ $\bar{x} = \frac{a+b}{3}$
사다리꼴	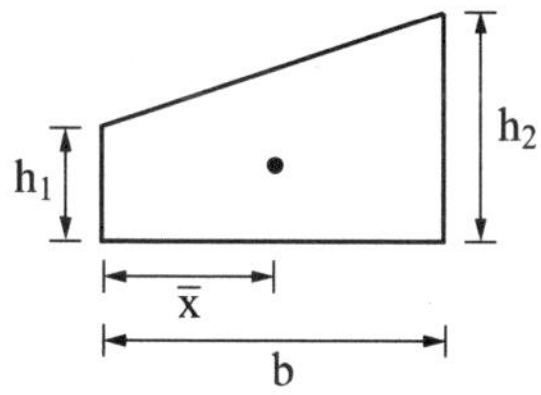	$A = \frac{b(h_1+h_2)}{2}$ $\bar{x} = \frac{b(h_1+2h_2)}{3(h_1+h_2)}$
포물선 (2차 곡선)	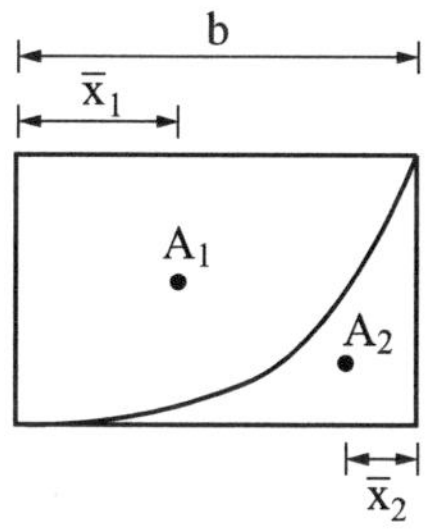	$A_1 = \frac{2bh}{3}$, $A_2 = \frac{bh}{3}$ $\bar{x}_1 = \frac{3b}{8}$, $\bar{x}_2 = \frac{b}{4}$
입방체곡선 (3차 곡선)		$A_1 = \frac{3bh}{4}$, $A_2 = \frac{bh}{4}$ $\bar{x}_1 = \frac{2b}{5}$, $\bar{x}_2 = \frac{b}{5}$
n차 곡선		$A_1 = \frac{nbh}{(n+1)}$, $A_2 = \frac{bh}{(n+1)}$ $\bar{x}_1 = \frac{(n+1)b}{2(n+2)}$, $\bar{x}_2 = \frac{b}{(n+2)}$
4분원	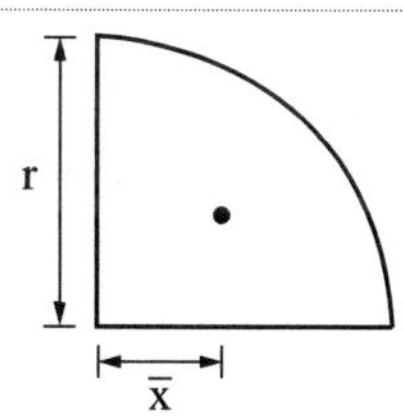	$A = \frac{\pi r^2}{4}$ $\bar{x} = \frac{4r}{3\pi}$
타원	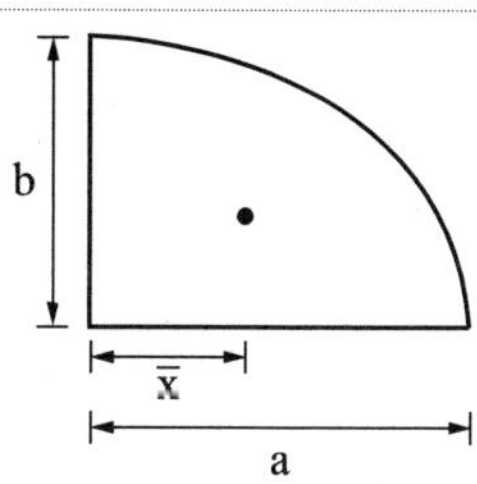	$A = \frac{\pi ab}{4}$ $\bar{x} = \frac{4a}{3\pi}$

C. 처짐각 및 처짐

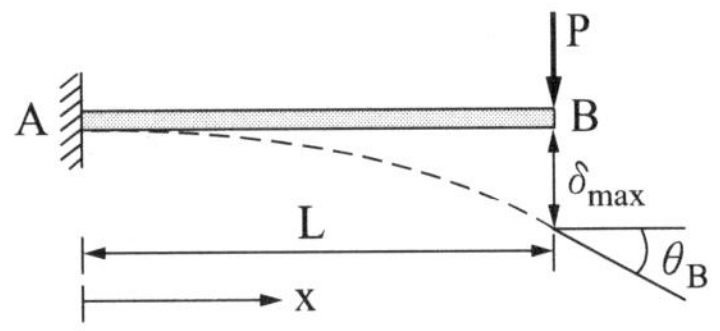

$$\theta_B = \frac{PL^2}{2EI}$$

$$\delta_{max} = \frac{PL^3}{3EI}$$

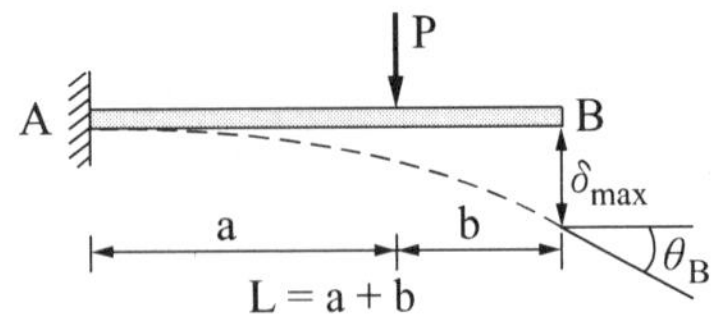

$$\theta_B = \frac{Pa^2}{2EI}$$

$$\delta_{max} = \frac{Pa^2}{6EI}(3L - a)$$

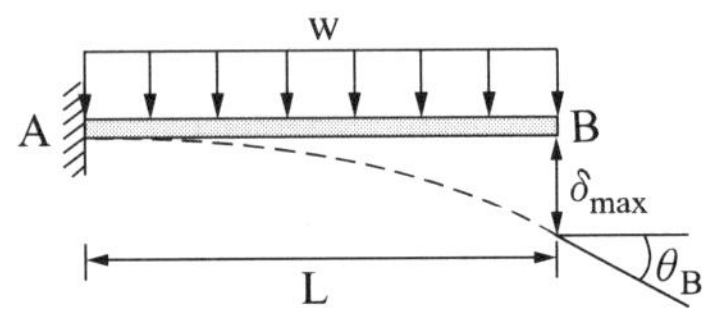

$$\theta_B = \frac{wL^3}{6EI}$$

$$\delta_{max} = \frac{wL^4}{8EI}$$

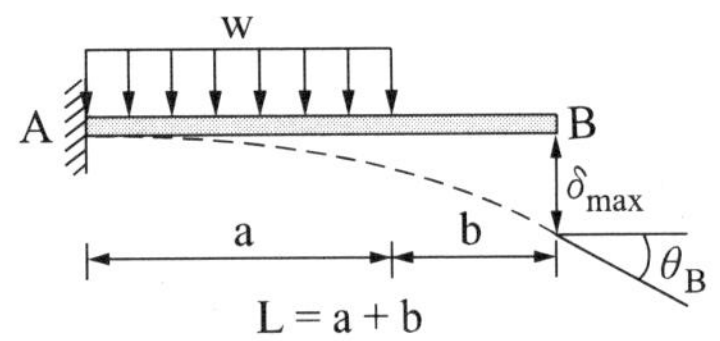

$$\theta_B = \frac{wa^3}{6EI}$$

$$\delta_{max} = \frac{wa^3}{24EI}(4L - a)$$

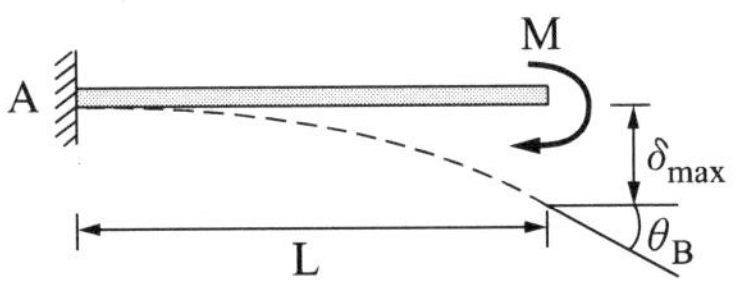

$$\theta_B = \frac{ML}{EI}$$

$$\delta_{max} = \frac{ML^2}{2EI}$$

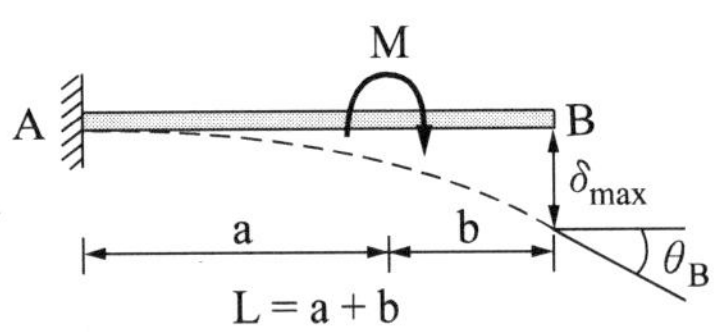

$$\theta_B = \frac{Ma}{EI}$$

$$\delta_{max} = \frac{Ma}{2EI}(2L - a)$$

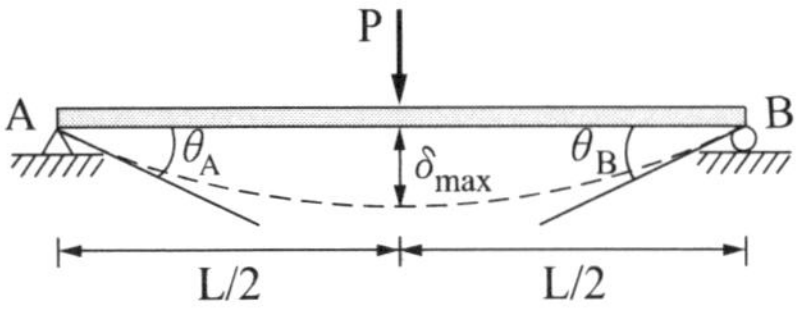

$$\theta_A = \theta_B = \frac{PL^2}{16EI}$$

$$\delta_{max} = \frac{PL^3}{48EI}$$

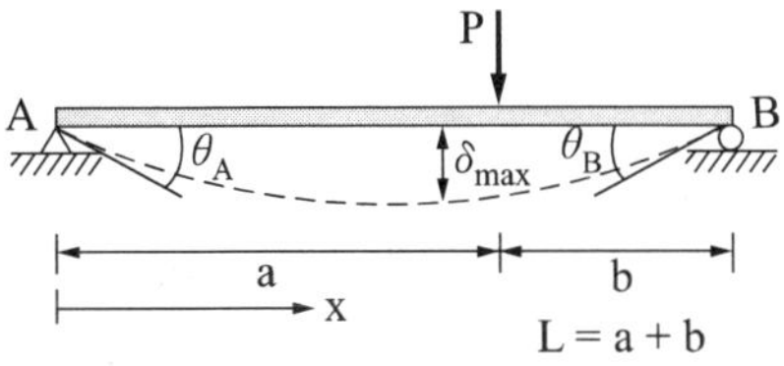

$$\theta_A = \frac{Pb}{6EIL}(L^2 - b^2),\ \theta_B = \frac{Pa}{6EIL}(L^2 - a^2)$$

$$x = \sqrt{\frac{L^2 - b^2}{3}} \text{ 에서}$$

$$\delta_{max} = \frac{Pb}{9\sqrt{3}\,EIL}(L^2 - b^2)^{3/2}$$

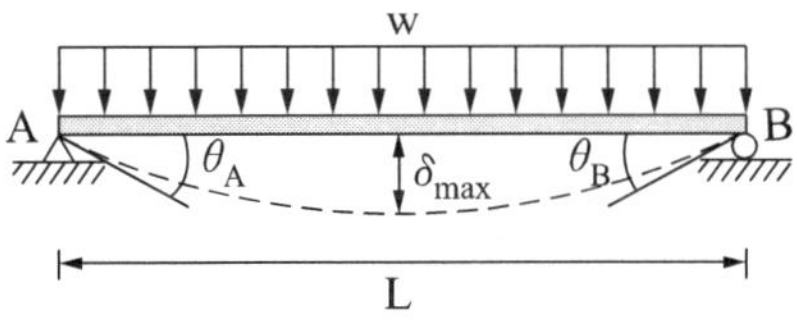

$$\theta_A = \theta_B = \frac{wL^3}{24EI}$$

$$x = \frac{L}{2} \text{ 에서 } \delta_{max} = \frac{5wL^4}{384EI}$$

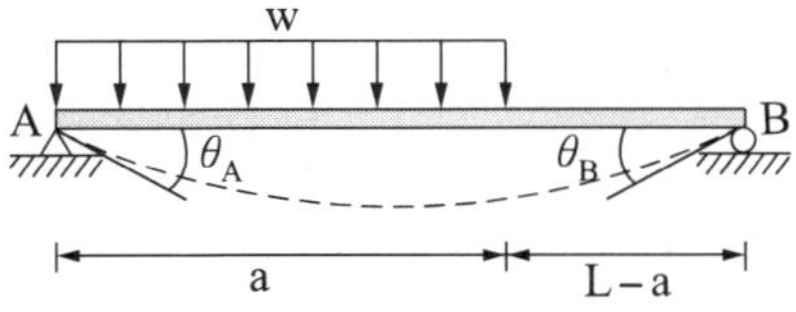

$$\theta_A = \frac{wa^2}{24EIL}(2L - a)^2$$

$$\theta_B = \frac{wa^2}{24EIL}(2L^2 - a^2)$$

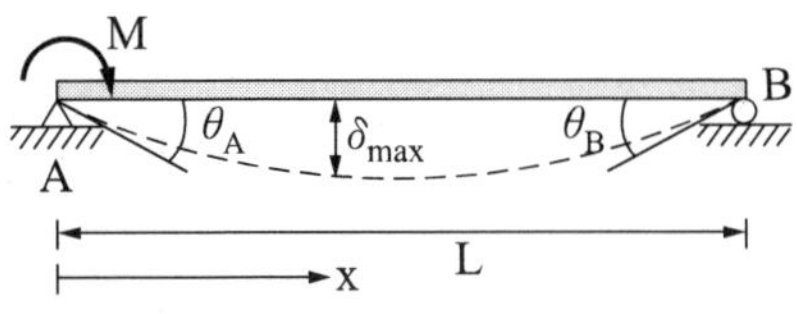

$$\theta_A = \frac{ML}{3EI},\ \theta_B = \frac{ML}{6EI}$$

$$x = \left(1 - \frac{1}{\sqrt{3}}\right)L \text{ 에서 } \delta_{max} = \frac{ML^2}{9\sqrt{3}\,EI}$$

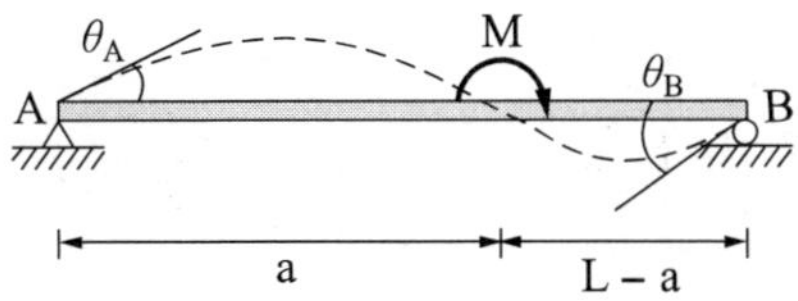

$$\theta_A = \frac{M}{6EIL}(6aL - 3a^2 - 2L^2)$$

$$\theta_B = \frac{M}{6EIL}(L^2 - 3a^2)$$

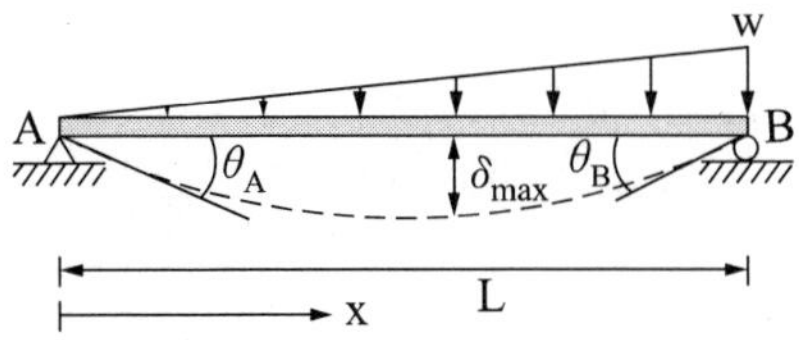

$$\theta_A = \frac{7wL^3}{360EI},\ \theta_B = \frac{wL^3}{45EI}$$

$$x = 0.5193L \text{ 에서 } \delta_{max} = \frac{0.00652wL^4}{EI}$$

D. 고정단 모멘트

$\frac{Pab^2}{L^2}$	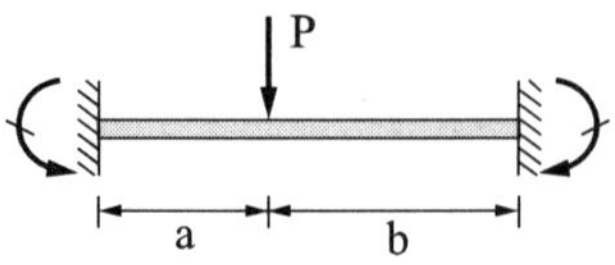	$\frac{Pa^2b}{L^2}$
$\frac{PL}{8}$	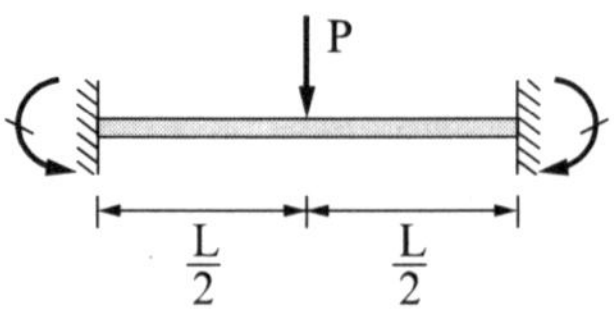	$\frac{PL}{8}$
$\frac{wL^2}{12}$	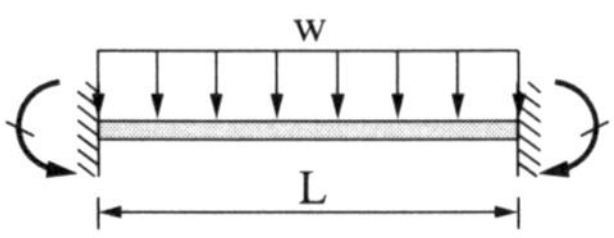	$\frac{wL^2}{12}$
$\frac{wa^2}{12L^2}(6L^2-8aL+3a^2)$	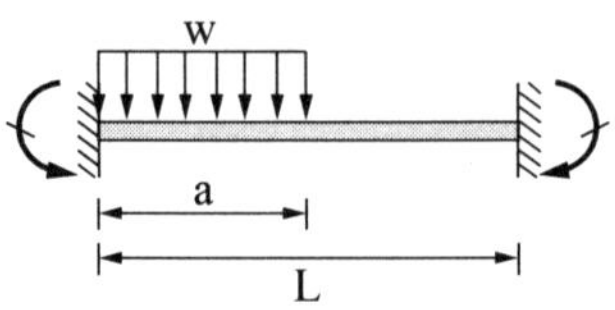	$\frac{wa^2}{12L^2}(4L-3a)$
$\frac{wd}{L^2}\left(ab^2+(a-2b)\frac{d^2}{12}\right)$	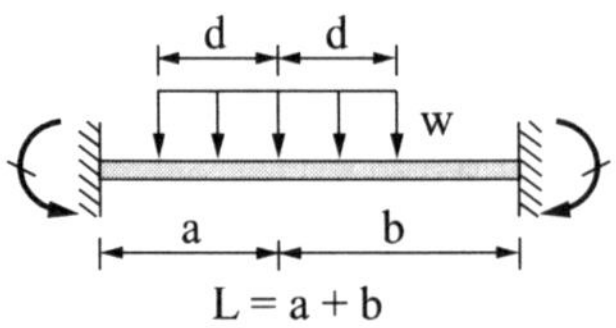	$\frac{wd}{L^2}\left(a^2b+(b-2a)\frac{d^2}{12}\right)$
$\frac{wL^2}{30}$	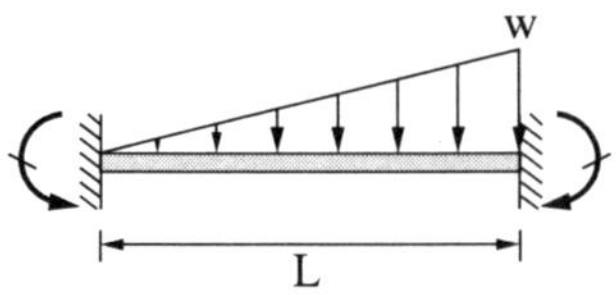	$\frac{wL^2}{20}$
$\frac{5wL^2}{96}$	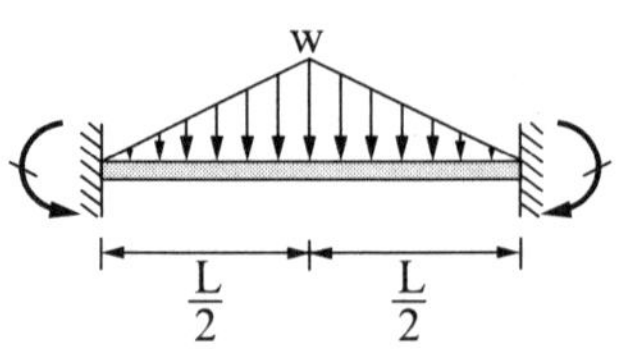	$\frac{5wL^2}{96}$

$\frac{wL^2}{15}$	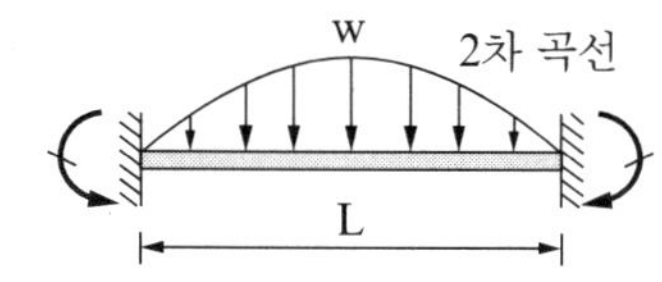	$\frac{wL^2}{15}$
$+\frac{b(2a-b)}{L^2}M_0$	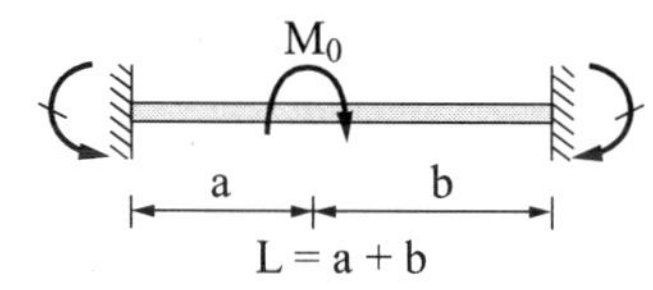	$+\frac{a(2b-a)}{L^2}M_0$
$\frac{6EI\Delta}{L^2}$	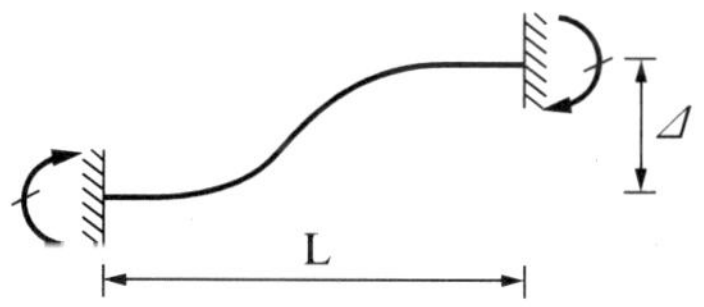	$\frac{6EI\Delta}{L^2}$
$\frac{3EI\Delta}{L^2}$	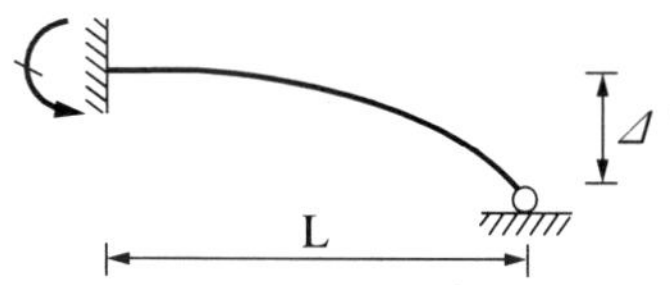	0
$\frac{4EI\theta}{L}$	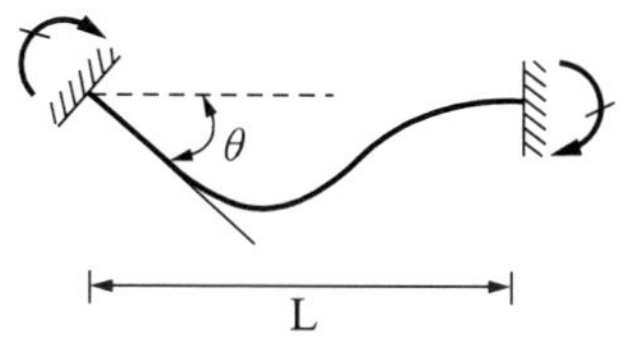	$\frac{2EI\theta}{L}$

E. 그리스 문자

소문자	대문자	명 칭	
α	A	alpa	알파
β	B	beta	베타
γ	Γ	gamma	감마
δ	Δ	delta	델타
ϵ	E	epsilon	입실론(엡실론)
ζ	Z	zeta	제타
η	H	eta	에타
θ	Θ	theta	쎄타
ι	I	iota	이오타(요타)
κ	K	kappa	카파
λ	Λ	lambda	람다
μ	M	mu	뮤
ν	N	nu	뉴
ξ	Ξ	xi, ksi	크사이(크시)
o	O	omicron	오미크론
π	Π	pi	파이
ρ	P	rho	로우
σ	Σ	sigma	시그마
τ	T	tau	타우
υ	Y	upsilon	윱실론
ϕ	Φ	phi	파이(피)
χ	X	chi	카이(키)
ψ	Ψ	psi	프사이(프시)
ω	Ω	omega	오메가

F. 접두어

T	tera	10^{12}	1 000 000 000 000	
G	giga	10^{9}	1 000 000 000	
M	mega	10^{6}	1 000 000	
k	kilo	10^{3}	1 000	
h	hecto	10^{2}	100	
da	decka	10^{1}	10	
d	deci	10^{-1}		0.1
c	centi	10^{-2}		0.01
m	milli	10^{-3}		0.001
μ	micro	10^{-6}		0.000 001
n	nano	10^{-9}		0.000 000 001
p	pico	10^{-12}		0.000 000 000 001

G. 정정구조의 휨모멘트도

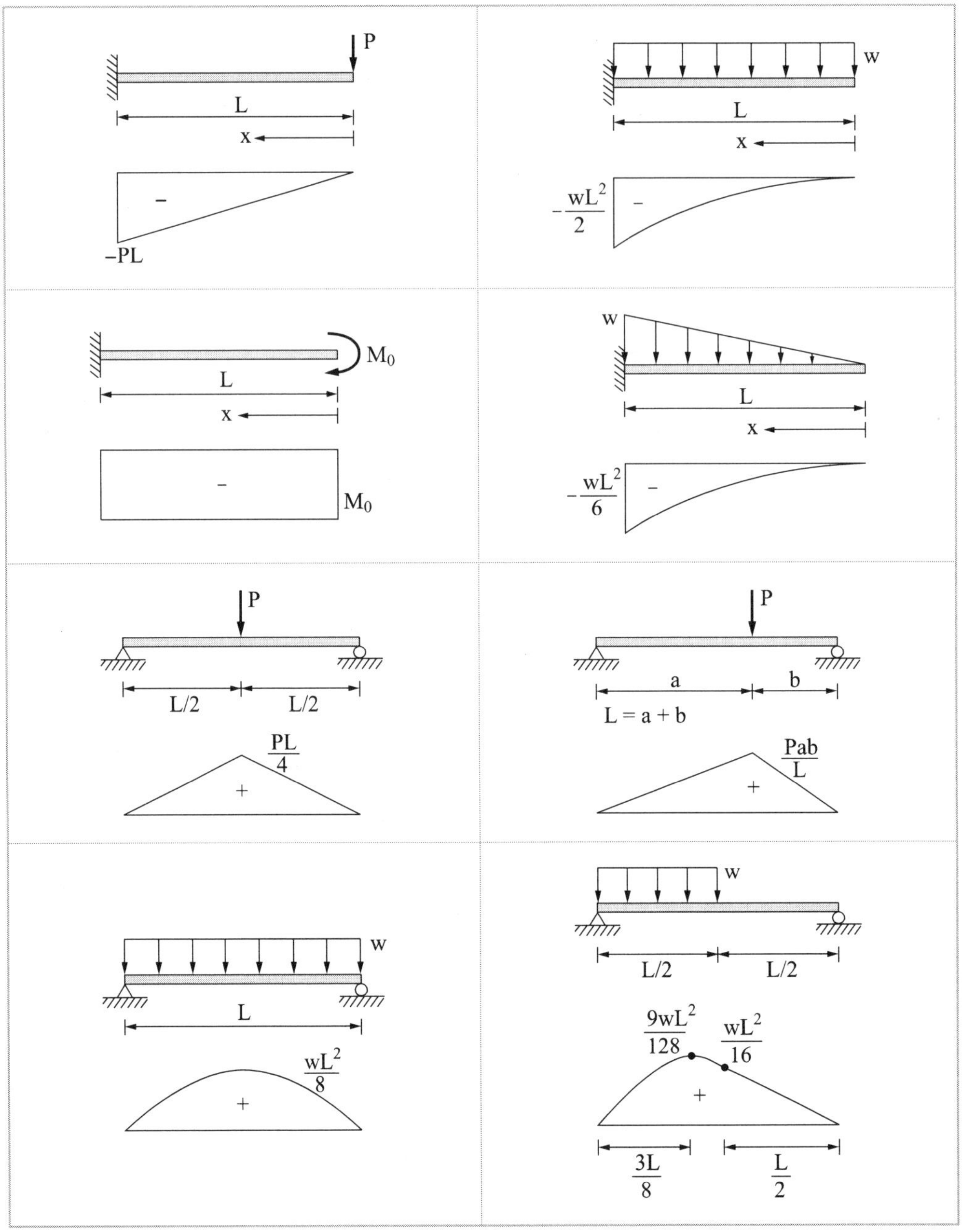

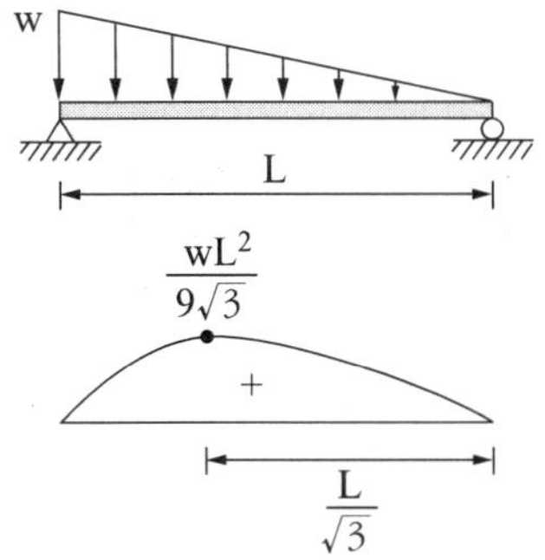
w
L
$\frac{wL^2}{9\sqrt{3}}$
+
$\frac{L}{\sqrt{3}}$

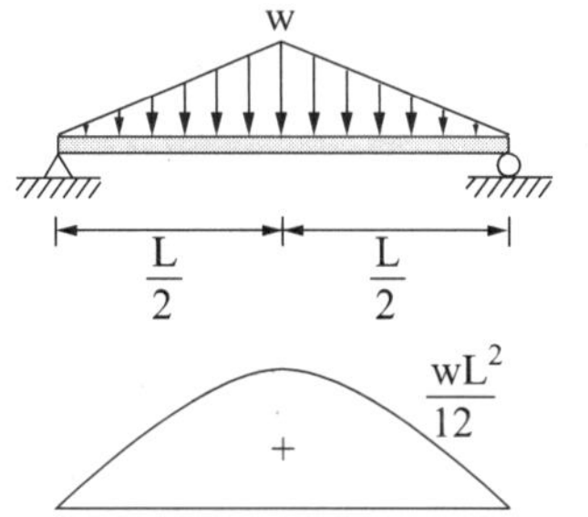
w
$\frac{L}{2}$
$\frac{L}{2}$
$\frac{wL^2}{12}$
+

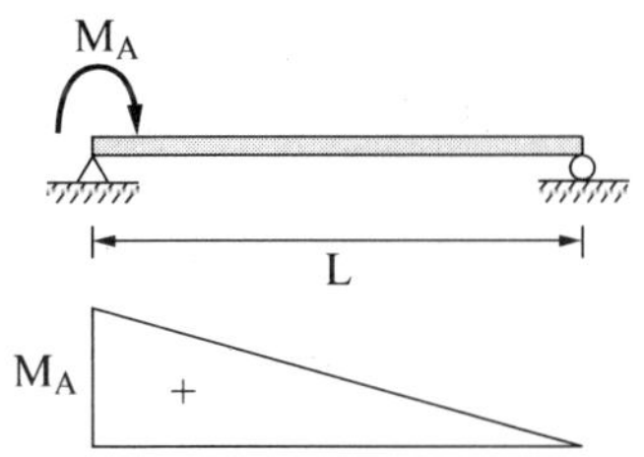
M_A
L
M_A
+

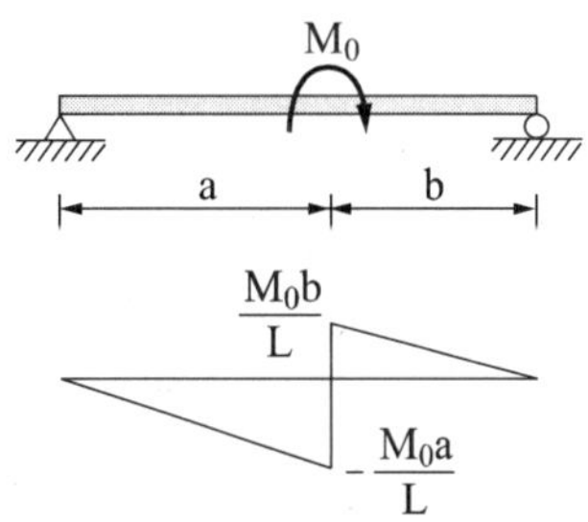
M_0
a
b
$\frac{M_0 b}{L}$
$-\frac{M_0 a}{L}$

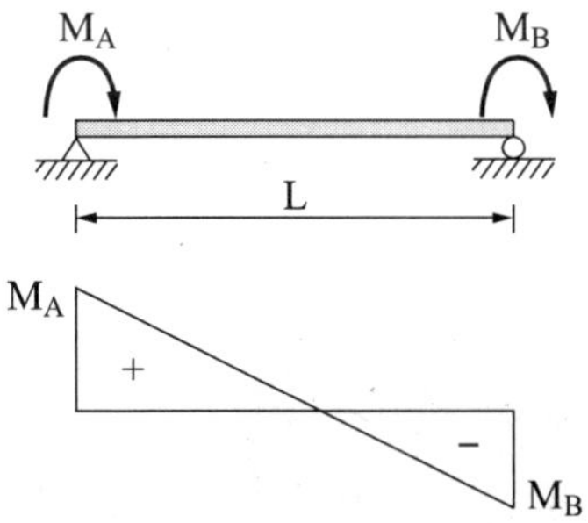
M_A
M_B
L
M_A
+
−
M_B

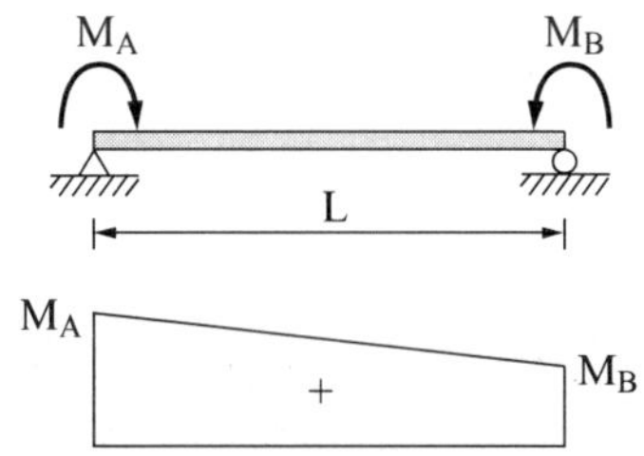
M_A
M_B
L
M_A
+
M_B

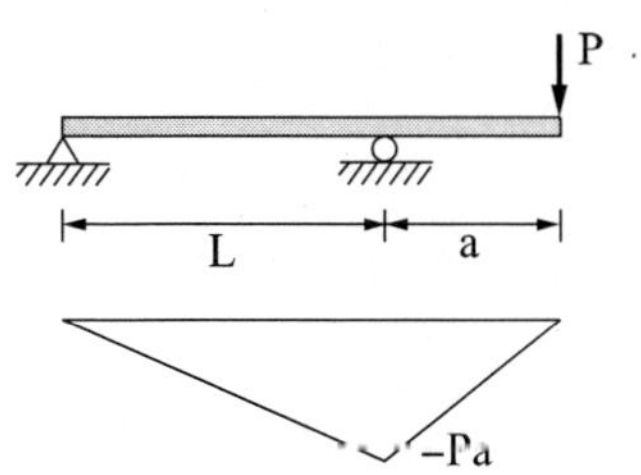
P
L
a
−Pa

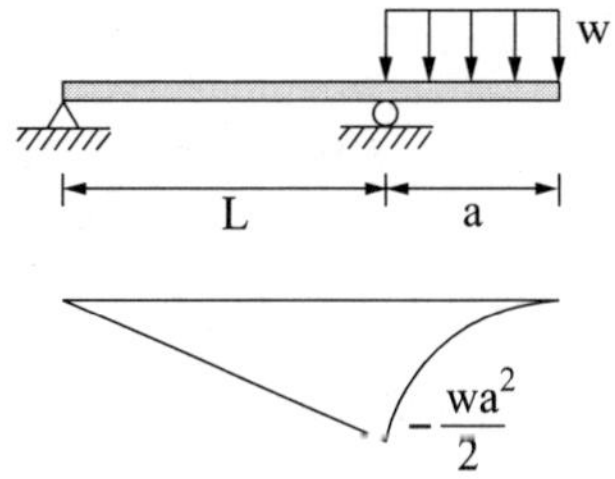
w
L
a
$-\frac{wa^2}{2}$

H. 부정정구조의 반력

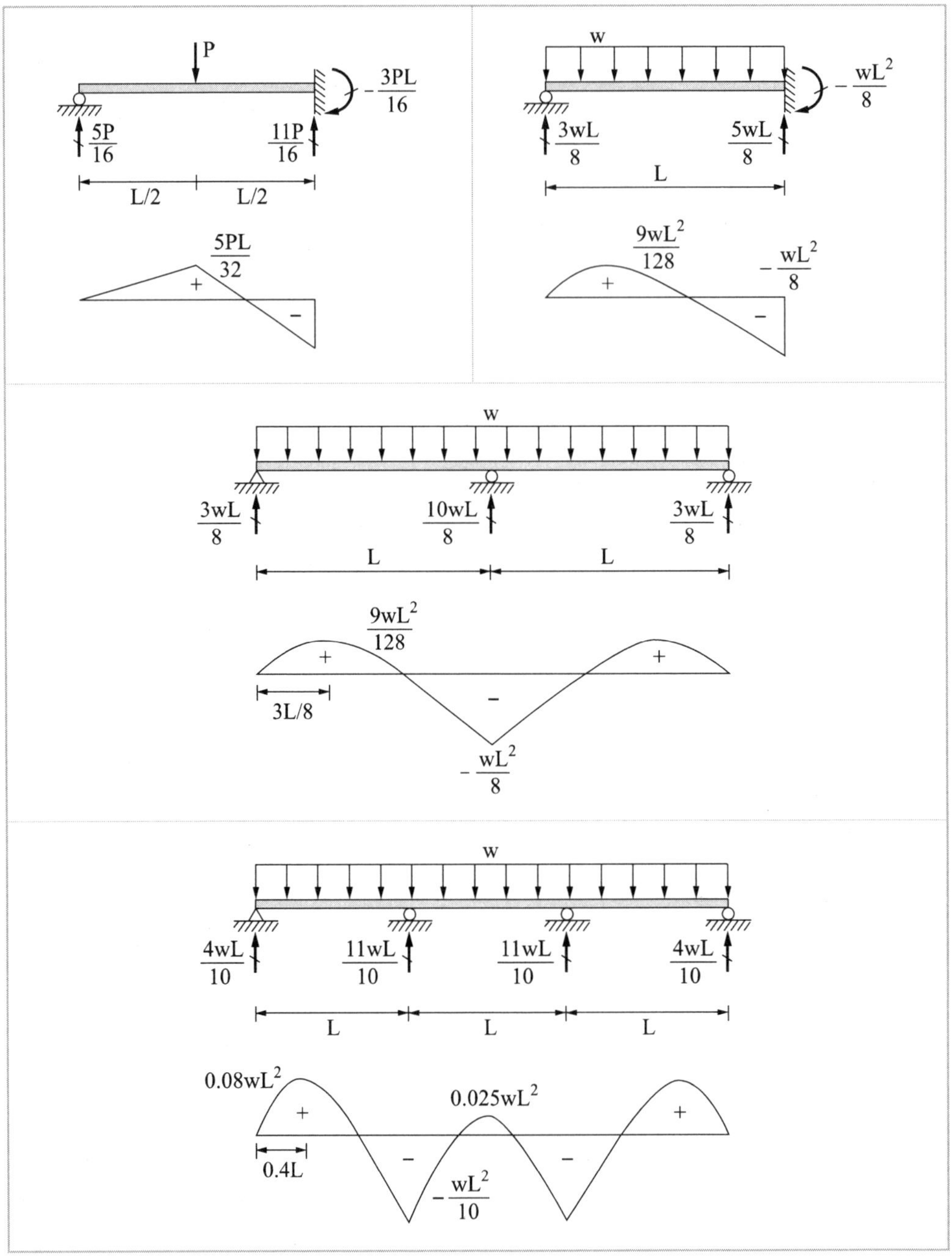
P
$-\frac{3PL}{16}$
$\frac{5P}{16}$
$\frac{11P}{16}$
L/2
L/2
$\frac{5PL}{32}$
+
−
w
$-\frac{wL^2}{8}$
$\frac{3wL}{8}$
$\frac{5wL}{8}$
L
$\frac{9wL^2}{128}$
$-\frac{wL^2}{8}$
+
−
w
$\frac{3wL}{8}$
$\frac{10wL}{8}$
$\frac{3wL}{8}$
L
L
$\frac{9wL^2}{128}$
+
+
−
3L/8
$-\frac{wL^2}{8}$
w
$\frac{4wL}{10}$
$\frac{11wL}{10}$
$\frac{11wL}{10}$
$\frac{4wL}{10}$
L
L
L
$0.08wL^2$
$0.025wL^2$
+
+
−
−
0.4L
$-\frac{wL^2}{10}$

찾아보기 Index

저자 : **방은영**

- 서울대학교 공과대학 토목공학과(학사)
- 한국과학기술원(KAIST) 토목공학과(석사)
- 한국과학기술원(KAIST) 토목공학과(박사)
- UC Irvine 토목환경공학과 객원연구원
- 현재 동양대학교 철도토목학과 교수

구조역학 정가 14,000원

인 쇄 2010년 7월 15일 초판 1쇄
발 행 2015년 3월 10일 2 판 1쇄
저 자 방은영
발행인 정우용
발행처 도서출판 **동 화 기 술**
경기도 파주시 광인사길 201(문발동, 파주출판도시)
Tel (031)955-4211~6 donghwae@kornet.net
Fax (031)955-4217 www.donghwapub.co.kr
(등록) 1977년 12월 19일/9-16호

Printed in Korea

ISBN 978-89-425-1944-6